한국 나비의 분포 · 생태 · 변이

원색 한국나비도감

Illustrated Book of Korean Butterflies in Color

김 용 식 저

(주) 교 학 사

개정증보판을 펴내며

원색 한국나비도감이 출간(2002)된 이후 신종(新種) 발표 등으로 우리나라 나비의 종 수가 5종 증가하였다. 이 나비들에 대한 설명과 그간에 축적된 생태적 지식을 정리하여 기록하는 일이 절실한 시점에 개정증보판을 발간하게 되었다.

증가된 5종의 나비에 대한 설명은 보유편에 수록하였으며, 아울러 많은 종의 학명을 새로운 경향에 맞게 변경하였다. 도판의 색상을 개선하였으며, 내용 보완이 필요한 20여 종은 도판을 변경하였다. 또 5종의 미접(迷蝶)을 추가하였으며, 새로 밝혀진 식초(食草)를 기록하고 잘못된 내용은 수정하였다.

그 밖에도 한국나비의 연구사에 최근의 연구 내용을 기록하고, 부록의 한반도 나비 분류표를 새롭게 작성하였고, 환경부 지정 한국 보호 대상 나비의 해외 반출 금지종 나비 목록을 추가하는 등 내용을 보완하였다.

그동안 개정증보판을 출간하기 위해 여러 문헌을 참고하고, 나비 연구가들의 의견을 수렴하는 등 최선을 다했으나 아직 밝혀내지 못한 몇 종의 생활사 등 미진한 부분이 남아 있는데, 이것은 나비 연구가들이 앞으로 풀어 나가야 할 공동의 과제이기도 하다.

이번 개정증보판 출간에 자료를 보완해 주신 한국나비학회 주흥재 고문님, 손상규 이사님, 주재성 회원님, 또 학명 변경 등에 참고가 될 최근의 저서를 보내 주신 한국나비학회 김성수 회장님과 한반도곤충보전연구소 백문기 소장님께 감사드린다.

그리고 나의 연구 활동을 후원해 주시는 프시케월드의 임승호 사장님과 출판계의 어려운 여건에도 불구하고 개정증보판을 훌륭하게 출간해 주신 교학사 양철우 사장님과 유홍희 이사님, 그리고 편집부의 황정순 부장님과 강옥자 대리님께 감사드린다.

2010. 9.
저자

머 리 말

나는 어렸을 때부터 유난히 나비를 좋아하였다.

초등 학교 때 고향 집 뒷산에서 참나무 수액에 앉은 나비들을 조심스럽게 채집하여 표본을 만들던 기억이 지금도 생생하다. 그 후 생물학을 전공하고, 교직에 봉직하고 있는 30여 년 동안 꾸준히 나비 채집과 생태 탐구를 하였다. 그러다 보니 표본이 많아지게 되었고, 이를 알게 된 몇몇 곳에서 전시회 요청이 있어, 소장 표본을 여러 나비 애호가들에게 보여 주는 기쁨을 가지기도 하였다. 전시회 이후 10여 년 동안 자료를 보완하여 『원색 한국나비도감』을 집필하게 되었다.

나비는 그 아름다움으로 인하여 다른 곤충보다 연구가 많이 되어서 전문 도감도 제일 먼저 출판되었다. 조복성 선생의 『한국동물도감 (1) 나비류』, 이승모 선생의 『한국접지(蝶誌)』, 신유항 교수의 『한국나비도감』, 그리고 최근에 발간된 주흥재 교수 등의 『한국의 나비』는 책마다 저자들의 정성과 노력의 결과로 후학들에게 많은 지식과 기쁨을 주었다. 필자의 『원색 한국나비도감』은 나비의 분포와 생태뿐만 아니라, 처음으로 변이(지역 변이, 개체 변이)를 설명함으로써, 나비 도감에 기록해야 할 모든 항목을 기술한 정통 학술 도감이라는 점에서 의미가 크다고 생각한다. 아직도 생활사를 밝히지 못한 나비가 있고, 근래에 개체 수가 급격히 감소하고 있는 몇 종의 나비에 대한 감소 원인도 밝혀 내지 못한 상황에서 새로운 도감을 내게 되어 많은 부담감과 부족함을 느끼고 있다. 그럼에도, 현 수준에서 한국 나비에 대한 총체적인 지식과 다양한 변이를 볼 수 있는 책으로서, 나비를 연구하는 분들에게 많은 도움을 주는 책이 될 것으로 기대해 본다.

이 책을 내기까지 격려와 도움 말씀을 주신 한국나비학회의 이승모 고문님과 주흥재 고문님께 감사드린다. 그리고 내용을 검토해 준 김성수 총무님과 자료를 보완해 준 김현채, 박경태, 박용길, 백유헌, 손상규, 손정달, 오해룡, 이정래, 정헌천, 주창석, 홍상기, 홍승표 회원님께도 감사드린다. 또, 초기의 나의 나비 연구에 많은 도움을 주신 남강고등학교의 고 이두식 초대 교장 선생님과 항상 격려를 아끼지 않으신 은병기 이사장님께 진심으로 감사드린다. 아울러 항상 격려를 해 주신 이영종 교장 선생님과 여러 동료 선생님들에게 감사드린다. 제자들의 모임인 남강 자연생태 연구회 회원들의 도움도 컸으며, 특히 원고 정리를 도와 준 장용준 군과 생태 사진을 보완해 준 정종철 군의 노고가 컸다. 특별히 나비 채집 중 어린 나이에 세상을 떠난 제자 김화수 군의 영전에 이 책을 바치고자 한다.

출판계의 어려움에도 불구하고 이 도감을 훌륭하게 출판해 주신 교학사 양철우 사장님과 유홍희 부장님, 그리고 편집부원들과 좋은 사진을 찍어 준 Iitz 스튜디오의 김성수 실장님께도 감사드린다. 끝으로, 30여 년간 한결같이 나의 연구 활동을 내조해 준 아내와 항상 마음으로 성원해 준 외동딸 세정에게도 고마운 마음을 표한다.

2002. 6.

저자

PREFACE

I have been particularly fascinated with butterflies since my childhood. Even nowadays, those moments linger vividly in my memory when I would cautiously collect the butterflies that were attracted to the exuding sap of oak trees in the hill at the back of my village during my elementary school days.

Since then, I took biology as my major in college, and have continuously devoted myself to the collection and ecological study of butterflies over the past three decades during which I have been serving as a high school teacher. In the mean time, the number of my specimens has got larger, and some people requested the exhibitions, which gave me the pleasure of showing them to other butterfly enthusiasts.

Since my first exhibition some ten years ago, I have continued to supplement my specimens and data, which are now crystallized into *Illustrated Butterflies of Korea in Color*, a pictorial book of butterflies.

Thanks to its beauty, the butterfly has been studied more than any other insects and as a result, it is the first insect which saw the publication of professional illustrated books.

The publications such as *Illustrated Encyclopedia The Fauna of Korea* (1) *Insecta Rhopalocera* by Bok-sung Cho, *Butterflies of Korea* by Seung-mo Lee, and *Coloured Butterflies of Koera* by Prof. Yu-hang Shin, in addition to the recently published *Butterflies of Korea in Color* by Prof. Hoong-jae Joo have demonstrated the sincerity and endeavor of the author, and have given much pleasure and knowledge to many butterfly enthusiasts.

Adding another book to the above list, I would like to hope, with a humble pride, that this *Illustrated Butterflies of Korea in Color* would rank as an orthodox guidebook, which deals, for the first time, with the local and individual variation not to mention the distribution and ecological features. However, I have a little unsatisfied feeling in publishing this book, in that there are some species whose life history is still unidentified and the exact cause for the rapid decline of the population of some species in recent years has not been clearly found out.

And yet, it is my sincere hope that this book would be helpful to and loved by many a butterfly enthusiast, so that they can obtain the essential knowledge on Korean butterflies and take a look at the diverse variations of each species.

In writing this book, I am greatly indebted to Mr. Seung-mo Lee, and Dr. Hoong-jae Joo, advisors to the Lepidopterists' Society of Korea for kindly encouraging me with their thoughtful words. I express my thanks to Mr. Sung-soo Kim, the director of the Lepidopterists' Society of Korea for his kind review of manuscripts and recommendation. I am also grateful to Mr. Hyun-chae Kim, Mr. Gyong-tae Park, Mr. Yong-kil Park, Mr. Yoo-hyun Baek, Mr. Sang-kui Sohn, Mr. Jung-dal Sohn, Mr. Hae-ryoung Oh, Mr. Jung-rai Lee, Mr. Hun-cheon Jung, Mr. Chang-seok Joo, Mr. Sang-ki Hong, Mr. Seong-pyo Hong who are all members of the above Society. My heartfelt thanks also go to the late Doo-sik Lee, the first principal of Namkang High School, and Byung-ki Eun, the Chief Director of the school who has never hesitated to encourage me in my study.

Also, the encouragement by Young-jong Lee, the principal of Namkang High School and many fellow teachers at the school provided a significant boost in writing this book. My students at the Namkang Nature Ecology Study also gave ma a great help. Especially Yong-jun Jang helped to arrange the manuscripts and Jong-chul Jung helped me with the ecological pictures. Especially, I want to dedicate this book to the late Hwa-soo Kim, a then student of Namkang High School who had to answer the call of the Lord at such a young age during the collection outing.

I also express my sincere gratitude to Mr. Chul-woo Yang and Mr. Hong-hee Yoo, the president and the director of Kyohak Publishing Co., and its editorial staffs for allowing the publication in spite of all the difficulties in the business, and I am also grateful to Mr. Sung-soo Kim, the section chief of Iitz Studio who took the nice photos of specimens.

Finally, let me extend my heartfelt gratitude to my wife who has always helped my study over the past thirty years, and to Sae-jung, my only daughter who has always supported me with her whole heart.

June, 2002
Kim Yong-sik

한국 나비의 연구사

1. 종(種)의 기록사

한국 나비를 최초로 기록한 사람은 영국 학자 J. H. Butler이다. 그는 함대 승무원이었던 W. Perry가 한국에서 채집한 표본을 조사하여 신종 2종을 포함하여 18종을 'On Lepidoptera collected in Japan and Corea by Mr. W. Wykeham Perry'라는 논문을 통해 영국 「자연사 박물학회지」에 발표(1882)하였다. 그 후 C. Fixsen은 O. Herz가 부산, 서울, 원산 등에서 채집한 표본을 조사하여 한국산 나비 93종을 'Lepidoptera aus Korea'라는 논문을 통해 발표(1887)하였다.

영국 곤충학자 Leech는 직접 한국 나비를 채집, 연구하여 「런던 학회지」 등에 10여 편의 관련 논문을 통해 한국 나비 123종을 학계에 보고(1894)하였다. 그는 한국 나비를 직접 채집하고 연구하여 체계화한 학자였다.

일본이 한국을 지배하기 시작한 1910년부터는 한국에서 교편을 잡은 일본인 생물 교사들에 의해 한국 나비의 연구가 주도되었다. 이들 중 괄목할 만한 업적을 남긴 사람은 H. Doi, H. Okamoto, T. Mori, N. Kamijo와 Y. Hasegawa, T. Uchida 등이다. 한국산 나비를 다루었던 또 다른 전문가로는 S. Matsumura가 있었다. 이 시기의 채집 활동과 연구 결과로 60종이 추가되어 총 183종이 발표되었다.

그 후 스웨덴의 나비 학자 F. Bryk는 한반도에서 채집한 표본을 정리하여 55종을 추가 발표(1947)함으로써, 한국산 나비는 총 238종이 기록되게 되었다.

F. Bryk의 발표 이후 현재까지 반 세기 동안 전문 서적 발간사(發刊史)에 나오는 국내 연구가들에 의해 여러 종이 추가 발표되고, 또 잘못 분류된 종이 삭제되는 과정을 거쳐 『원색한국나비도감』이 출간되는 2002년 현재 한국의 토착종 나비는 총 252종(남한 199종)이 기록되었다.

국내 학자가 발표한 최초의 논문은 조복성 선생의 '울릉도산 인시류(鱗翅類, 1929)'이다. 국내 연구가들의 종 기록에 대한 과정은 전문 서적의 발간사에서 상세히 밝혀드리는 바이다.

2. 전문 서적의 발간사

조복성 선생은 일본의 T. Mori, H. Doi와 함께 『원색조선의 접류(蝶類)』라는 한국 최초의 나비 도감을 출판(1929)하였다. 이 도감은 세 저자가 분야별로 나누어 저술하였는데, 조 선생은 도판(圖版)을, T. Mori는 도판의 해설(나비 목록)을, H. Doi는 지리적 분포를 담당하였다.

석주명 선생은 '*A Synonymic List of Butterflies of Korea*'를 출판(1939)하여, 그간에 잘못 적용된 학명을 정리하였다. 석 선생은 한국 나비 연구에 큰 공헌을 한 분으로, 그의 짧은 생애에도 불구하고 많은 업적을 남겼다. 우리 나라의 나비에 한국명을 붙여 준 것도 선생의 업적이다. 그가 생전에 남긴 원고는 누이 동생인 석주선 교수에 의해 출판되었는데, 『제주도의 곤충상(相)』, 『한국산접류(蝶類)의 연구』, 『한국산접류분포도(分布圖)』 등이다.

광복 후 조복성 선생에 의해 문교부의 『한국동물도감 (1) 나비류』가 출판(1959)되었다. 이 도감은 『원색조선의 접류』와 큰 차이가 없으나, 한글로 쓰여진 최초의 나비 도감으로 30여 년간 나비를 연구하는 후학들에게 교과서 역할을 했다.

박세욱 선생은 몇 종의 나비에 대한 분포상(分布相)과 지역 변이를 발표(1969)함으로써 나비 연구에 기여한 바 있다. 그에 의해 큰줄흰나비(*Pieris melete* (Ménétriès)와 줄흰나비(*Pieris napi dulcinea* (Butler))가 별종으로 구별되어 정리된 바 있다.

그 후 이승모 선생에 의해 『한국접지(蝶誌)』가 발간(1982)되었다. 이 도감의 발간은 여러 면에서 한국 나비 연구에 큰 영향을 주었다. 우선, 도판에 컬러 사진이 수록된 최초의 도감으로 그간에 그림으로 그려서 도판을 꾸민 책에 비해 사실성을 높여 주었다. 또, 그동안 잘못 적용된 학명의 재정리와 종마다 원명아종(原名亞種)의 기산지(基産地)와 한반도에서의 초기록(初記錄)을 소개해 주었다. *Apatura ilia*의 여러 형(型)을 오색나비(*Apatura ilia* Denis et Shiffermüller)와 황오색나비(*Apatura metis* Freyer)로 종을 나누어 정리하였다. 또, 설악산부전나비(*Lycaeides argyrognomon* (Bergsrtässer))에서 산부전나비(*Lycaeides subsolanus* (Eversmann)), 황세줄나비(*Neptis thisbe* Ménétriès)에서 산황세줄나비(*Neptis themis nos* Fruhstorfer)와 중국황세줄나비(*Neptis tshetverikovi* Kurentzov), 물결나비(*Ypthima motschulskyi* Bremer et Grey)에서 석물결나비(*Ypthima amphithea* Ménétriès), 흰뱀눈나비(*Melanargia halimede* (Ménétriès))에서 조흰뱀눈나비(*Melanargia epimede* (Staudinger))를 분리시켜 수록하여, 과거 도감에 누락된 여러 종이 재정리되었다. 또, 봄어리표범나비(*Mellicta britomartis latefascia* (Fixsen))와 여름어리표범나비(*Mellicta ambigua niphona* (Butler))를 어리표범나비(*Mellicta athalia* Rottemburgh)로 통합하였고, 황알락그늘나비(*Kirinia fentoni* (Butler))를 알락그늘나비(*Kirinia epimenides* (Ménétriès))에 포함시켰는데, 이 나비들은 후에 다른 학자들에 의해 각각 별종(別種)으로 다시 나뉜다.

김창환 교수는 나비 표본을 소장한 각 기관의 표본의 채집지를 조사하여 『나비분포도감』을 발간(1976)하여, 석 선생의 『접류분포도』 이후에 추가된 분포지를 확인할 수 있게 되었다. 이승모 선생의 『한국접지』가 발간된 후 7년 만에 신유항 교수에 의해 또 다른 형태의 『한국나비도감』이 출간(1989)되었다. 이 도감은 한국 나비의 유충기 식초와 생활사, 나비의 습성 등 그간에 축적된 한국 나비의 생태적 내용을 최초로 설명한 책으로 의미가 크다. 산푸른부전나비(*Celastrina sugitanii* Matsumura)와 필자와 김성수 씨에 의해 신기록된(1993) 깊은산녹색부전나비(*Favonius korshunovi* Dubatolov et Sergeev) 등 『한국접지』 이후 38° 선 이남의 한반도에서 신기록된 종들이 수록되었다. 또, 녹색부전나비류의 학명을 조정하여 과거에 아이노녹색부전나비(*Chrysozephyrus brillantina* Staudinger)를 북방녹색부전나비(*Chrysozephyrus brillantinus* (Staudinger))로, 과거 산녹색부전나비의 학명 *Favonius cognatus* Staudinger를 넓은띠녹색부전나비의 학명으로 바로잡았다.

최근에는 주흥재, 김성수, 손정달 씨에 의해 『한국의 나비』가 발간(1997)되었다. 이 도감은 저자들이 야외에서 촬영한 생태 사진으로 도판을 구성하고 종마다 생태적 설명을 붙인 책으로, 지금까지 한국 나비에 대한 축적된 지식이 집대성된 책이다.

이 책에서는 새로운 분류 경향에 맞추어 왕나비과(Danaidae)와 뿔나비과(Libytheidae), 뱀눈나비과(Satyridae)의 나비들이 네발나비과(Nymphalidae)의 아과(subfamily)로 분류되어 있다. 또, 어리표범나비(*Mellicta athalia* Rottemburgh)가 봄어리표범나비(*M. britomartis latefascia* (Fixsen, 1883))와 여름어리표범나비(*M. ambigua niphona* (Butler, 1878))로, 알락그늘나비(*Kirinia epimenides* (Ménétriès, 1859))에서 황알락그늘나비(*Kirinia fentoni* (Butler, 1877))를 분리시켜 별종(別種)으로

기재했다.

그 밖에도 여러 종의 학명이 재정리되었고, 필자와 김성수 씨가 신기록한 남방녹색부전나비(*Thermozephyrus ataxus* (Westwood, 1851))와 북방점박이푸른부전나비(*Maculinea kurentzovi* Sibatani, Saigusa et Hirowatari, 1994)를 수록하였으며, 남방남색부전나비(*Narathura japonica* (Murray, 1875))와 울릉범부전나비(*Rapala arata* (Bremer, 1861)), 북방쇳빛부전나비(*Callophrys frivaldszkyi* (Lederer))가 수록되었다. 또, 각 종의 분포지를 지도에 표시하여, 나비 애호가들에게 많은 도움과 호감을 주고 있다.

『한국의 나비』 저자인 주흥재, 김성수 씨에 의해 『제주의 나비』가 출간(2002)되었다. 이 책은 저자들이 10여 년 동안 현지를 답사해서 촬영한 생태 사진과 채집한 표본, 수집한 자료로 저술한 책으로, 제주도 나비의 분류적 소견과 내륙산과의 차이점, 그리고 각 종의 수직, 수평 분포와 생태적 특징을 기술하였다. 이 책에서는 물결부전나비(*Lampides boeticus* (Linnaeus))를 토착종에 포함시켰으며, 은점표범나비의 학명 *Fabriciana adippe coredippe* (Leech, 1894)를 *Fabriciana niobe pallescens* (Butler, 1874)로, 긴은점표범나비의 학명 *Fabriciana vorax* (Butler, 1871)를 *Fabriciana adippe vorax* (Butler, 1873)로, 꽃팔랑나비의 학명 *Hesperia florinda*(Butler, 1878)를 *H. comma repugnans* (Staudinger, 1892)로 변경하였으며, 여러 종의 아종명도 재조정하였다.

필자가 출간한 『원색한국나비도감』(2002)은 한국 나비의 분포, 생태뿐만 아니라 변이(지역 변이, 개체 변이)를 설명하였다. 이로써 나비 도감이 갖추어야 할 각 항목(項目)을 모두 기술한 도감이 최초로 출간되었다고 할 수 있다. 이 도감에서는 정헌천 씨에 의해 발표(1999)된 남방남색꼬리부전나비(*Narathura bazalus* (Butler))가 수록되었다. 또, 한라푸른부전나비(*Udara dilecta* (Moore))와 남방푸른부전나비(*Udara albocaerulea* (Moore, 1879))는 일시적으로 서식하다 소멸된 우산접(偶産蝶)으로 판단되어 토착종에서 제외시켰다.

그 후 한국나비학회 김성수 씨에 의해 우리녹색부전나비(*Favonius koreanus* Kim)가 신종 발표(2006)되었는데, 신종 발표는 한국 나비 연구사의 초유의 기록이다. 또 그는 필드 가이드북 '나비'를 출간(2009)하였는데, 그 책에서 미접으로 나누었던 무늬박이제비나비(*Papilio helenus* Linnnaeeus)와 나비연구가들 사이에서 논의되어 왔던 개마별박이세줄나비(*Neptis andetria* Frustorfer)와 산수풀떠들썩팔랑나비(*Ochlodes similis* (Leech)), 그리고 흰줄점팔랑나비(*Pelopidas sinensis* (Mabile))를 토착종으로 수록하였다. 이로써 원색한국나비도감에 수록된 199종에 5종이 추가되어 남한의 토착종 나비는 204종이 되었다.

원색한국나비도감의 개정판이 출간되기 직전에 한반도곤충보전연구소 백문기 소장과 경희대학의 신유항 명예교수에 의해 『한반도의 나비』가 출판(2010)되었다. 이 책은 그 동안에 기록된 한반도의 나비 280종의 초기록(初記錄)과 각 종의 학명 적용 과정, 그리고 생태와 먹이식물을 기록한 책으로 나비연구가들에게 필요한 많은 내용이 수록되어 있다.

차 례

부전나비과 Lycaenidae / 60

네발나비과 Nymphalidae / 124

팔랑나비과 Hesperiidae / 238

보유편/269

미접/275

부록/285

일러두기

1. 약자 해설

표본의 고유 번호 옆의 약자들은 다음의 용어를 줄여 쓴 것이다.

㉦=아랫면 ㉢=춘형 ㉩=하형 ㉠=추형

2. 용어 해설

대용(帶蛹) : 애벌레가 용화할 때 입에서 실을 토해 내어 번데기의 중간을 둘러쳐 물체에 고정하는 방식으로, 네발나비과 외의 대부분의 종류가 여기에 속한다.

령(齡) : 애벌레의 나이를 의미하며, 알에서 부화한 애벌레를 1령으로 하고 탈피할 때마다 1령씩 더하는데, 령에 따라 크기는 물론 형태까지도 크게 변화된다.

미접(迷蝶) : 어느 지역의 토착종이 바람을 타고 다른 지역으로 이동하여 일시 서식하는 나비를 말한다. 이에는 동남 아시아 등 국외에서 날아온 나비와 왕나비처럼 남부 지방에서 중부 지방으로 이동하여 일시 서식하는 나비가 있는데, 애벌레가 월동하지 못하여 당대에 소멸한다.

발생 시차(時差) : '발생 시기의 차이'를 줄인 말이다. 즉 연 2회 이상 발생하는 나비에서 1화와 2화, 또는 2화와 3화가 발생하는 시기의 차이를 말한다.

성표(性標) : 날개의 색상이나 무늬의 차이로 암수를 구별하는 특징이 되는 것을 말한다.

수용(垂蛹) : 애벌레가 용화할 때 실을 내어 복부 끝을 물체에 고정한 후 머리 부분을 밑으로 하는 형식으로, 주로 네발나비과 나비들에서 볼 수 있다.

수태낭(受胎囊) : 교미를 끝낸 수컷이 분비물을 내어 교미한 암컷의 복부 끝에 붙여 주는 구조물로, 수태낭이 있는 나비는 다시 교미를 할 수 없게 된다.

용화(蛹化) : 애벌레가 번데기로 변화되는 변태 과정을 말한다.

우산접(偶産蝶) : 바람이나 기류를 타고 먼 지역의 나비가 이동해 와서 일회적으로 서식하는 나비로, 채집 기록이 여러 번 있는 미접(迷蝶)과 구별된다.

우화(羽化) : 번데기가 나비로 되는 변태 과정을 말한다.

점유 행동(占有行動) : 수컷이 일정 범위의 지역을 사수하는 행동을 말한다. 다툼이 일어나면 먼저 그 곳을 차지한 나비가 우선권을 가지는 것으로 밝혀졌다. 그래서 부전나비과의 나비가 호랑나비과의 큰 나비를 쫓아 내는 것도 관찰된다.

접도(蝶道) : 계곡을 따라 일정한 코스를 반복하여 날거나, 산길을 따라 산 정상으로 날아오르는 등 나비가 잘 다니는 길을 말한다. 이런 행동은 기류의 영향을 받거나 체온 유지를 위한 것으로 보이는데, 제비나비류의 수컷에서 흔하게 볼 수 있다.

하면(夏眠) : 혹서기인 7월 말경부터 8월 중순까지 행동을 중지하고 그늘진 곳에서 쉬는 행동을 말하는데, 체온 상승을 막기 위한 행동으로 표범나비류에서 흔히 볼 수 있다.

3. 나비의 크기 표시

나비의 실제 크기를 1.0으로 하고, 도감에 수록된 사진의 축소된 정도를 소숫점 아래 첫째 자리까지로 배율을 표시하였다 (예 : ×0.9, ×0.7).

4. 한국명 개칭

'참줄나비사촌' (*Limenitis amphyssa* Ménétriès)은 '참줄사촌나비' 로, '먹그늘나비붙이' (*Lethe marginalis* (Motschulsky))는 '먹그늘붙이나비' 로 개칭하였다. 그 이유는 나비 애호가들이 이미 그렇게 부르고 있기 때문이다. '부처사촌나비' 와 '외눈이지옥사촌나비' 와도 자연스럽게 어울리는 이름으로 생각된다.

5. 문헌 및 도판 사진 인용

① 자료가 부족한 남방공작나비 수컷은 『한국蝶誌』, 함경산뱀눈나비는 『한국의 나비』, 제주도산 물빛긴꼬리부전나비는 『제주의 나비』, 남방남색꼬리부전나비는 『한국나비학회지』(1999)의 도판 사진을 인용하였다.

② 애벌레의 식초(食草) 중 〔추정〕으로 기록한 것은, 생태 관찰은 했으나 검증하지 못한 경우 『일본접류검색도감』의 내용을 인용하여 기록하였다.

6. 출현기 기록의 기준

출현기는 경기도 등 중부 지방에서 나비로 활동하는 시기를 기록했으나, 출현기가 현저히 차이가 나는 강원도 동 · 북부 지역과 남부 지역은 출현 시기에 지역명을 명기하였다.

7. 도판의 나비 배열

도판의 나비 배열은 지역 변이가 있는 종은 강원도 동 · 북부 지역, 중부 지역, 남부 지역, 제주도 순으로 하였고, 개체 변이만 있는 종은 변이의 폭이 작은 개체에서 큰 개체순으로 배열하여 변이의 차이를 비교하여 볼 수 있도록 하였다.

8. 학명 표기

종명과 아종명이 다른 종은 속명, 종명, 아종명, 명명자로 구성된 3명법식 학명을 썼으나, 종명과 아종명이 같은 종은 아종명을 생략한 2명법식 학명을 썼다.

(예) 남방제비나비 *Papilio protenor demetrius* Stoll

호랑나비 *Papilio xuthus xuthus* (Linnaeus)→ *Papilio xuthus* (Linnaeus)

9. 각 장의 하단 쪽수 표시란의 바탕색을 각 과별로 다른 색상으로 나타내어, 찾아보기 쉽게 하였다.

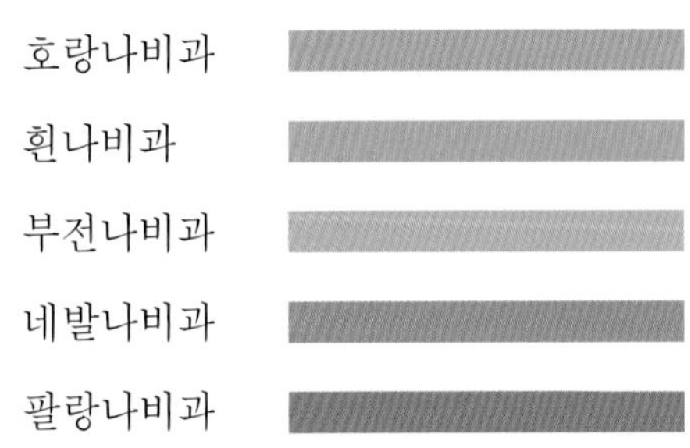

10. 나비의 구조

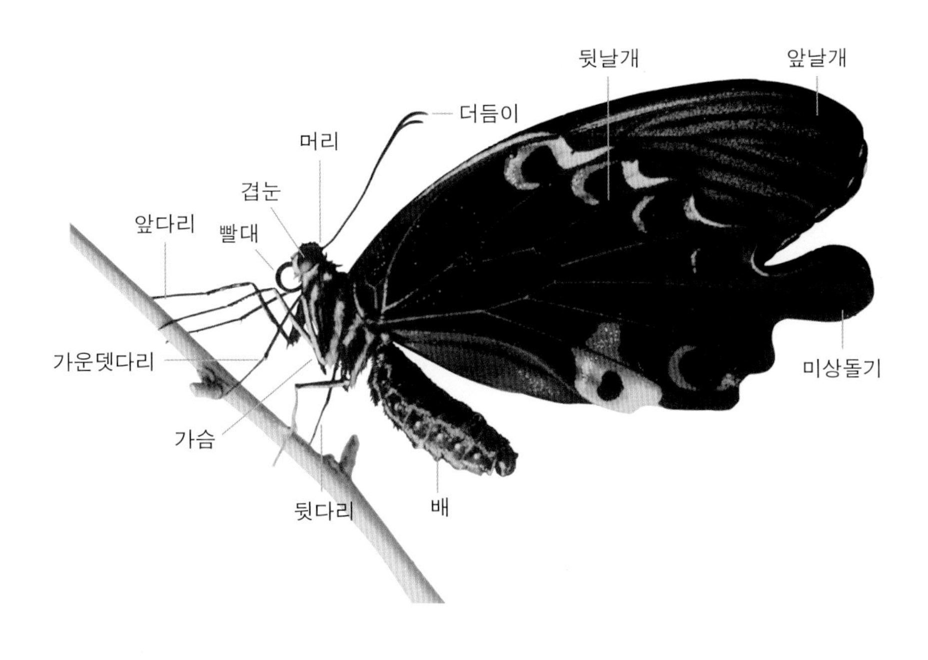

◇ 나비 날개의 시맥과 시실 명칭

9 7 10 7 6 6 11 9 5 12 10 5 4 4 11 3 3 중실 2 2 12 1b실 1a실 1b맥 8 8 7 7 6 중실 6 5 4 5 3 4 1a실 1b실 2 3 1a맥 2 1b맥

◇ 나비 날개의 부위별 명칭

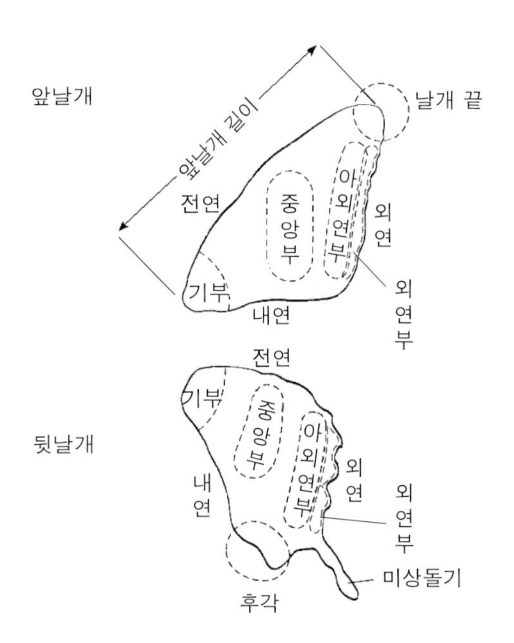

호랑나비과(Papilionidae)

크고 아름다운 날개를 가진 대형 나비로, 대개는 미상 돌기가 있으나 모시나비류에는 없다. 모든 종류가 방화성(訪花性)을 나타내며, 수컷은 습기 있는 땅바닥에 잘 모인다. 전세계에 3아과의 600여 종이 분포한다. 남한에는 모시나비아과(Parnassiinae)가 4종, 호랑나비아과(Papilioninae)가 8종으로, 총 12종이 분포한다.

엉겅퀴꽃에서 흡밀하는 붉은점모시나비(♂)

얼레지꽃에서 흡밀하는 애호랑나비(♂)

짝짓기하고 있는 산호랑나비

알

구형(球形)으로 표면은 매끄러우며, 대개 유백색이나 주황색인 종류도 있다. 암컷은 식수의 잎에 한 개씩 산란하나 애호랑나비와 꼬리명주나비는 여러 개씩 산란한다.

산호랑나비

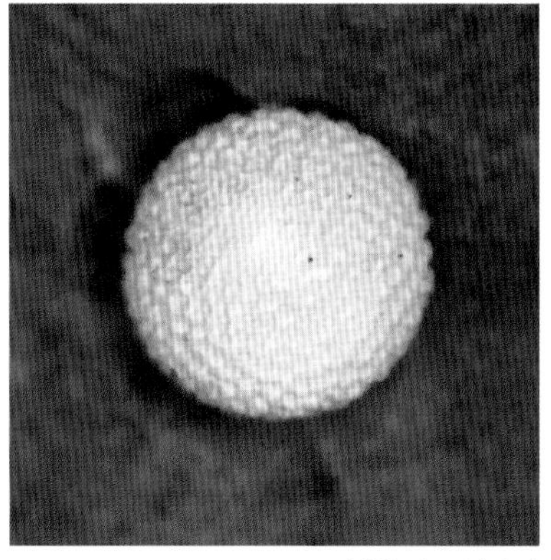

붉은점모시나비

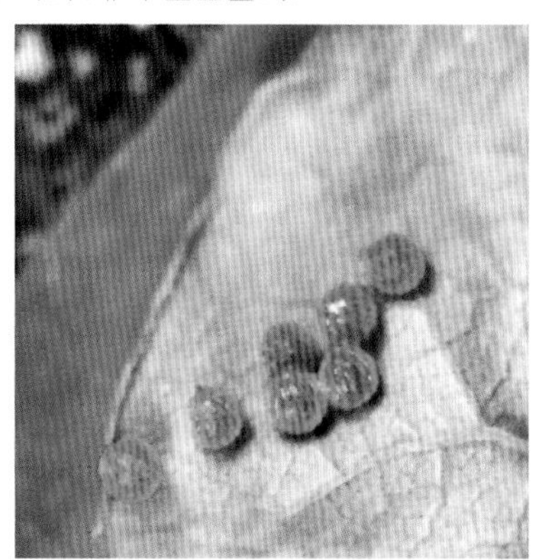

사향제비나비

애벌레

몸은 긴 원통형이나 종에 따라 모양이 다양하다. 대개 몸에 돌기가 없지만 사향제비나비와 꼬리명주나비의 애벌레는 있다. 자극을 받으면 취각(臭角)을 내어 악취를 풍겨 천적으로부터 몸을 보호하는 종류가 많다.

산제비나비

사향제비나비

꼬리명주나비

번데기

모시나비 등을 제외한 대부분의 종류는 식수의 줄기에 대용(帶蛹)한다. 대개 머리에는 한 쌍의 두각(頭角)이 있다.

청띠제비나비

사향제비나비

산호랑나비

1. 애호랑나비 *Luehdorfia puziloi* (Erschoff, 1872)

분포 / 제주도를 제외한 전국 각지에 널리 분포한다. 국외에는 중국 중부, 극동 아시아와 일본의 여러 지역에 분포한다.

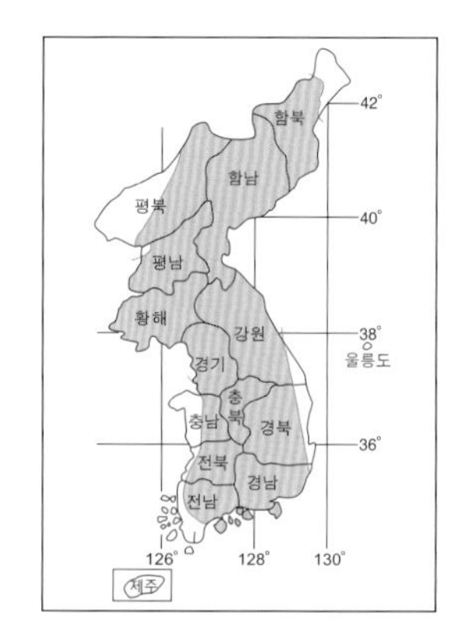

생태 / 산지의 계곡 주변 잡목림 숲에 서식한다. 진달래, 얼레지 등의 꽃에서 흡밀하며, 수컷은 산 능선과 정상으로 비상해 오르는 습성이 있다. 암컷은 식초의 잎 아랫면에 여러 개씩 산란한다. 부화하여 나온 애벌레는 여러 마리가 모여 살다가 3령 이후에는 먹이를 찾아 흩어져 생활한다. 초여름에 용화하여 번데기로 월동한다.

식초 / 족도리풀, 개족도리(쥐방울덩굴과)

출현 시기 / 4월 초순~5월 중순(낮은 산지), 4월 중순~5월 하순(높은 산지) 〈연 1회 발생〉

변이 / 동·북부 지역산 ssp. *puziloi* (Erschoff, 1872)는 중·남부 지역산 ssp. *coreana* Matsumura, 1972에 비해 개체의 크기가 약간 작다는 점 외에는 다른 차이점이 없다. 남해안 지역산(1e, 1f)도 중·남부 지역산과 차이가 없는 것으로 판단된다. 개체 간에는 앞날개와 뒷날개에 있는 황색 선들의 폭과 배열, 그리고 연결 모양에 따라 다양한 변이가 나타난다. 또, 미상 돌기의 길이 차이로도 약간의 변이가 나타난다.

암수 구별 / 수컷은 복부에 잔털이 많으나 암컷에는 없고, 짝짓기한 개체의 복부 끝에는 수태낭이 있다.

2. 모시나비 *Parnassius stubbendorfii* Ménétriès, 1849

분포 / 제주도와 울릉도를 제외한 전국 각지에 널리 분포한다. 국외에는 알타이, 중국 동·북부, 우수리, 아무르, 연해주와 일본 등지에 분포한다.

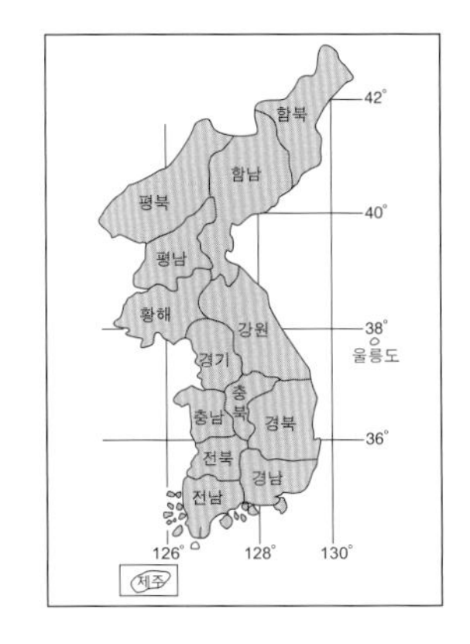

생태 / 산지의 양지바른 경사면과 산길 주변의 초지에 서식한다. 숲 사이를 낮게 날아다니며 엉겅퀴, 토끼풀, 기린초, 얇은잎고광나무 등의 꽃에서 흡밀한다. 암컷은 식초 주변의 풀잎이나 낙엽에 한 개씩 산란한다. 알로 월동한다.

식초 / 현호색, 들현호색(현호색과)

출현 시기 / 5월 중순~6월 중순(낮은 산지), 5월 하순~6월 하순(높은 산지) 〈연 1회 발생〉

변이 / 충청 북도 옥천산(2e, 2f)은 남부 지역산 보다도 현저히 크다. 태백산, 방태산 등 강원도 동·북부 지역산 ssp. *koreana* Verity는 중·남부 지역산 ssp. *koreae* Bryk에 비해 현저히 작다. 동·북부 지역산에 비해 중·남부 지역산은 날개 색상에 약하게 황색을 띤다. 개체 중에는 뒷날개 내연에 흰색 반점이 있는 개체(2d)가 간혹 있고, 암컷 중에는 흑화된 개체가 많이 나타난다.

암수 구별 / 수컷은 복부에 잔털이 많으나 암컷에는 없고, 짝짓기한 개체의 복부 끝에는 수태낭이 있다.

3. 붉은점모시나비 *Parnassius bremeri* (Felder, 1864)

분포 / 경기도, 강원도, 충청 북도, 경상 남북도 지역에 국지적으로 분포한다. 국외에는 중국 동·북부와 아무르 지역에 분포한다.
〈분포 특기〉 근래에 서식지가 감소하고, 개체 수가 급감하는 종이다.

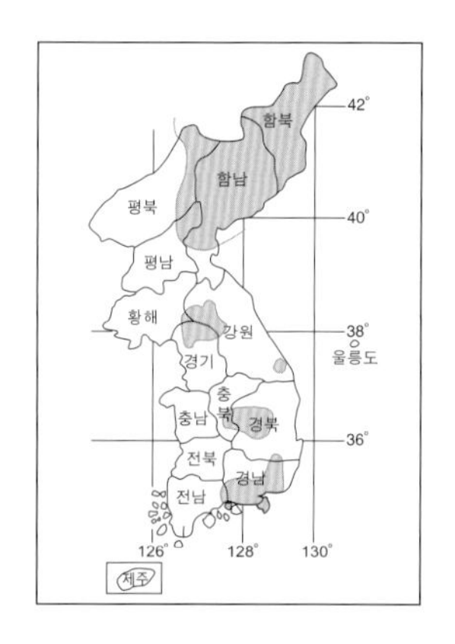

생태 / 산지와 인접한 강가나 계곡 주변의 숲에 서식한다. 산길을 따라 낮게 날아다니며 기린초, 엉겅퀴, 아카시나무 등의 꽃에서 흡밀한다. 수컷은 경사면을 따라 산 쪽으로 날아오르다 밑으로 활강하듯 내려오곤 한다. 암컷은 식초의 잎에 여러 개씩 산란한다. 부화한 애벌레는 알 속에서 1령 상태로 월동하고 이듬해 봄에 성장한 후 4월 하순에 용화한다.

식초 / 기린초(돌나물과)

출현 시기 / 5월 중순~6월 초순 〈연 1회 발생〉

변이 / 강원도 강촌, 충청 북도 옥천, 경상 북도 안동 등 중부 지역산 ssp. *lumen* Eisner, 1968은 크고 붉은 점이 발달한다. 이에 비해 경상 남도 남해, 진주, 마산, 김해와 부산 등 남부 지역산 ssp. *pakianus* Murayama, 1964는 크기가 현저히 작고, 날개에 검은색 인분이 발달하여 어둡게 보이는 개체가 많다. 개체 간에는 붉은 점의 크기 차이로 변이가 나타나는데, 붉은 점이 소실되고 검은 점만 있는 개체도 간혹 나타난다. 암컷 중에는 날개의 바탕색에 옅은 황색을 띠는 개체(3j)가 간혹 나타난다.

암수 구별 / 수컷은 복부에 잔털이 많으나 암컷에는 없고, 짝짓기한 개체의 복부 끝에는 수태낭이 있다.

*ssp. *pakianus* Murayama, 1964
(남부 지역산)

×0.8

붉은점모시나비의 변이

*ssp. *lumen* Eisner, 1968 (중부 지역산)

×0.7

4. 꼬리명주나비 *Sericinus montela* Gray, 1852

분포 / 전라 남도, 제주도, 울릉도를 제외한 전국 각지에 분포한다. 예외적으로 전라남도 진도와 여수에는 분포한다. 국외에는 중국, 아무르, 연해주와 일본의 일부 지역에 분포한다.

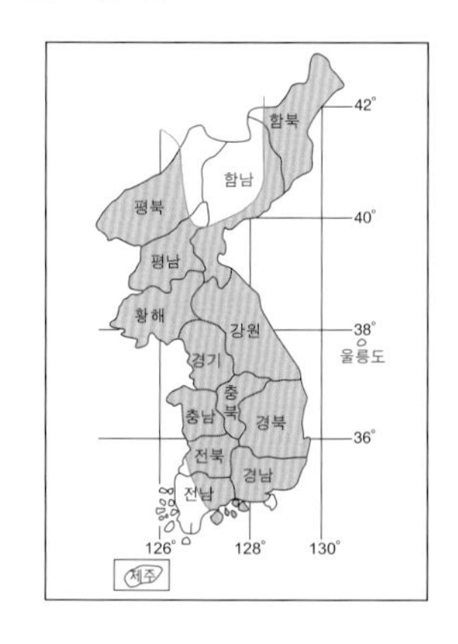

×0.7

생태 / 산기슭과 인접한 주변의 초지에 서식한다. 풀밭 사이를 낮게 날아다니며 개망초, 멍석딸기, 냉이 등의 꽃에서 흡밀한다. 암컷은 식초의 줄기나 잎에 몇십 개씩 산란한다. 부화하여 나온 어린 애벌레들은 집단 생활을 하지만, 성장하면서 먹이 확보를 위해 흩어져 생활한다. 번데기로 월동한다.

식초 / 쥐방울덩굴(쥐방울덩굴과)

출현 시기 / 4~5월(춘형), 6~9월(하형) 〈연 3회 발생〉

변이 / 강원도, 해산 등 동 · 북부 지역산(4c, 4d)은 중 · 남부 지역산에 비해 현저히 작으며, 암컷 뒷날개 중앙부의 황색 선을 이루는 점들이 크고 황색감이 강하다. 춘형은 하형에 비해 작고 미상 돌기가 짧다. 하형은 춘형에 있던 앞날개 제6실의 붉은색 점이 없어진다. 개체 간에는 날개 윗면의 흑갈색 선과 무늬의 발달 정도(4e→4f, 4g→4h)로 변이가 나타난다.

암수 구별 / 수컷의 날개 윗면은 회백색에 흑갈색 무늬와 선이 배열되어 있으나, 암컷은 흑갈색 부위가 넓게 발달한다.

5. 사향제비나비 *Byasa alcinous* (Klug, 1836)

분포 / 제주도, 울릉도를 제외한 전국 각지에 분포한다. 국외에는 중국, 타이완, 연해주와 일본의 각지에 분포한다.

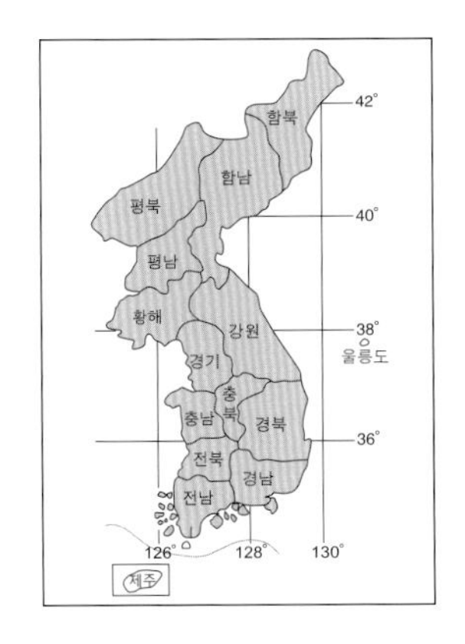

생태 / 저산 지대와 주변의 숲에 서식한다. 풀밭 사이를 천천히 날아다니며 엉겅퀴, 쉬땅나무, 산초나무 등의 꽃에서 흡밀한다. 암컷은 식초의 잎 아랫면에 여러 개씩 산란한다. 부화하여 나온 어린 애벌레는 잎에 모여서 살지만, 성장하면서 먹이를 찾아 흩어진다. 번데기로 월동한다.

식초 / 쥐방울덩굴, 등칡(쥐방울덩굴과)

출현 시기 / 5~6월(춘형), 7~9월(하형) 〈연 2회 발생〉

변이 / 중부 이남 지역산의 춘 · 하형 암컷(5c, 5i)은 동 · 북부 지역산에 비해 날개 윗면 색상에 황색감이 현저하게 나타난다. 춘형의 수컷 뒷날개 아랫면 아외연부의 무늬는 선명한 붉은색인데, 하형의 수컷은 황색을 띤 회색이다. 암컷도 춘형의 무늬는 주황색이나 하형은 황색을 띤 회색이다. 하형 수컷 간에는 뒷날개 아랫면 아외연부의 무늬 크기와 모양에 따라 변이가 다양하게 나타난다.

암수 구별 / 수컷의 날개는 광택이 있는 검은색이나 암컷은 흑갈색이다. 또, 수컷은 사향 향내가 난다.

【변이 해설】 무미형의 유전

우리 나라 나비 중 무미형(無尾型)은 남방제비나비에서만 드물게 나타난다. 무미형은 유미형에 대해 열성으로, 열성 동형 인자형인 개체만이 무미형으로 나타나게 되어 희귀하다.

P … TT × tt
(유미형) (무미형)
〈생식 세포〉 T t
F₁ … Tt
(유미형)

F₁ … Tt × Tt
(유미형) (유미형)
〈생식 세포〉 T t T t
F₂ … TT Tt Tt tt
(유미형)(유미형)(유미형)(무미형)

춘 형

5a.♂ 강원 쌍룡

5b.♀ 강원 쌍룡

5c.♀ 경북 비슬산

×0.7

사향제비나비 하형의 변이

6. 호랑나비 *Papilio xuthus* Linnaeus, 1767

6a. 춘 ♂
강원 쌍룡

분포 / 도서 지방을 포함하여 전국 각지에 널리 분포한다. 국외에는 미얀마, 중국, 타이완, 아무르, 연해주와 일본의 각지에 분포한다.

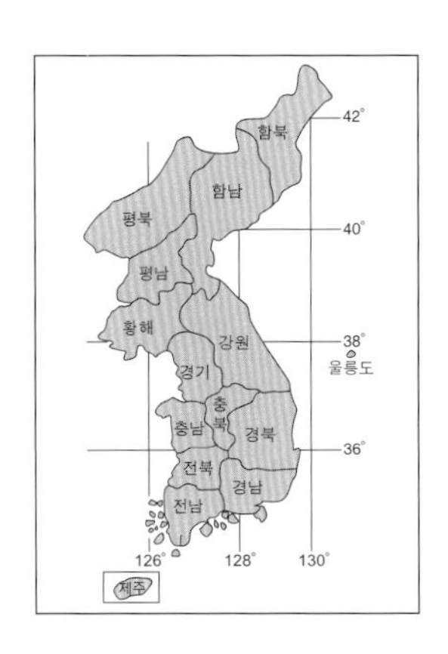

생태 / 저산 지대의 숲에 서식한다. 산지와 전답, 마을 등을 활기차게 날아다니며 무궁화, 복숭아, 엉겅퀴, 산초나무 등의 꽃에서 흡밀한다. 수컷은 습기 있는 땅바닥이나 오물에 잘 앉는다. 암컷은 식수의 잎과 줄기에 한 개씩 산란한다. 번데기로 월동한다.

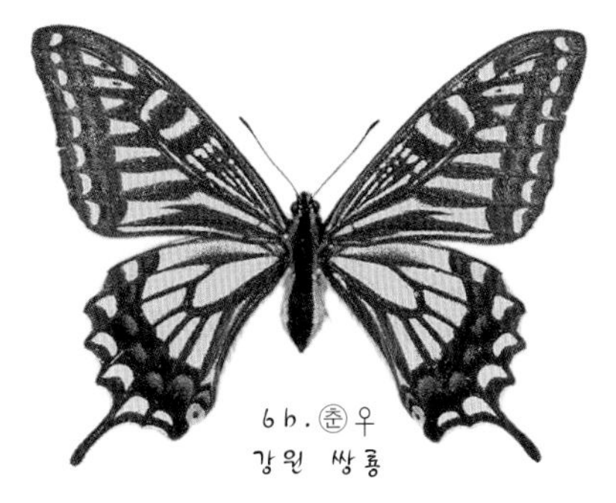
6b. 춘 ♀
강원 쌍룡

식수 / 귤나무, 탱자나무, 황벽나무, 산초나무, 머귀나무(운향과)

출현 시기 / 4월 초순~5월(춘형), 6~10월(하형) 〈연 2~3회 발생〉

변이 / 하형은 춘형보다 현저히 크고, 뒷날개 아외연부의 검은색 띠가 넓어진다. 간혹 날개의 색상에 황색감이 강한 개체(7g)가 있는데, 도서 지방산과 제주도산에서 그 빈도가 높게 나타난다. 개체 간에는 날개 윗면의 황백색 선과 무늬의 모양 차이로 다양하게 변이가 나타난다.

암수 구별 / 춘 · 하형 암컷은 수컷에 비해 날개의 폭이 넓고 복부가 현저하게 굵다. 제주도산 춘 · 하형과 내륙산 하형은 수컷의 뒷날개 윗면 제7실에 검은색 점으로 된 성표가 있다.

6c. 춘 ♀
경기 대부도

6d. 하 ♂
충남 만리포

6e. 하 ♂
인천 영종도

6f. 하 ♀
경기 천마산

6g. 하 ♀
제주 서귀포

×0.6

7. 산호랑나비 *Papilio machaon* Linnaeus, 1758

7a.㊟♂
강원 쌍룡

7b.㊟♀
강원 쌍룡

7c.㊭♂
경기 대부도

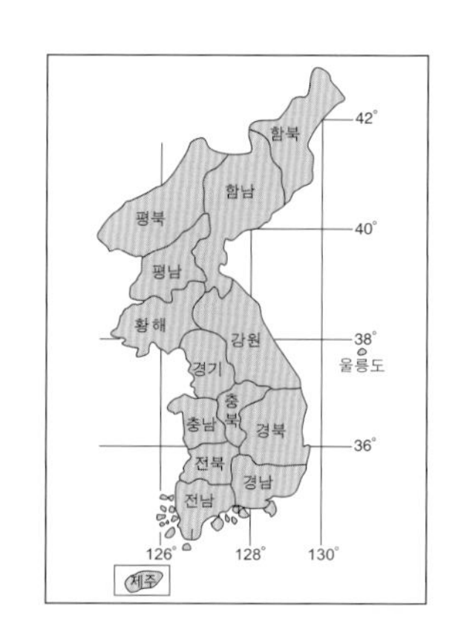

분포 / 도서 지방을 포함하여 전국 각지에 널리 분포한다. 국외에는 유라시아 대륙, 아프리카 북부와 북아메리카에 광범위하게 분포한다.

생태 / 산지와 주변의 숲에 서식한다. 평지에서 산지까지 넓은 지역에서 활동하는데, 산 정상에서는 활발한 점유 행동을 한다. 철쭉, 복숭아, 쉬땅나무, 엉겅퀴 등의 꽃에서 흡밀하며, 암컷은 식초의 잎 아랫면에 한 개씩 산란한다. 애벌레는 성장한 후 식초를 떠나 다른 나무나 풀, 돌 등에서 용화한다. 번데기로 월동한다.

식초 / 미나리, 당근, 참당귀(산형과), 탱자나무, 유자나무, 백선(운향과)

출현 시기 / 5~6월(춘형), 7~10월(하형) 〈연 2회 발생〉

변이 / 하형은 춘형보다 현저히 크고, 뒷날개 내연과 아외연부의 검은색 띠가 넓게 발달한다. 하형 암컷 중에는 앞날개와 뒷날개에 검은색 인분이 넓게 퍼져 전체가 어둡게 보이는 개체(7f)가 간혹 있다.

암수 구별 / 암컷의 날개는 수컷에 비해 날개 외연이 둥근 모양이나, 복부 끝을 비교해 보는 것이 정확하다.

7d.㊭♂
강원 계방산

7e.㊭♀
강원 계방산

7f.㊭♀
경북 소백산

×0.6

8. 긴꼬리제비나비 *Papilio macilentus* Janson, 1877

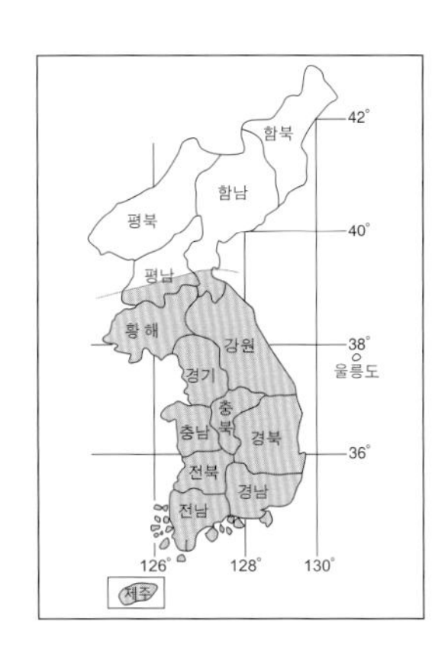

분포 / 도서 지방을 포함한 전국 각지에 널리 분포한다. 국외에는 중국 중 · 서부와 일본의 각지에 분포한다.

생태 / 산지의 계곡 주변의 잡목림 숲에 서식한다. 계곡을 따라 유유히 날아다니며 철쭉, 엉겅퀴, 나리, 고추나무 등의 꽃에서 흡밀한다. 수컷은 습기 있는 땅바닥에 무리지어 앉아 물을 빨아먹는다. 암컷은 식수의 잎 윗면에 한 개씩 산란한다. 번데기로 월동한다.

식수 / 산초나무, 초피나무, 탱자나무, 머귀나무(운향과)

출현 시기 / 5~6월(춘형), 7~8월(하형) 〈연 2~3회 발생〉

변이 / 춘 · 하형 암컷은 뒷날개 아외연부에서 후각에 연결되는 초승달 모양의 붉은색 무늬의 발달 정도로 변이가 있다. 암컷 중에는 뒷날개에 붉은색 무늬가 발달한 개체(8e)가 간혹 있다.

암수 구별 / 수컷은 뒷날개 전연부에 황백색 띠로 된 성표가 있다.

×0.6

9. 남방제비나비 *Papilio protenor* Cramer, 1775

분포 / 제주도, 전라 남도 광주 이남 지역과 남해 도서 지방, 서해안 태안 반도와 경기도의 일부 해안 지역에 분포한다. 국외에는 인도 북부, 미얀마 북부, 중국 남부, 타이완과 일본 등지에 분포한다.

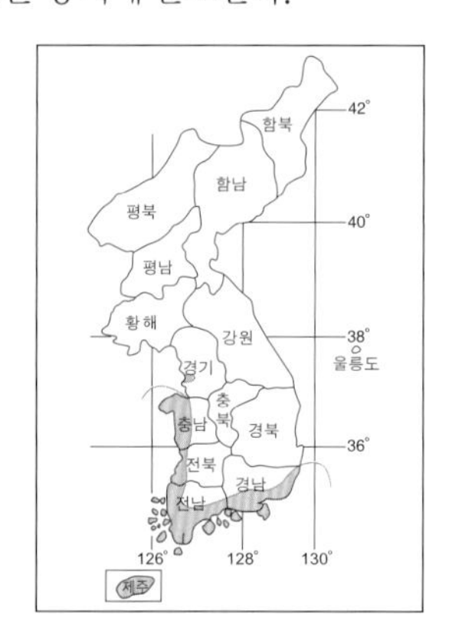

생태 / 저산 지대와 인접한 숲에 서식한다. 숲 주변을 활기차게 날아다니다가 숲 속 그늘진 곳으로 날아 들어가곤 한다. 아카시나무, 철쭉, 누리장나무 등의 꽃에서 흡밀하며, 흐린 날에도 비교적 잘 활동한다. 수컷은 습기 있는 땅바닥에 무리지어 앉아 물을 빨아먹는다. 암컷은 식수의 잎 윗면과 아랫면에 한 개씩 산란한다. 애벌레는 성장한 후 식수의 가지나 주변의 물체에서 용화한다. 번데기로 월동한다.

식수 / 산초나무, 황벽나무, 탱자나무, 귤나무, 머귀나무(운향과)

출현 시기 / 4월 초순~6월 초순(춘형), 6월 하순~9월(하형) 〈연 2회 발생〉

변이 / 춘 · 하형 암컷 간에는 뒷날개 윗면의 아외연부와 후각 부위에 나타나는 붉은색 무늬의 발달 정도에 따라 변이가 나타난다. 뒷날개 윗면에 붉은색 무늬가 발달한 개체(9c, 9h)는 아랫면에도 아외연을 따라 붉은색 초승달 무늬가 발달한다. 미상 돌기가 짧아진 개체(9e)와 무미형 개체가 암수(9f, 9i)에서 드물게 나타난다. 암컷 중에는 뒷날개 윗면 중앙부에 밝은 회백색 인분이 나타나는 개체(9h)도 간혹 있다.

암수 구별 / 수컷은 뒷날개 윗면 전연에 긴 황백색 띠로 된 성표가 있다.

춘 형

×0.7

남방제비나비 하형의 변이

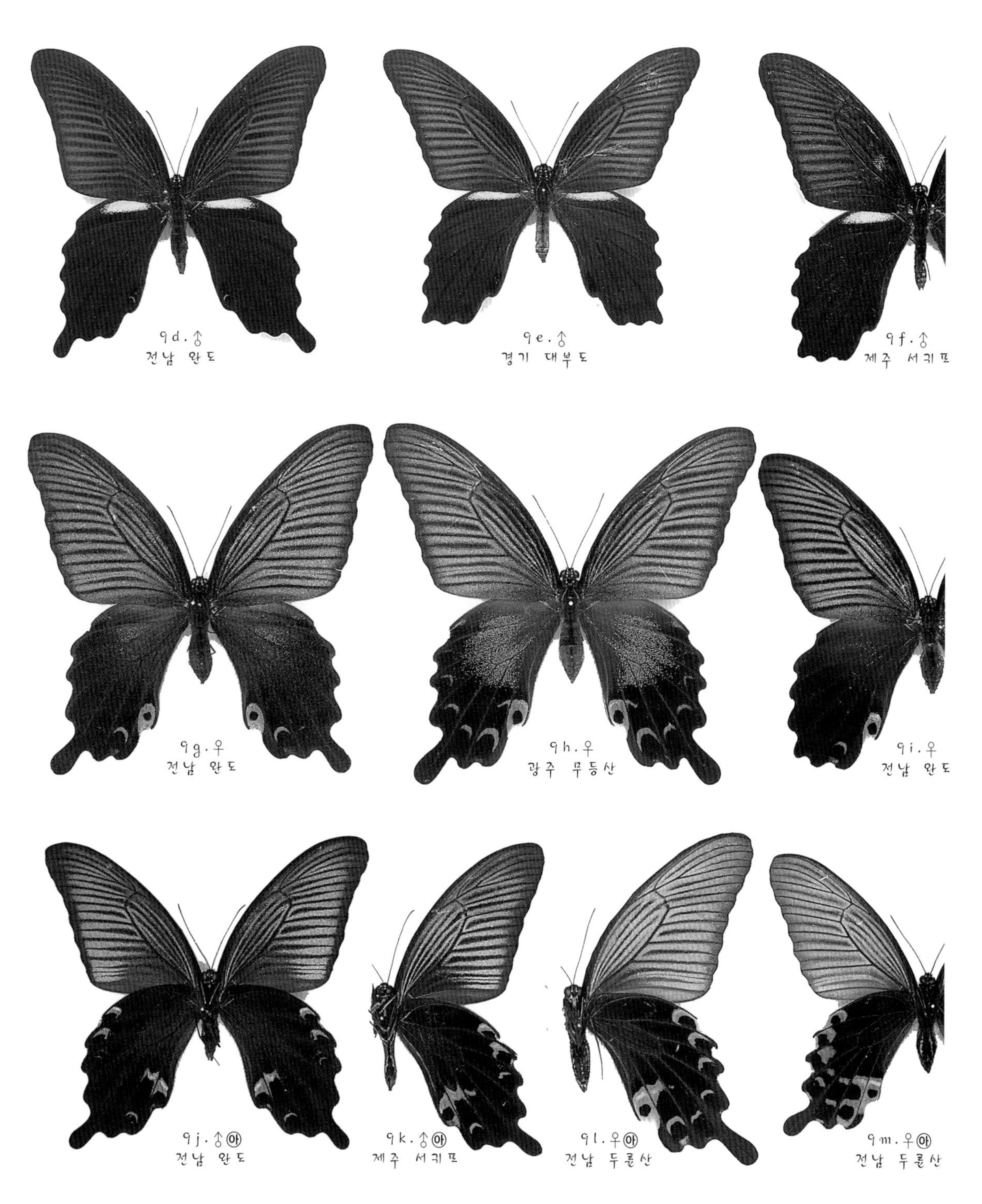

×0.6

10. 제비나비 *Papilio bianor* Cramer, 1777

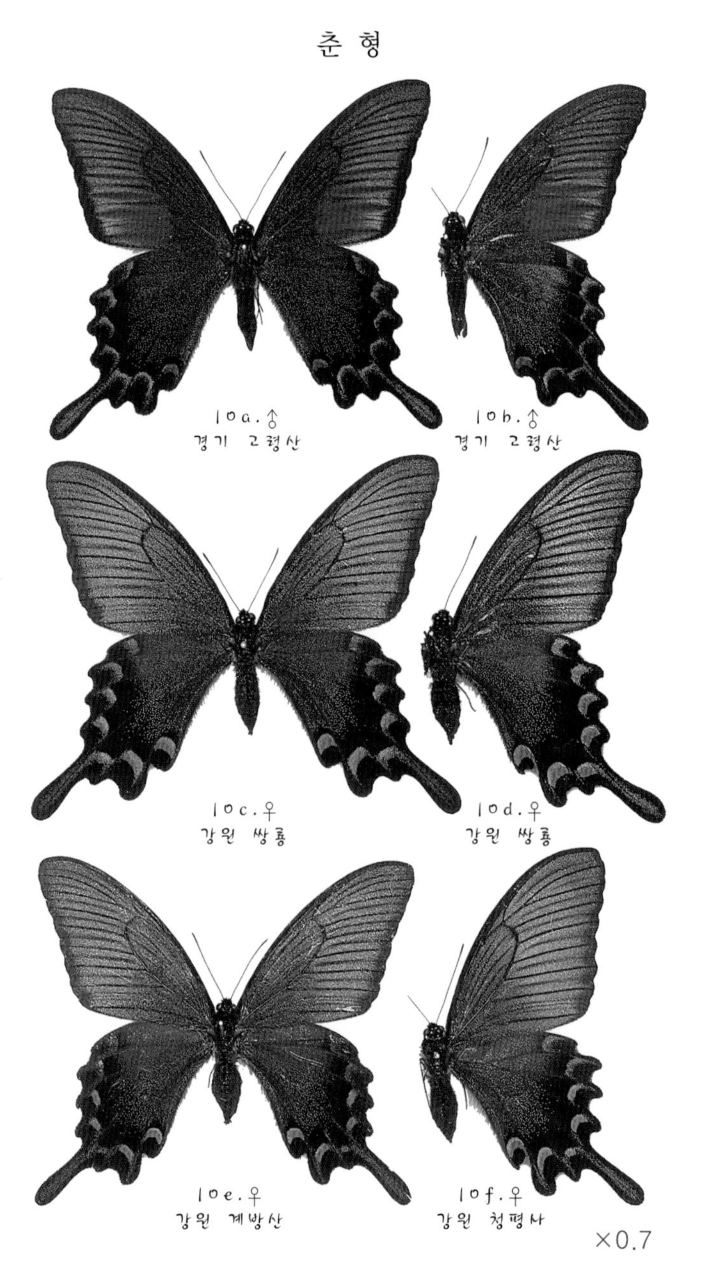

분포 / 도서 지방을 포함하여 전국 각지에 널리 분포한다. 국외에는 아프가니스탄, 인도 북부, 미얀마, 중국, 타이완, 우수리, 일본 등의 동아시아 지역에 분포한다.

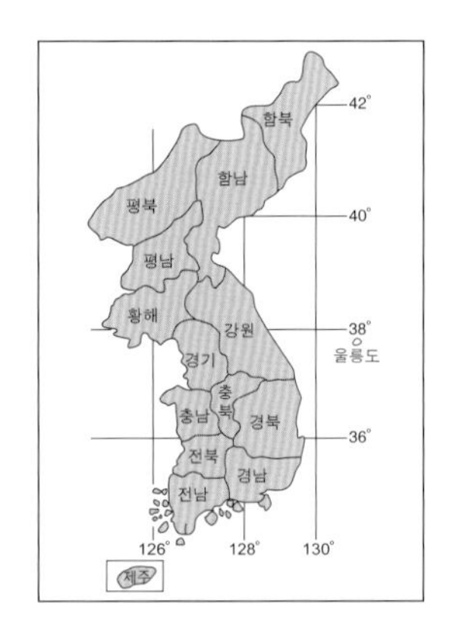

생태 / 산지의 잡목림 숲에 서식한다. 활기차게 날아다니며 엉겅퀴, 진달래, 고추나무 등의 꽃에서 흡밀한다. 수컷은 습기 있는 땅바닥에서 물을 빨아먹으며, 접도를 따라 산 정상으로 비상해 오르는 습성이 있다. 암컷은 식수의 잎 아랫면에 한 개씩 산란한다. 번데기로 월동한다.

식수 / 황벽나무, 산초나무, 탱자나무, 머귀나무(운향과)

출현 시기 / 4월 중순~6월(춘형), 7~9월(하형) 〈연 2~3회 발생〉

변이 / 서해안 도서 지방산과 제주도산 하형 암컷(10j, 10l)은 앞날개의 중앙부에서 외연 쪽으로 흰색의 빗살무늬가 뚜렷하게 발달한다. 내륙 지역산에도 드물게 그와 같은 개체가 있으나 그 정도가 약하다. 제주도산 수컷에는 앞날개 윗면에 청록색 인분의 광택이 내륙 지역산보다 강하게 나타나는 개체(10k)가 많다. 춘형 암수의 뒷날개 중앙부에 광택이 있는 청록색 인분이 나타나는 개체(10b, 10d)가 간혹 있다. 또, 춘형 암컷 중에는 뒷날개 외연에서 중앙부 쪽으로 남색 인분이 퍼져 있어 하형의 특징을 나타내는 개체(10e)가 드물게 있다. 또, 뒷날개 외연의 굴곡이 발달한 개체(10f)가 간혹 있는데, 이런 개체는 아랫면 아외연부의 붉은색 무늬도 발달한다.

암수 구별 / 수컷은 앞날개 윗면에 미세한 털이 밀생한 성표가 있으나 암컷은 없고, 뒷날개 아외연부에 붉은색 무늬가 발달한다.

제비나비 하형의 변이

×0.7

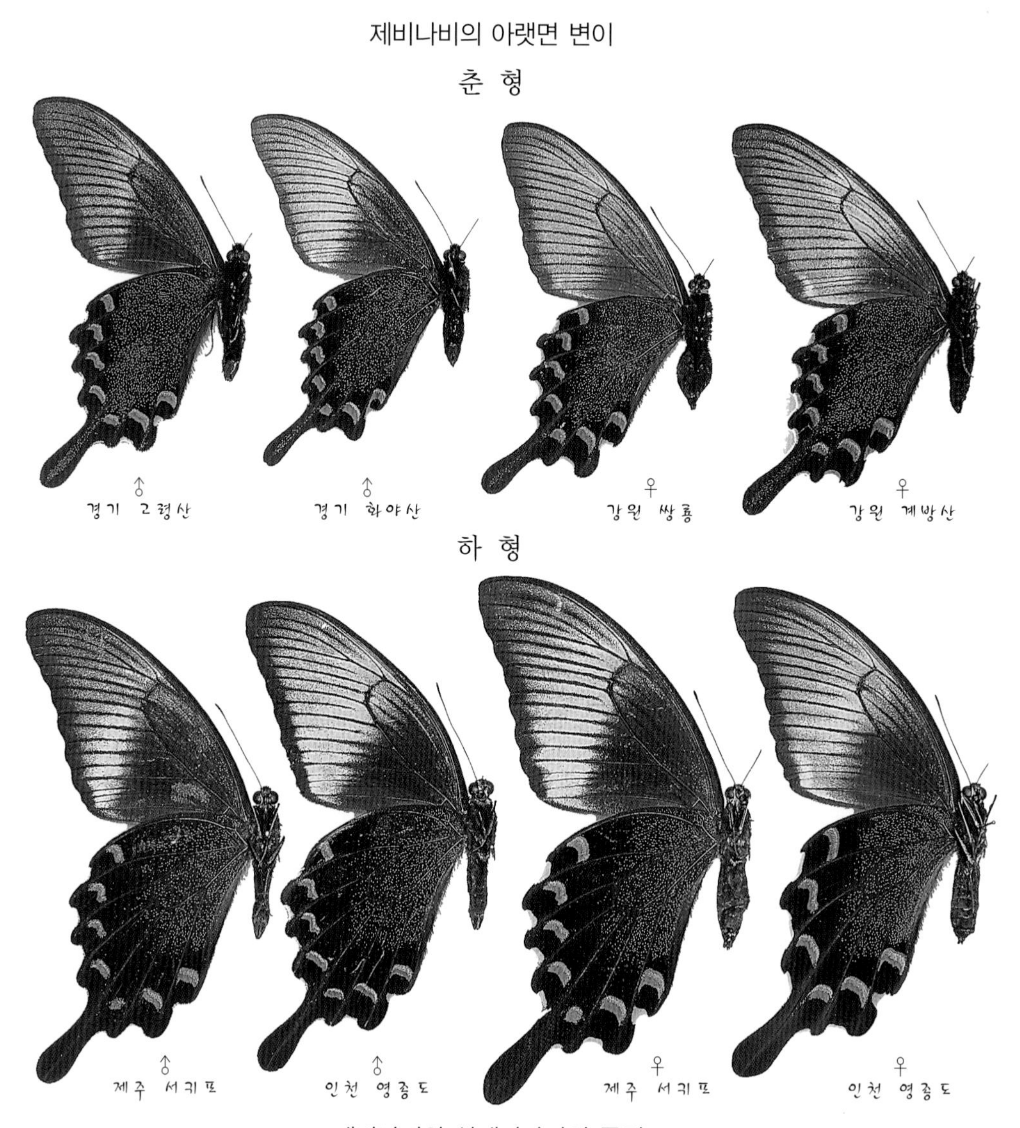
제비나비의 아랫면 변이
춘 형
♂ 경기 고령산
♂ 경기 화야산
♀ 강원 쌍룡
♀ 강원 계방산
하 형
♂ 제주 서귀포
♂ 인천 영종도
♀ 제주 서귀포
♀ 인천 영종도
제비나비와 산제비나비의 동정

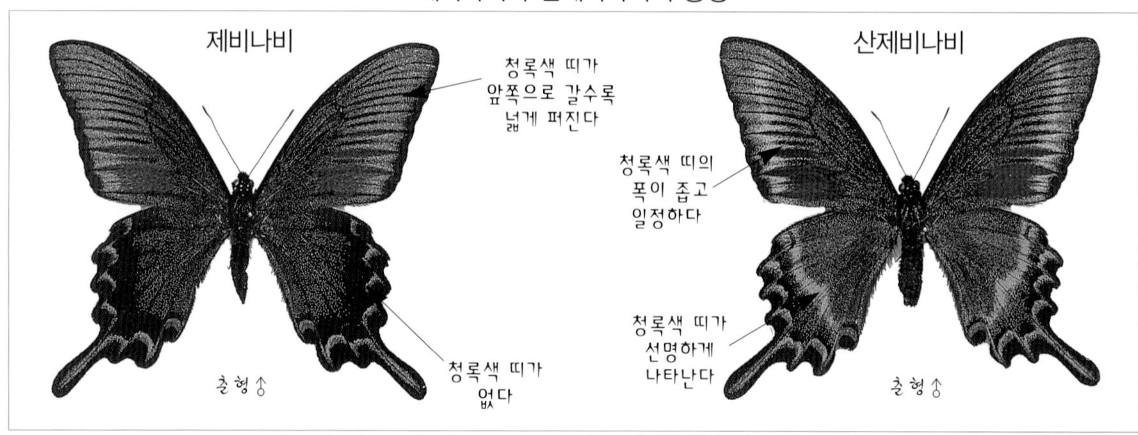
제비나비
청록색 띠가 앞쪽으로 갈수록 넓게 퍼진다
춘형♂
청록색 띠가 없다
산제비나비
청록색 띠의 폭이 좁고 일정하다
청록색 띠가 선명하게 나타난다
춘형♂

11. 산제비나비 *Papilio maackii* Ménétriès, 1859

하 형

11a.♂
강원 광덕산

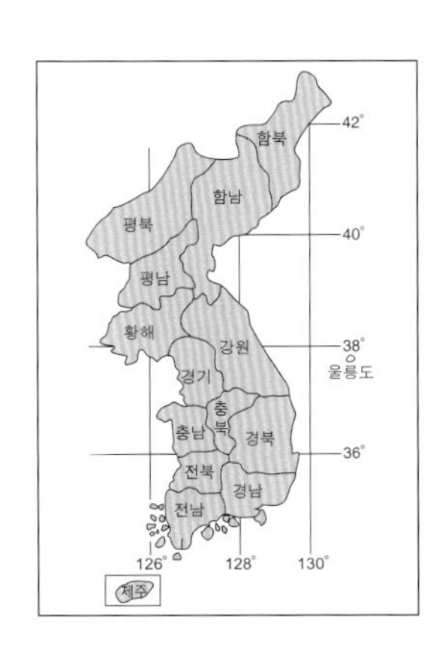

분포 / 도서 지방을 포함한 전국 각지에 분포한다. 국외에는 미얀마 북부, 중국, 타이완, 아무르, 연해주와 일본 등 아시아의 광범위한 지역에 분포한다.

생태 / 산지의 계곡 주변 숲에 서식한다. 수컷은 계곡을 낀 산길에서 접도를 형성하여 선회하거나 정상으로 날아올라 그곳에서 선회하는 습성이 있다. 또, 습기 있는 땅바닥에 앉아 물을 빨아먹는데, 수십 마리가 무리지어 있을 때도 있다. 엉겅퀴, 나리, 쉬땅나무, 누리장나무 등의 꽃에서 흡밀하며, 암컷은 식수의 잎 아랫면에 한 개씩 산란한다. 번데기로 월동한다.

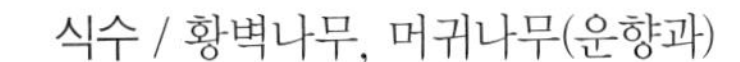

식수 / 황벽나무, 머귀나무(운향과)

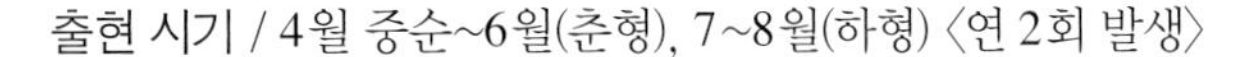

출현 시기 / 4월 중순~6월(춘형), 7~8월(하형) 〈연 2회 발생〉

11b.♂
강원 치악산

변이 / 경상 북도 울릉도산은 개체 크기와 암수의 앞날개와 뒷날개의 청록색 띠 모양 등이 내륙 지역산과 현저한 차이점이 나타난다. 제주도산 춘형 암수의 뒷날개 청록색 띠에는 남색감이 강하게 나타나며, 외연부의 붉은색 무늬가 발달한다. 제주도와 남부 지역산 중에 앞날개의 황록색 띠가 넓게 발달한 개체(11k, 11n)가 드물게 나타난다. 개체 간에는 날개 윗면의 청록색 띠의 폭과 색상 차이, 뒷날개 아랫면의 황색 띠의 발달 정도에 따라 다양한 변이가 나타난다.

암수 구별 / 수컷의 앞날개 윗면에는 미세한 털이 밀생한 성표가 있으나 암컷에는 없다.

11c.♀
강원 광덕산

11d.♂
제주 비자림

11e.♀
제주 돈내코

×0.5

산제비나비 춘형의 변이

11f. ♂ 강원 계방산

11g. ♂ 경기 명지산

11h. ♂ 경기 화야산

11i. ♂ 경기 화야산

11j. ♀ 강원 광덕산

11k. ♀ 전남 무등산

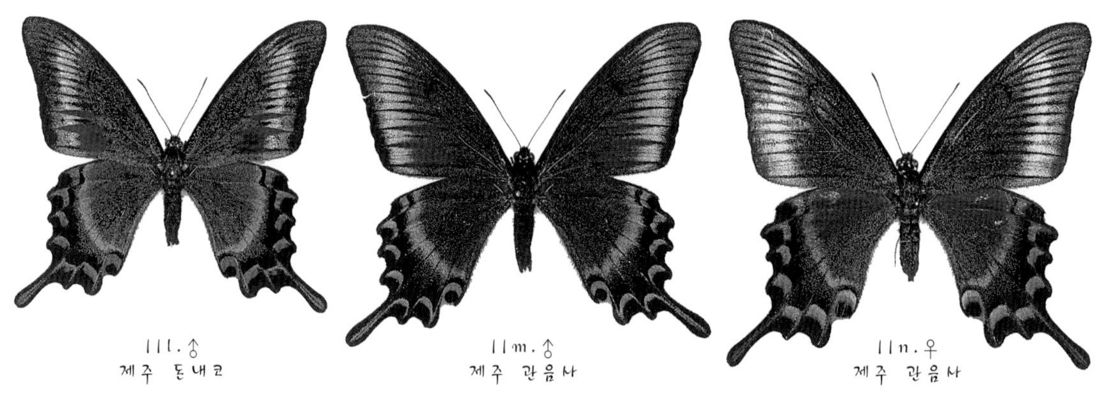

11l. ♂ 제주 돈내코

11m. ♂ 제주 관음사

11n. ♀ 제주 관음사

×0.6

산제비나비의 지역 변이(하형)

	내륙 지역산	울릉도산
수컷의 앞날개 길이	약 65mm	약 55mm
암컷의 앞날개 청록색 띠	황색감이 약하다	황색감이 강하다
암수의 뒷날개 청록색 띠	청록색 띠가 넓게 퍼져 연결성이 약하다	춘형과 동일하게 청록색 띠가 연결된다

울릉도산의 변이

춘 형

11o.♂ 11p.♂ 11q.♀

하 형

11r.♂ 11s.♀ 11t.♀

×0.6

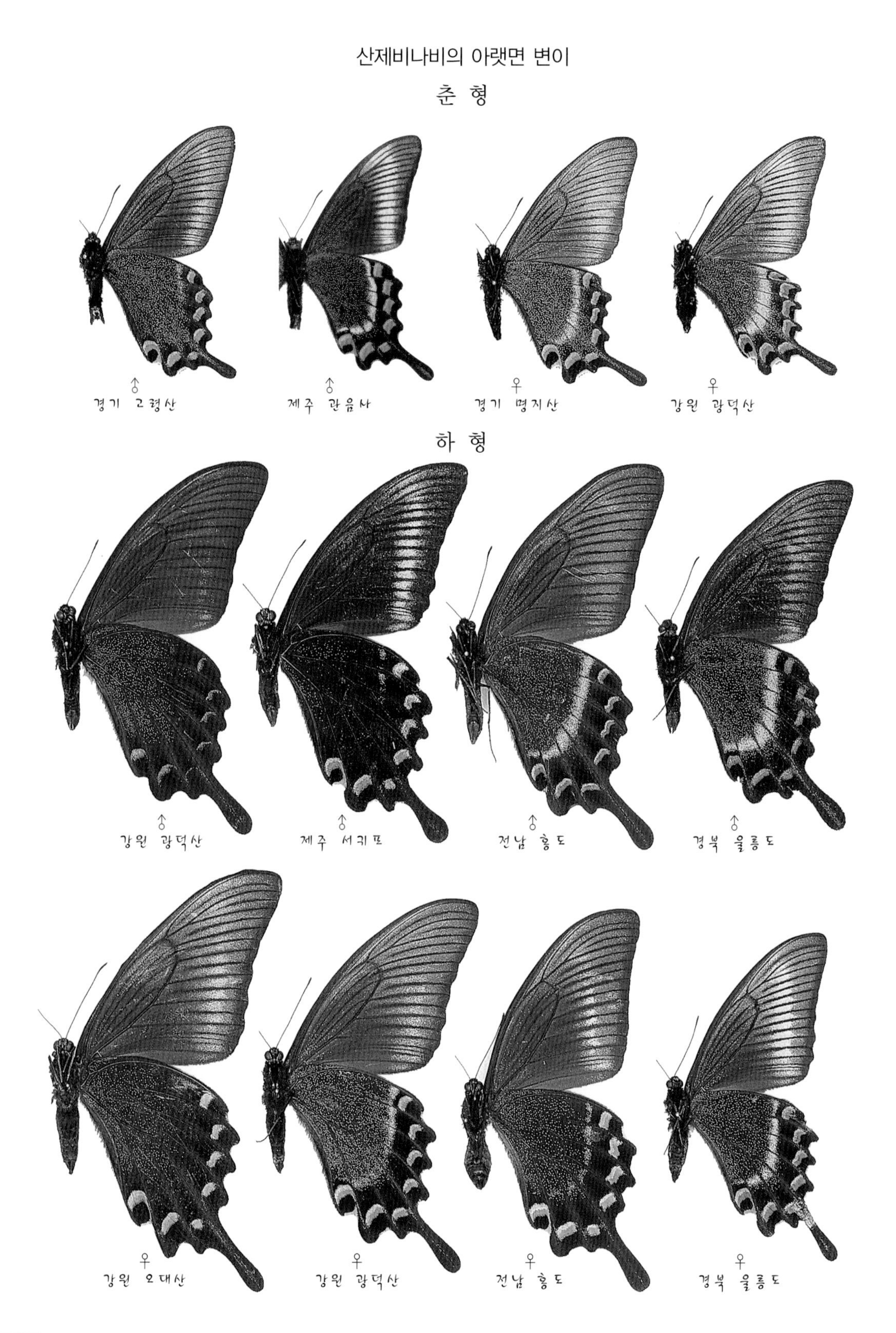
산제비나비의 아랫면 변이
춘 형
♂ 경기 고령산
♂ 제주 관음사
♀ 경기 명지산
♀ 강원 광덕산
하 형
♂ 강원 광덕산
♂ 제주 서귀포
♂ 전남 홍도
♂ 경북 울릉도
♀ 강원 오대산
♀ 강원 광덕산
♀ 전남 홍도
♀ 경북 울릉도

12. 청띠제비나비 *Graphium sarpedon* (Linnaeus, 1758)

분포 / 제주도와 울릉도를 포함한 남해안 도서 지방과 남 · 서해안 일부 지역에 분포한다. 국외에는 인도, 중국 남부, 보르네오, 필리핀, 뉴기니, 오스트레일리아 북부, 타이완과 일본 등지에 분포한다.

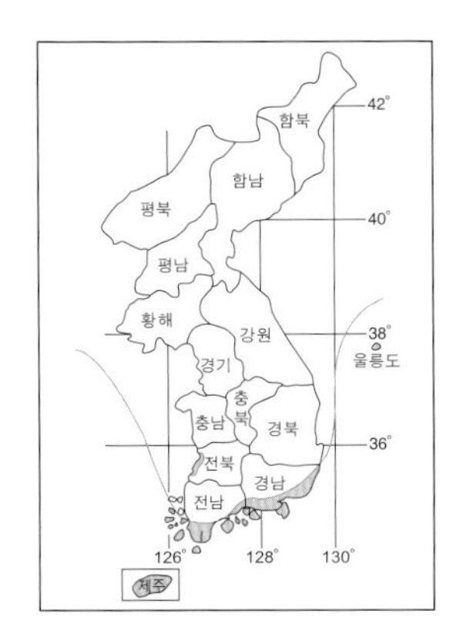

생태 / 남부 지역의 상록 활엽수림에 서식한다. 엉겅퀴, 토끼풀, 거지덩굴, 후박나무 등의 꽃에서 빠르게 날개짓을 하며 흡밀한다. 수컷은 습기 있는 땅바닥에 무리지어 앉아 물을 빨아먹는다. 암컷은 식수의 잎 아랫면이나 줄기에 한 개씩 산란한다. 번데기로 월동한다.

식수 / 후박나무, 녹나무(녹나무과)

출현 시기 / 5월 초순~6월 초순(춘형), 6월 중순~9월 초순(하형) 〈연 2~3회 발생〉

변이 / 춘형은 하형보다 작으나 청색 띠의 폭이 넓다. 하형은 청색 띠의 폭이 좁으나 청색 색조가 더 짙다. 하형 암컷 중에는 청색 띠에 황색감을 띠는 개체(12f)가 간혹 나타난다.

×0.6

암수 구별 / 수컷은 뒷날개 내연이 회백색이나 암컷은 흑갈색이다.

흰나비과(Pieridae)

중형 나비로, 흰색, 황색 날개에 검은색, 붉은색의 선이나 점이 있다. 모든 종이 방화성(訪花性)을 나타내며 수컷은 습기 있는 땅바닥에 잘 앉는다. 전세계에 4아과의 1200여 종이 분포하고 있다. 남한에는 기생나비아과(Dismorphiinae)가 2종, 노랑나비아과(Coliadinae)가 5종, 흰나비아과(Pierinae)가 7종으로, 총 14종이 분포한다.

짝짓기하고 있는 극남노랑나비

토끼풀꽃에서 흡밀하는 북방기생나비(♀)

딸기꽃에서 흡밀하는 갈고리나비(♂)

알

길쭉한 방추형으로 세로로 줄무늬가 있다. 대부분 유백색이나 주황색인 종류도 있다. 암컷은 식초의 잎 윗면에 한 개씩 산란한다.

배추흰나비

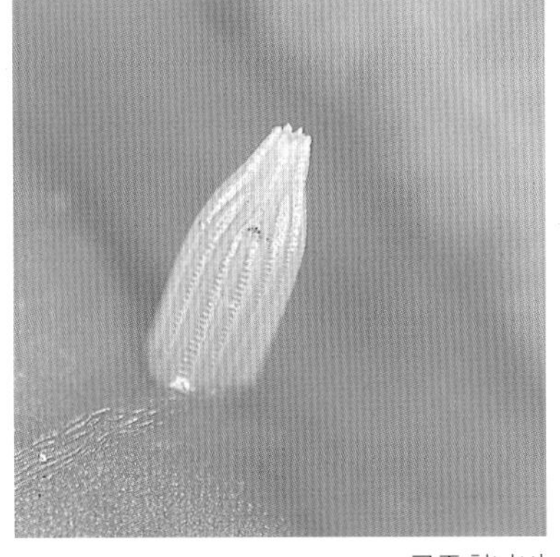

큰줄흰나비

노랑나비

애벌레

가늘고 길쭉한 모양으로 돌기가 없으며, 체색은 대개 녹색이다. 대부분 단독 생활을 하나, 상제나비 애벌레는 토해 낸 실로 잎을 엮어 그 속에서 집단 생활을 한다.

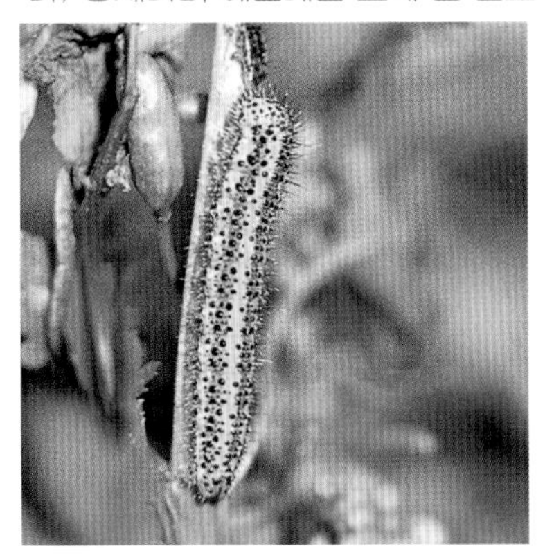

풀흰나비

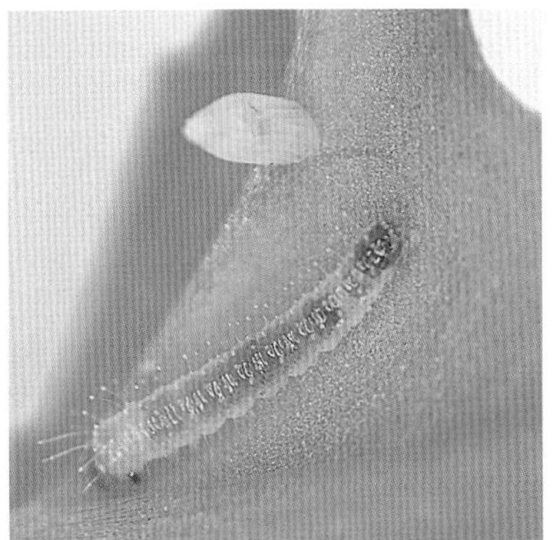

대만흰나비

큰줄흰나비

번데기

식초의 줄기나 주변의 풀 등에서 용화하며, 대용(帶蛹)이다. 두부(頭部)는 길고 뾰족한 모양으로 긴 뿔처럼 보인다. 종류에 따라 갈색, 녹색, 황색을 띤다.

큰줄흰나비

대만흰나비

갈구리나비

13. 기생나비 *Leptidea amurensis* (Ménétriès, 1859)

분포 / 일부 해안 지역을 제외한 전국 각지에 분포한다. 국외에는 중국 서·북부, 우수리, 아무르와 일본 등 극동아시아 지역에 분포한다.

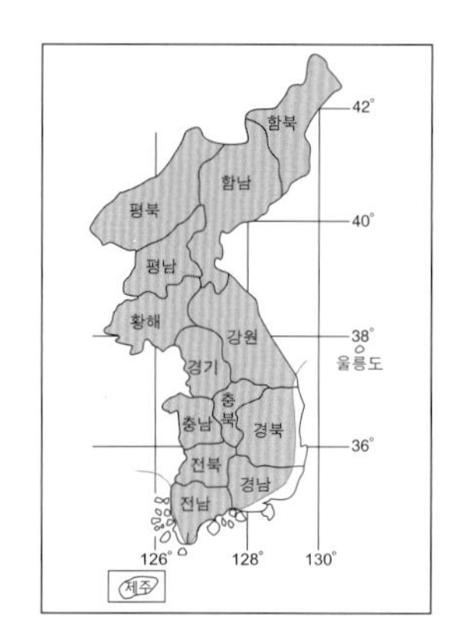

생태 / 산기슭과 전답 주변의 초지에 서식한다. 채광이 좋을 때 연약하게 날아다니며 각종 제비꽃, 개망초, 꿀풀 등의 꽃에서 흡밀한다. 수컷은 습기 있는 땅바닥에 앉아 물을 빨아먹는다. 암컷은 식초의 새 잎에 한 개씩 산란한다. 부화하여 나온 애벌레는 성장한 후 식초를 떠나 다른 식물의 잎에서 용화한다. 번데기로 월동한다.

식초 / 갈퀴나물, 등갈퀴나물(콩과)

출현 시기 / 4월 하순~5월(춘형), 6월 하순~7월, 8월 중순~9월(하형) 〈연 3회 발생〉

변이 / 춘형에 비해 하형은 크고, 날개 끝 검은색 무늬의 색조가 짙다. 암수의 개체 간에는 날개 끝 검은색 무늬의 발달 정도로 변이가 나타난다.

암수 구별 / 암컷의 날개는 수컷에 비해 날개 외연이 둥글고, 앞날개 끝의 검은색 무늬의 색상이 옅다.

14. 북방기생나비 *Leptidea morsei* (Fenton, 1881)

분포 / 경기도와 강원도의 중 · 북부 지역에 분포한다. 국외에는 유라시아 대륙의 아한대 지역에 분포한다.

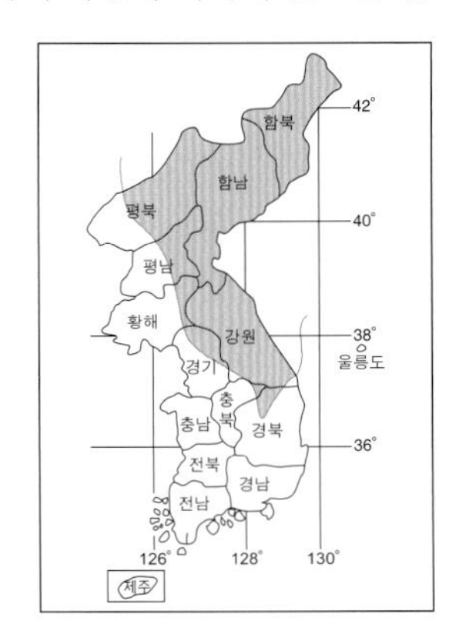

생태 / 저산 지대와 주변의 초지에 서식한다. 풀밭 사이를 연약하게 날아다니며 개망초, 꿀풀, 제비꽃 등의 꽃에서 흡밀한다. 수컷은 습기 있는 땅바닥에 잘 앉는다. 암컷은 식초의 어린 잎 아랫면이나 줄기에 한 개씩 산란한다. 번데기로 월동한다.

식초 / 등갈퀴나물(콩과)

출현 시기 / 4월 중순~5월(춘형), 6월 하순~7월, 8월 하순~9월(하형) 〈연 3회 발생〉

변이 / 춘형은 하형에 비해 작으며, 날개 끝 검은색 무늬의 색조가 약하다. 하형에서 발생 시차에 따른 변이로, 2화 암컷에 비해 3화 암컷(14i,14j)은 날개 끝의 검은색 무늬가 축소되며, 날개 크기도 약간 작아진다.

암수 구별 / 암컷은 수컷에 비해 날개 외연이 둥글고 날개 끝의 검은색 무늬 색상이 옅다.

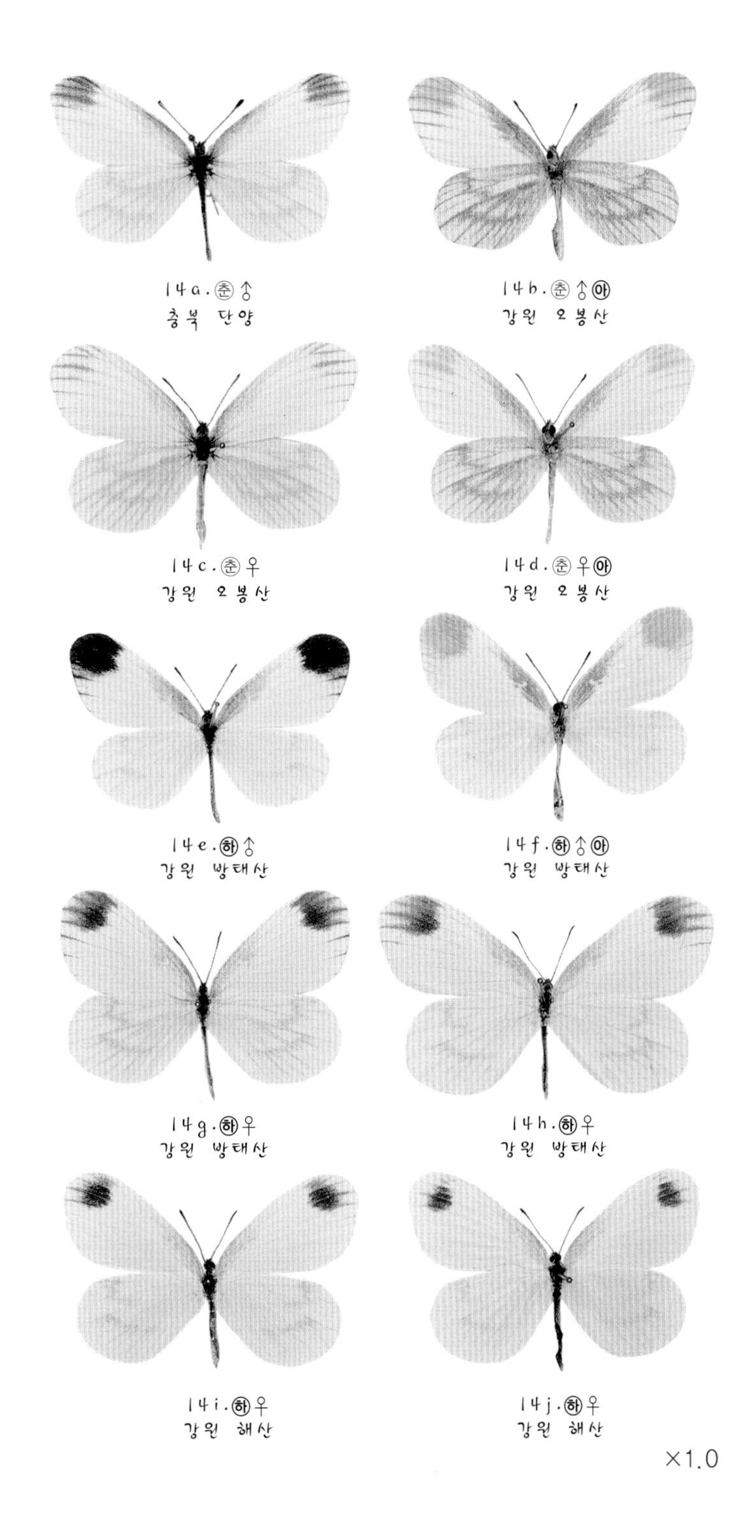

×1.0

15. 남방노랑나비 *Eurema hecabe* (Linnaeus, 1758)

분포 / 37° 선 이남 지역과 울릉도, 서해안의 태안 반도 지역에 분포한다. 국외에는 중국 남부, 타이완, 일본, 오스트레일리아와 아프리카에 이르는 광범위한 지역에 분포한다.

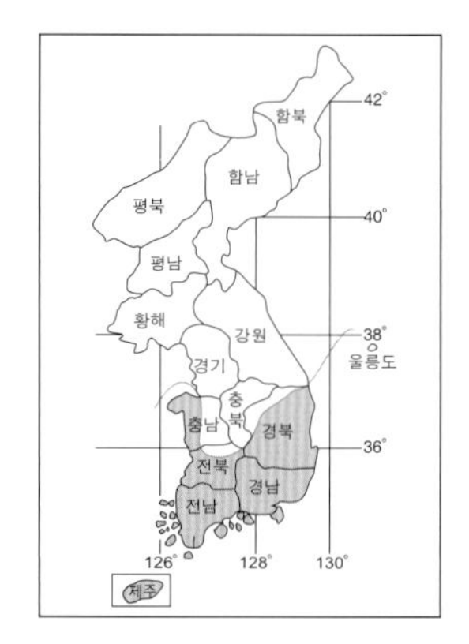

생태 / 초원성으로 산기슭과 전답 주변의 초지에 서식한다. 풀밭을 천천히 날아다니며 개망초, 토끼풀, 꿀풀, 산딸기 등의 꽃에서 흡밀한다. 수컷은 물가나 습기 있는 땅바닥에 무리지어 앉아 물을 빨아먹는다. 암컷은 식초의 잎과 새싹에 한 개씩 산란한다. 성충으로 월동한다.

식초 / 비수리, 괭이싸리, 자귀나무(콩과)

출현 시기 / 5월 중순~9월(하형), 10~11월(추형) 〈연 3~4회 발생〉

변이 / 추형은 기온이 낮을 때 발생하는 개체일수록 날개 끝과 뒷날개 외연에 나타나는 검은색 테가 점진적으로 소실되어, 나중에는 검은색 테가 전혀 없는 개체(15h)가 나타난다. 반면에 날개 아랫면의 검은색 점은 차츰 더 발달된다. 암수 중에는 뒷날개 외연에 검은색 테가 없는 개체(15a, 15c)와 있는 개체(15b, 15d)가 있다.

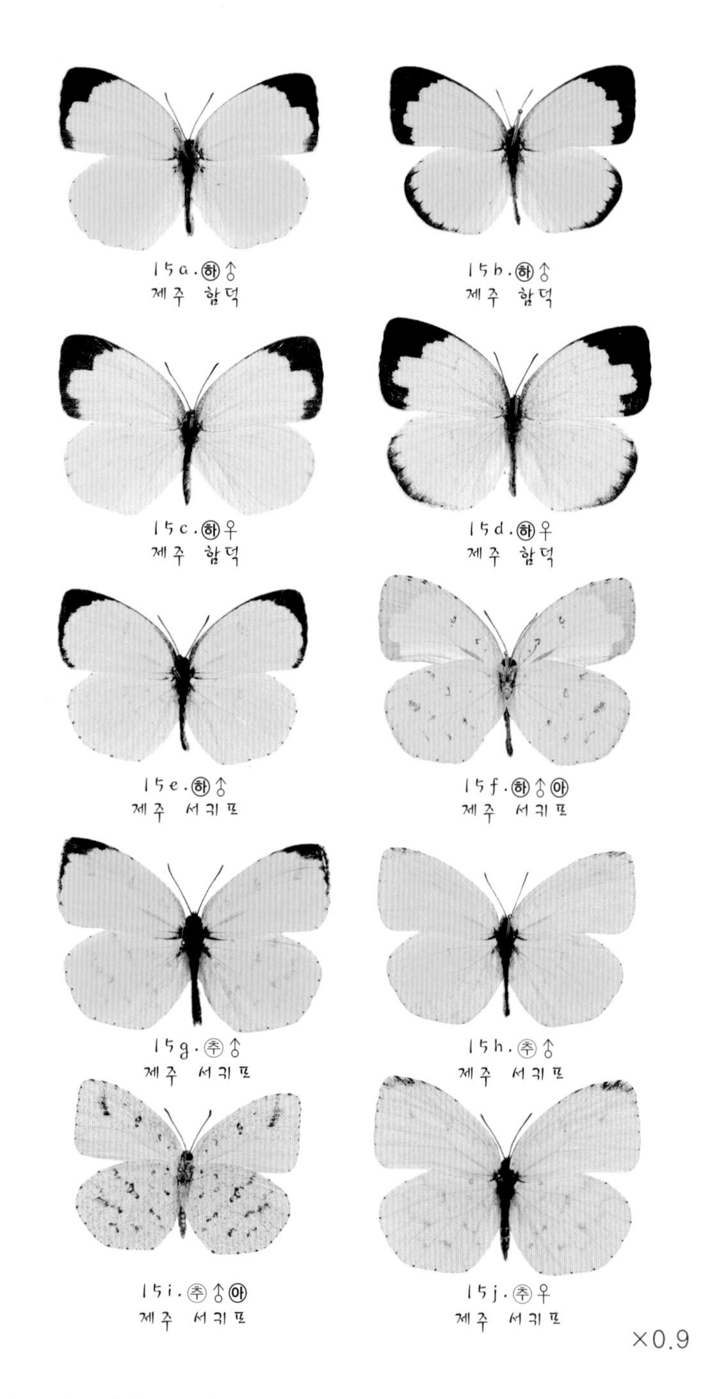

×0.9

암수 구별 / 암컷은 수컷에 비해 날개 외연이 둥글며 날개의 황색 색상이 옅다.

16. 극남노랑나비 *Eurema laeta* (Boisduval, 1836)

분포 / 제주도와 남해안의 여러 도서 지방과 37° 선 이남 지역에 분포한다. 국외에는 인도, 오스트레일리아, 동남아시아 전역, 중국과 일본 등지에 분포한다.

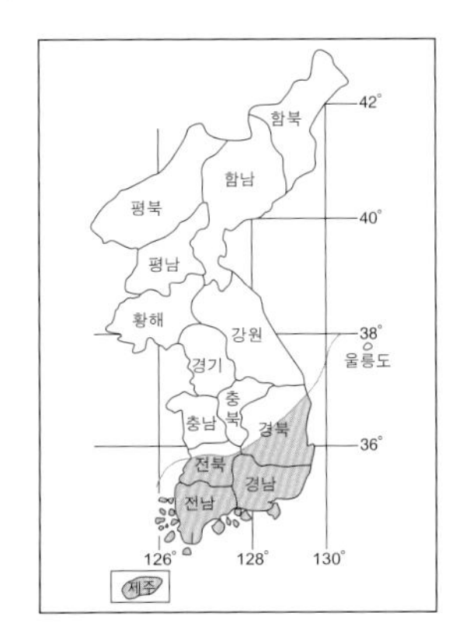

×1.0

생태 / 초원성으로 저산 지대와 산길 주변, 하천 둑 등의 초지에 서식한다. 개망초, 민들레, 괭이밥, 싸리 등의 꽃에서 흡밀하며, 수컷은 습기 있는 땅바닥에 무리지어 앉아 물을 빨아먹는다. 암컷은 식초의 새싹에 한 개씩 산란한다. 성충으로 활동하다가 월동한다.

식초 / 차풀, 비수리, 자귀나무(콩과)

출현 시기 / 5월 중순~9월(하형), 10~11월(추형) 〈연 3 ~4회 발생〉

변이 / 하형의 앞날개 외연은 둥근 모양이고 날개 아랫면에 검은색 점이 산재하나, 추형(16e~16h)은 앞날개 외연이 직선형이며, 날개 아랫면에 가로로 황갈색 선이 나타난다.

암수 구별 / 하형 암컷은 뒷날개 외연부에 검은색 무늬가 있으나 수컷에는 없다. 또, 수컷은 앞날개 아랫면 중실 아래로 등황색 선으로 된 성표가 있다. 추형 암컷의 뒷날개 아랫면은 황갈색이 옅으나 수컷은 짙다.

17. 멧노랑나비 *Gonepteryx maxima* Butler, 1885

분포 / 제주도와 해안 지역을 제외한 전국에 국지적으로 분포한다. 국외에는 북아프리카, 유럽, 중국 중 · 북부, 아무르와 일본에 분포한다.

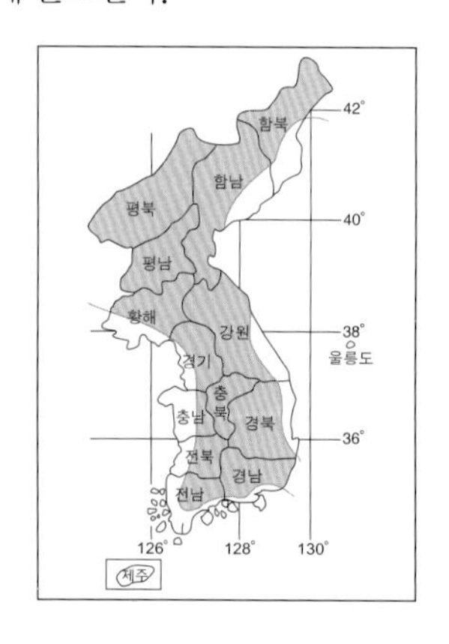

생태 / 산지의 잡목림 숲과 그 주변의 초지에 서식한다. 채광이 좋은 풀밭에서 활동하며 엉겅퀴, 개망초, 쥐손이풀 등의 꽃에서 흡밀한다. 수컷은 습기 있는 땅바닥에 잘 앉는다. 한여름에는 하면(夏眠)하고 초가을에 다시 활동한다. 월동한 암컷은 봄에 식수의 잎 윗면이나 줄기에 한 개씩 산란한다.

식수 / 갈매나무(갈매나무과)

출현 시기 / 6월 하순~10월 하순, 월동 후 4~6월 〈연 1회 발생〉

변이 / 개체 간에는 약간의 크기 차이 외에 특별한 변이는 없다.

암수 구별 / 수컷은 날개 윗면이 황색이나 암컷은 연두색이다.

18. 각시멧노랑나비 *Gonepteryx aspasia* (Ménétriès, 1855)

×1.0

분포 / 제주도 등 도서 지방을 제외한 전국의 대부분 지역에 분포한다. 국외에는 중국, 아무르, 우수리와 일본 등지에 분포한다.

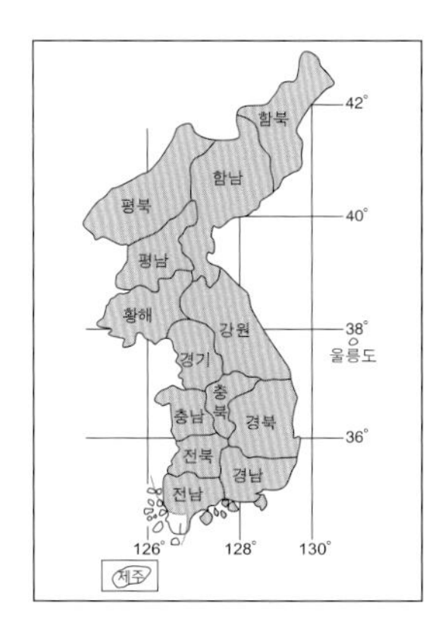

생태 / 산지의 잡목림 숲과 그 주변의 초지에 서식한다. 산기슭에서 정상까지 숲의 채광이 좋은 장소에서 활동한다. 한여름에는 하면하고 초가을부터 활동하는데, 엉겅퀴, 개망초 등의 꽃에서 흡밀한다. 수컷은 습기 있는 땅바닥과 나뭇재에 잘 앉는다. 월동한 암컷은 봄에 식수의 새 잎이나 줄기에 한 개씩 산란한다.

식수 / 갈매나무, 털갈매나무(갈매나무과)

출현 시기 / 6월 하순~8월 초순, 월동 후 3~4월 〈연 1회 발생〉

변이 / 개체 간에는 약간의 크기 차이 외에 특별한 변이는 없다.

암수 구별 / 수컷은 앞날개 윗면이 황색이나 암컷은 연두색이다.

*Leptidea*속 2종의 동정

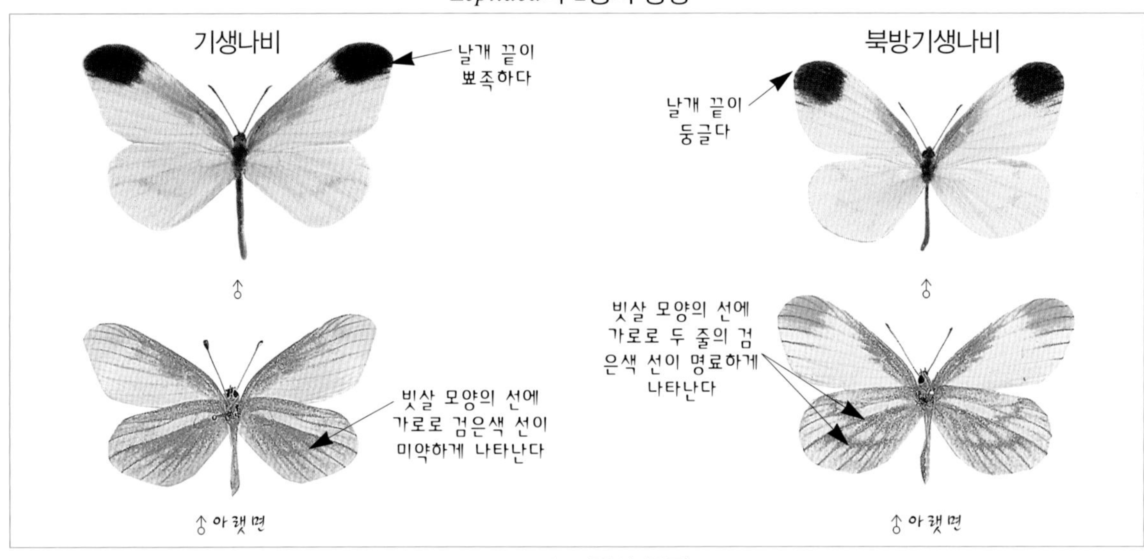

*Eurema*속 2종의 동정

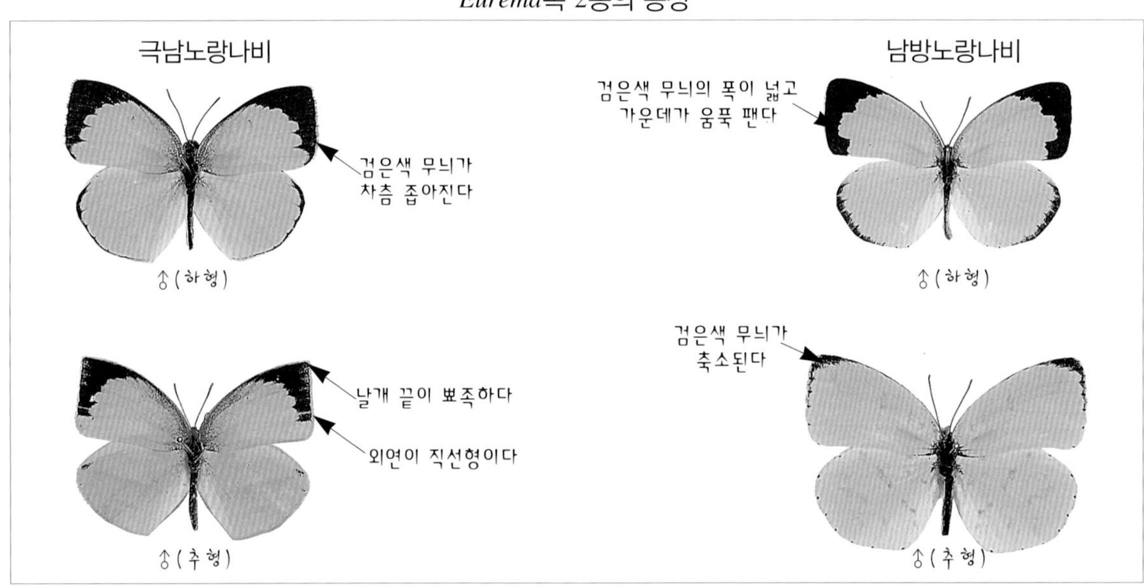

*Gonepteryx*속 2종의 동정

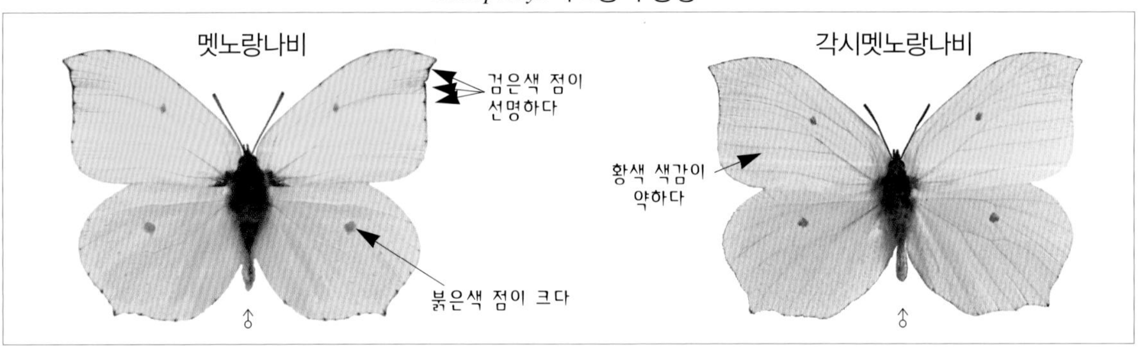

19. 노랑나비 *Colias erate* (Esper, 1805)

분포 / 도서 지방을 포함하여 전국 각지에 널리 분포한다. 국외에는 동부 유럽, 인도, 히말라야, 중국, 타이완과 일본의 각지에 분포한다.

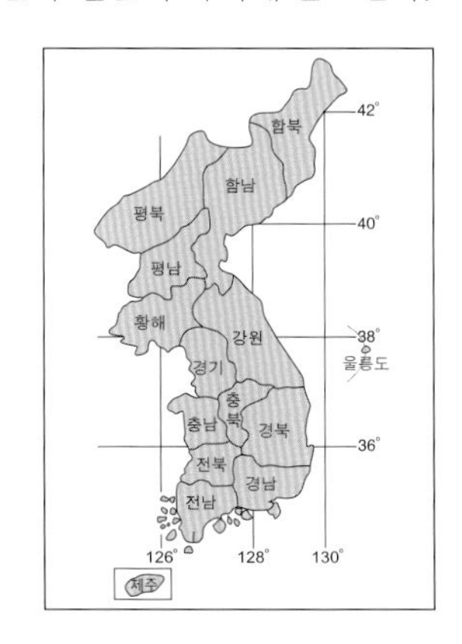

생태 / 산지와 마을, 전답 주변의 초지에 광범위하게 서식한다. 무리지어 민첩하게 날아다니며 개망초, 토끼풀, 엉겅퀴 등의 꽃에서 흡밀한다. 암컷은 식초를 옮겨 다니며 어린 잎 윗면에 한 개씩 산란한다. 번데기로 월동한다.

식초 / 자운영, 토끼풀, 돌콩, 고삼, 비수리, 아카시나무(콩과)

출현 시기 / 3월 하순~10월 〈연 3~4회 발생〉

변이 / 수컷 중에는 날개 끝 검은색 테에 황색 반점이 없고, 뒷날개 외연의 검은색 테가 발달한 개체(19a)가 있다. 반면에, 날개 끝의 검은색 테에 황색 띠가 나타나는 개체(19c)에 이르기까지 다양한 변이가 있다. 암컷 중에는 뒷날개 윗면 중실 부위에 황적색을 띠는 개체(19f)가 있고, 도서 지방 개체 중에는 뒷날개 윗면에 검은색 인분이 발달한 개체(19g)가 있다. 암컷에는 흰색형과 황색형이 있다. 개체 간에는 뒷날개 외연의 검은색 테의 발달 정도와 중실의 주황색 점의 크기 차이로 다양하게 변이가 나타난다.

암수 구별 / 흰색형은 암컷에서만 나타나므로 암컷이 확실하지만, 황색형은 복부 끝을 비교해 보는 것이 정확하다.

×0.8

20. 갈구리나비 *Anthocharis scolymus* Butler, 1866

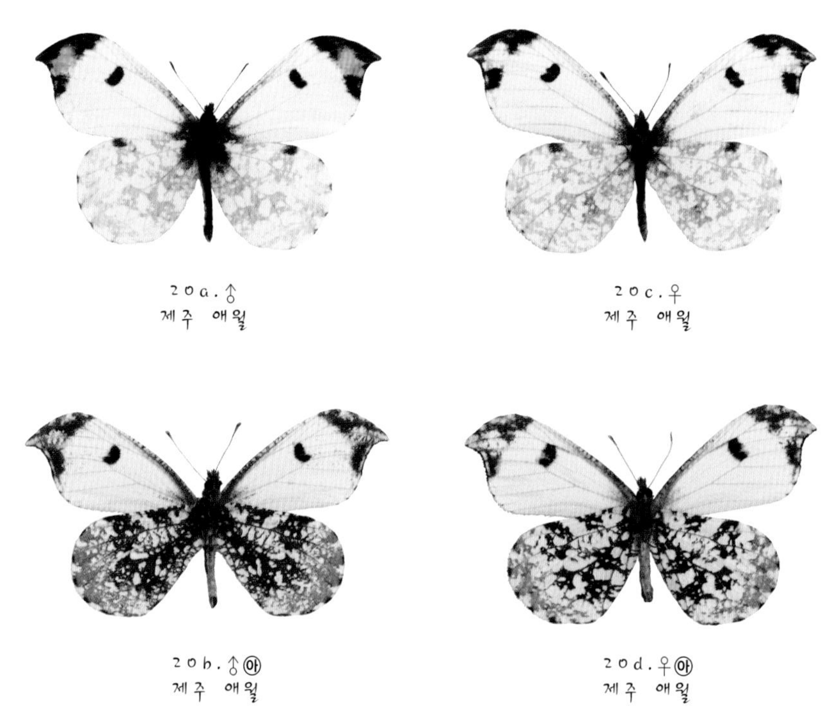

×1.0

분포 / 제주도, 울릉도를 포함한 전국 각지에 널리 분포한다. 국외에는 중국, 연해주와 일본 지역에 분포한다.

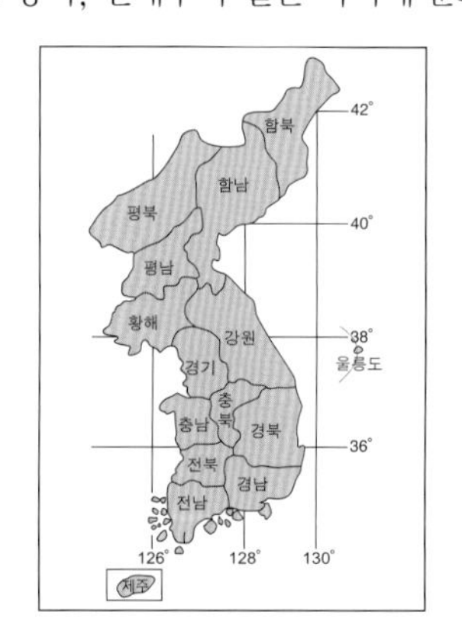

생태 / 산기슭과 전답 주변의 초지에 서식한다. 계곡 주변의 산길이나 밭 가 등의 풀밭에서 활동하며, 냉이, 민들레, 나무딸기 등의 꽃에서 흡밀한다. 암컷은 식초의 꽃에 한 개씩 산란한다. 부화하여 나온 애벌레는 식초의 꽃, 열매, 잎을 먹으며 자란 후 여름 전에 용화한다. 번데기로 월동한다.

식초 / 장대나물, 냉이(십자화과)

출현 시기 / 4~5월 〈연 1회 발생〉

변이 / 개체 간에는 약간의 크기 차이 외에 특별한 변이는 없다.

암수 구별 / 수컷은 앞날개 윗면의 날개 끝이 황색이나 암컷은 흰색이다.

21. 상제나비 *Aporia crataegi* (Linnaeus, 1758)

×0.8

분포 / 강원도 일부 지역에 국지적으로 분포한다. 국외에는 중국 동·북부, 아무르, 우수리, 사할린, 유럽과 일본의 북해도에 분포한다.
〈분포 특기〉 근래에 급속히 개체 수가 감소하여 현재는 멸종 위기종이다.

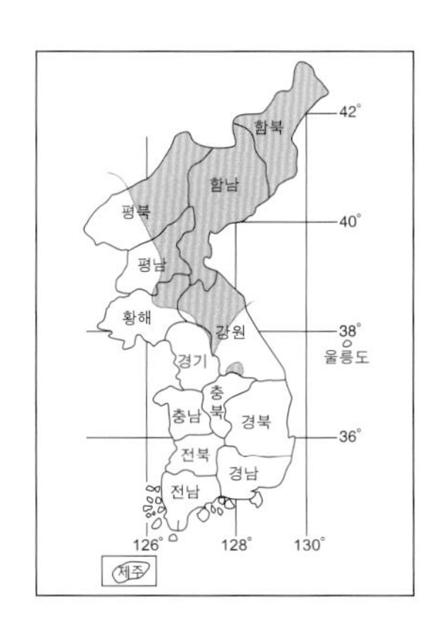

생태 / 산기슭의 관목림 숲에 서식한다. 서식지 근처의 전답이나 숲 속을 유유히 날아다니거나, 산의 경사면을 따라 날아오르다가 다시 아래로 내려오곤 한다. 엉겅퀴, 조뱅이, 토끼풀 등의 꽃에서 흡밀하며, 수컷은 습기 있는 땅바닥에 잘 앉는다. 암컷은 식수 잎 아랫면에 많은 수의 알을 한꺼번에 산란한다. 부화한 애벌레는 입에서 토해 낸 실로 잎을 엮어 그 속에서 여러 마리가 집단으로 생활한다. 종령 애벌레 직전 상태로 월동한다.

식수 / 살구, 개살구(장미과)

출현 시기 / 5월 중순~6월 초순 〈연 1회 발생〉

변이 / 특별한 변이는 없다.

암수 구별 / 수컷의 날개는 흰색이나 암컷의 날개는 반투명하고 약하게 황색을 띤다.

22. 배추흰나비 *Pieris rapae* (Linnaeus, 1758)

분포 / 전국 각지에 널리 분포한다. 국외에는 아프리카, 남아메리카를 제외한 세계 각지에 광범위하게 분포한다.

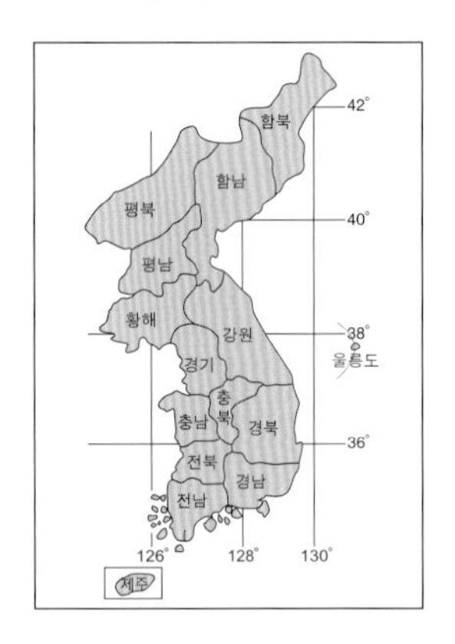

생태 / 산지와 마을, 전답 주변의 초지에 서식한다. 전답과 평지의 풀밭을 천천히 날아다니며 배추, 무, 토끼풀 등의 꽃에서 흡밀한다. 암컷은 식초의 잎 윗면과 아랫면에 한 개씩 산란한다. 번데기로 월동한다.

식초 / 배추, 무, 콩다닥냉이, 냉이(십자화과)

출현 시기 / 4월 초순~5월 중순(춘형), 6~10월(하형) 〈연 4~5회 발생〉

변이 / 춘형의 암컷은 검은색 인분이 앞날개와 뒷날개 기부에 퍼져 있으나, 하형의 암컷은 앞날개 기부에만 퍼져 있다. 하형 수컷은 앞날개의 검은색 점이 강하게 나타난다. 개체 간에는 앞날개 검은색 점의 발달 정도와 뒷날개의 검은색 점 유무에 따라 변이가 다양하게 나타난다. 암컷 중에는 날개 전체에 황색을 띠는 개체(22h)가 간혹 나타난다.

암수 구별 / 암컷은 수컷에 비하여 앞날개 윗면의 바탕색이 어둡고, 중실 부근에 검은색 인분이 퍼져 있다.

23. 대만흰나비 *Pieris canidia* (Linnaeus,1768)

분포 / 제주도를 제외한 전국에 분포한다. 국외에는 중앙 아시아, 인도, 중국 동·북부, 타이완과 일본의 일부 도서 지방에 분포한다.

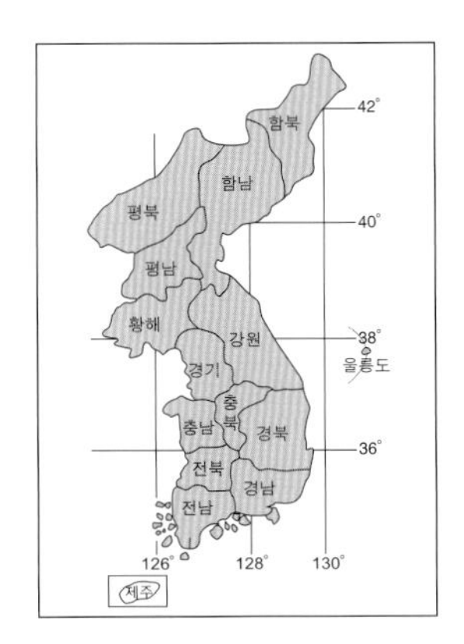

생태 / 저산 지대와 주변의 초지에 서식한다. 냉이, 개망초, 엉겅퀴, 산딸기 등의 꽃에서 흡밀하며, 암컷은 식초의 잎에 한 개씩 산란한다. 부화하여 나온 애벌레는 식초의 잎과 열매를 먹으며 성장한 후, 식초 주변의 돌 틈 등에서 용화한다. 번데기로 월동한다.

식초 / 나도냉이(십자화과)

출현 시기 / 4월 중순(춘형), 5월 말~10월 (하형) 〈연 3~4회 발생〉

변이 / 경상 북도 울릉도산(23i, 23j)은 날개 윗면과 아랫면의 색상이 타 지역산들에 비해 현저히 황색을 띤다. 춘형은 하형에 비해 작으며, 검은색 점의 발달이 미약하다. 개체 간에는 앞날개와 뒷날개의 시맥 끝 검은색 점의 발달 정도에 따라 변이가 나타난다.

암수 구별 / 암컷은 수컷에 비해 앞날개 윗면과 뒷날개 시맥 끝의 검은색 점이 크게 발달한다.

×0.9

24. 큰줄흰나비 *Pieris melete* (Ménétriès, 1857)

분포 / 전국 각지에 널리 분포한다. 국외에는 중국 동·북부, 연해주, 사할린과 일본 등의 극동 아시아 지역에 분포한다.

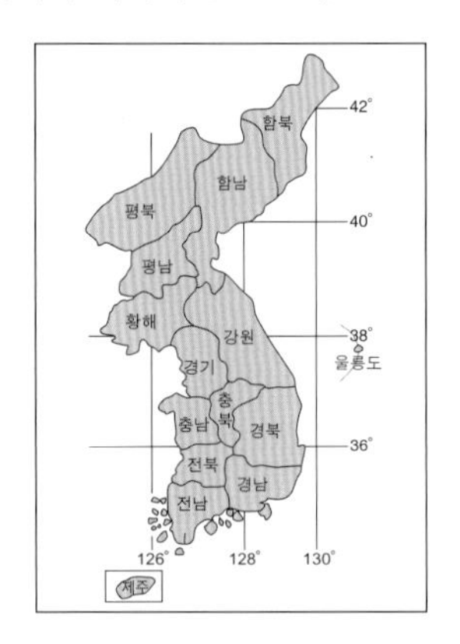

생태 / 저산 지대와 전답, 마을 주변의 초지에 서식한다. 풀밭 사이를 천천히 날아다니며 미나리냉이, 꿀풀, 개망초, 엉겅퀴 등의 꽃에서 흡밀한다. 수컷은 습기 있는 땅바닥에 무리지어 앉아 물을 빨아먹는다. 암컷은 식초의 잎 윗면과 아랫면, 줄기 등 여러 곳에 한 개씩 산란한다. 번데기로 월동한다.

식초 / 미나리냉이, 배추, 무, 냉이(십자화과)

출현 시기 / 4월 중순~5월 중순(춘형), 6~10월(하형) 〈연 3~4회 발생〉

변이 / 춘형은 하형에 비해 크기가 작고, 시맥의 검은색 선이 발달한다. 또, 날개 아랫면의 황색감도 강하게 나타난다. 남부 지역에서는 8월 중순 이후에 춘형보다 작은 3~4화 개체(24g~24j)가 나타난다. 개체 간에는 암컷의 앞날개 끝의 검은색 무늬의 발달 정도와 뒷날개 시맥 끝의 검은색 선의 발달 정도에 따라 변이가 나타난다.

암수 구별 / 암컷은 수컷에 비해 앞날개 윗면의 검은색 선과 점이 발달하며 뒷날개 아랫면에 황색을 띤다.

×0.8

25. 줄흰나비 *Pieris dulcinea* Butler, 1882

분포 / 경기도와 강원도, 전라 남도의 지리산과 제주도 한라산에 분포한다. 국외에는 북부 유라시아 대륙과 북아메리카의 한랭 지역에 분포한다.

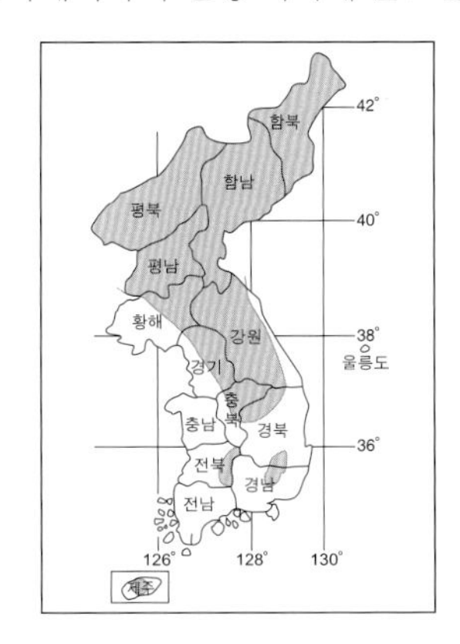

생태 / 산지성으로 산의 능선과 정상의 숲 주변 초지에 서식하는데, 한라산에는 1300m 이상의 관목림 초지에 서식한다. 수컷은 습기 있는 땅바닥이나 산길 옆 절벽면의 흙에 무리지어 앉는 습성이 있다. 산지의 풀밭을 날아다니며 개망초, 엉겅퀴, 큰까치수영, 동의나물 등의 꽃에서 흡밀한다. 암컷은 식초의 잎 윗면에 한 개씩 산란한다. 번데기로 월동한다.

식초 / 꽃황새냉이, 나도냉이(십자화과)

출현 시기 / 4월 중순~5월(춘형), 6~9월(하형) 〈연 2~3회 발생〉

변이 / 한라산산 ssp. *hanlaensis* Okano et Pak, 1968은 내륙산에 비해 크기가 작고 시맥에 검은색 선이 발달하는 등 여러 차이점이 있다. 춘형 수컷은 하형에 비해 날개의 윗면과 아랫면 시맥의 검은색 선이 더 발달하였고, 앞날개의 검은색 점은 없거나 미약하며, 아랫면은 황색을 띤다. 춘형 암컷은 하형에 비해 날개 끝의 검은색 무늬와 그 밑의 검은색 점의 발달이 미약하다. 개체 간에는 춘형의 수컷 앞날개 제4실에 있는 검은색 점의 유무, 하형 수컷의 앞날개 끝 검은색 무늬의 발달 정도로 다양하게 변이가 나타난다.

암수 구별 / 암컷은 수컷에 비하여 날개 윗면에 검은색 선과 점이 발달하여 날개가 어둡게 보인다.

*ssp. *dulcinea* (Butler, 1882) (내륙 지역산)

×0.7

*ssp. *hanlaensis* Okano et Pak, 1968 (한라산산)

×0.9

줄흰나비 두 아종의 구별(하형)

	ssp. *dulcinea* (Butler, 1882) (내륙 지역산)	ssp. *hanlaensis* Okano et Pak, 1968 (한라산산)
날개 크기	크다 (앞날개 길이 30mm 내외)	현저히 작다 (앞날개 길이 25mm 내외)
시맥의 검은색 선	미약하다	암수의 날개 윗면과 아랫면에 모두 발달한다
암컷 날개 아랫면의 색상	황색감이 강하다	흰색이다

【변이 해설】 계절형

온대 지역에서 연 2회 이상 발생하는 나비 중에는 춘형과 하형, 혹은 추형의 계절형을 나타내는 종류가 있다. 원인은 애벌레 성장기의 온도 차이로 알려져 있다. 열대 지역에서는 건기와 우기에 따른 습도 차이가 원인이 된다. 또, 유충기의 일장(日長), 임계 일장(臨界日長)도 계절형을 결정하는 요인으로 밝혀졌다.

계절형은 시형(翅型)과 날개의 색채, 무늬, 크기 등의 변화로 다양하게 나타난다.

〈시형 변화〉

하형♂ → 추형♂

극남노랑나비

〈무늬 변화〉

하형♂ → 추형♂

남방노랑나비

*Pieris*속 4종의 동정

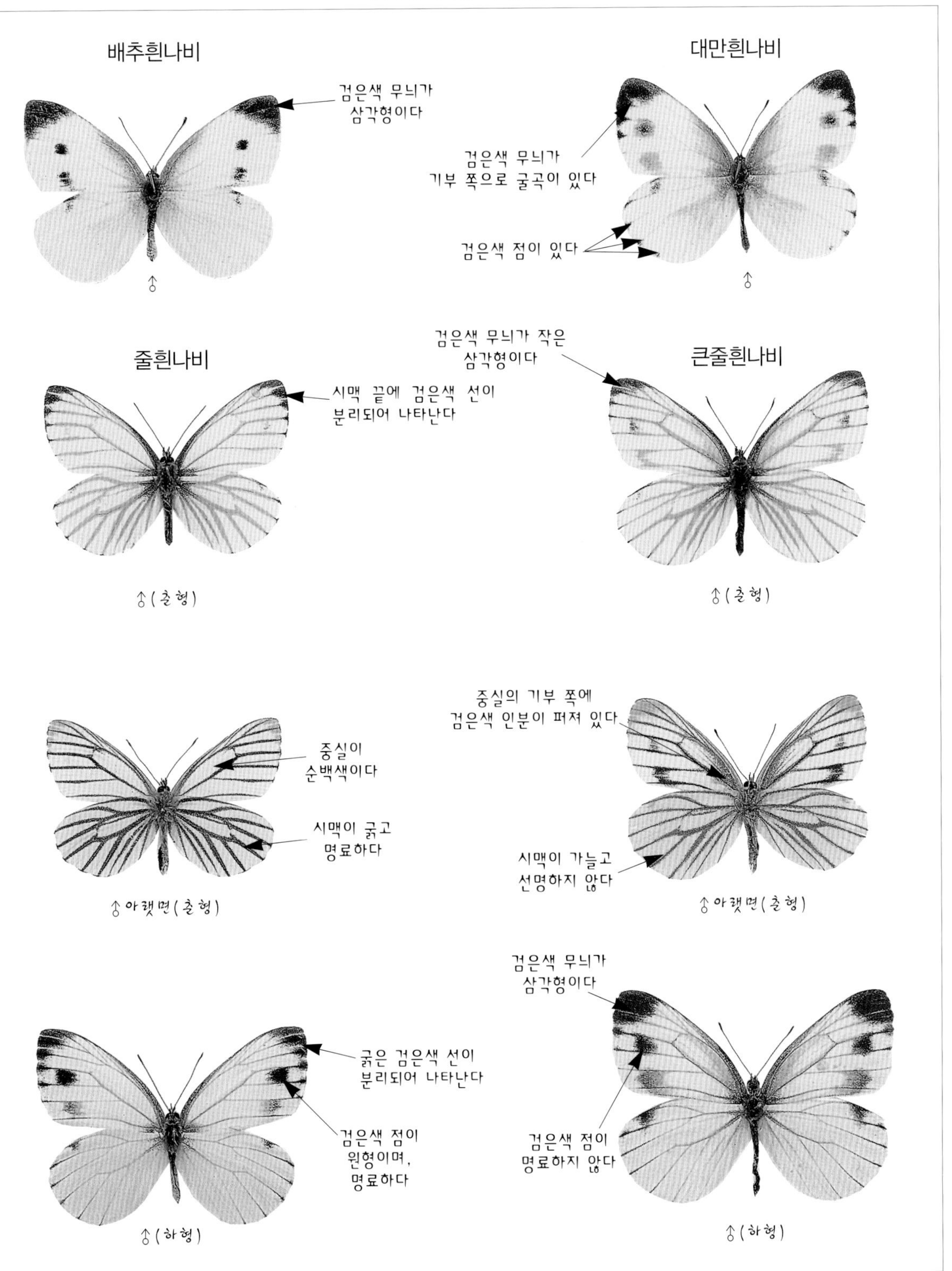

26. 풀흰나비 *Pontia daplidice* (Linnaeus, 1828)

분포 / 제주도와 남해안 지역을 제외한 전국에 국지적으로 분포한다. 국외에는 북아프리카, 유럽, 중국 중·동북부, 연해주와 일본 등지에 분포한다.

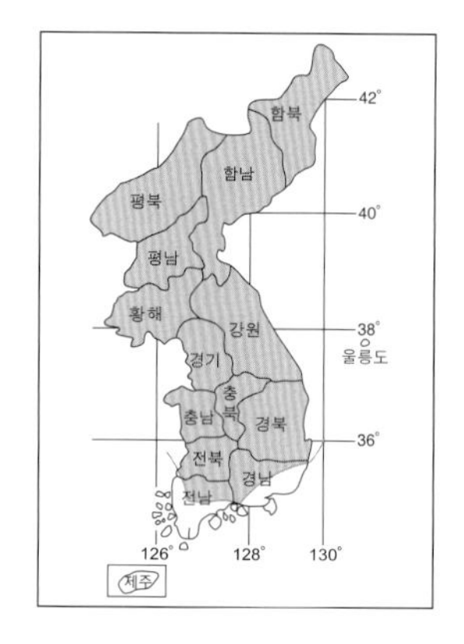

생태 / 강과 하천 주변의 초지에 서식한다. 채광이 좋을 때 활동하지만 한낮에는 활동이 뜸해진다. 개망초, 장다리, 구절초, 개쑥부쟁이 등의 꽃에서 흡밀하며, 암컷은 식초의 잎에 한 개씩 산란한다. 부화하여 나온 애벌레는 식초의 꽃과 열매를 먹고 성장한다. 번데기로 월동한다.

식초 / 꽃장대, 콩다닥냉이(십자화과)

출현 시기 / 4월 중순~5월(춘형), 6~10월(하형) 〈연 3~4회 발생〉

변이 / 춘형은 하형에 비해 약간 작다. 암컷 중에는 앞날개와 뒷날개의 윗면 중앙부에 검은색 인분이 발달하여 흑화된 느낌을 주는 개체(26g, 26h)가 간혹 나타난다.

암수 구별 / 암컷은 앞날개 윗면의 제1b실에 검은색 점으로 된 성표가 있고, 뒷날개 윗면의 외연부에 이중의 검은색 점들이 선명하나 수컷은 미약하다.

×0.9

한국 나비의 주된 흡밀 식물들

(* 표는 사진의 흡밀하는 나비)

엉겅퀴류(엉겅퀴, 바늘엉겅퀴, …)
(* 산제비나비 등의 제비나비류, 멧노랑나비,
표범나비류, 팔랑나비류 등)

얼레지
(애호랑나비, * 쇳빛부전나비, 네발나비,
큰줄흰나비, 각시멧노랑나비 등)

까치수영류(까치수영, 큰까치수영, …)
(* 은줄표범나비 등의 표범나비류, 공작나비,
팔랑나비류, 부전나비류 등)

개망초
(* 큰주홍부전나비 등의 부전나비류, 까마
귀부전나비류, 푸른큰수리팔랑나비 등)

민들레류(민들레, 서양민들레, …)
(줄점팔랑나비 등의 팔랑나비류, * 작은주
홍부전나비, 노랑나비, 네발나비 등)

토끼풀류(토끼풀, 붉은토끼풀, …)
(* 구름표범나비 등의 표범나비류, 공작나비,
청띠제비나비, 팔랑나비류 등)

딸기류(멍석딸기, 덩굴딸기, …)
(* 회령푸른부전나비와 팔랑나비류,
흰나비과 나비, 모시나비 등)

쉬땅나무
(* 대왕팔랑나비, 독수리팔랑나비,
참까마귀부전나비, 뱀눈나비류 등)

부전나비과(Lycaenidae)

광택을 띤 녹색, 황색, 붉은색 날개를 가진 소형 나비들이다. 대부분 미상 돌기가 있지만 없는 종류도 있다. 방화성(訪花性)을 나타내며, 수컷은 습기 있는 땅바닥에 잘 앉는다. 전세계에 9아과의 6000여 종이 분포한다. 남한에는 바둑돌부전나비아과(Miletinae)가 1종, 녹색부전나비아과(Theclinae)가 35종, 주홍부전나비아과(Lycaeninae)가 2종, 부전나비아과(Polyommatinae)가 18종으로, 총 56종이 분포한다.

개망초꽃에서 흡밀하는 큰주홍부전나비(♂)

우화하여 나와 날개를 편 울릉범부전나비(♂)

나뭇잎에 앉아 햇볕을 쬐고 있는 우리녹색부전나비(♂)

알

구형으로 표면에 규칙적인 돌기가 있는 종류가 많으며, 대개 유백색이다. 암컷은 식초의 잎이나 잎눈 주변, 줄기의 틈에 한 개 내지 여러 개씩 산란한다.

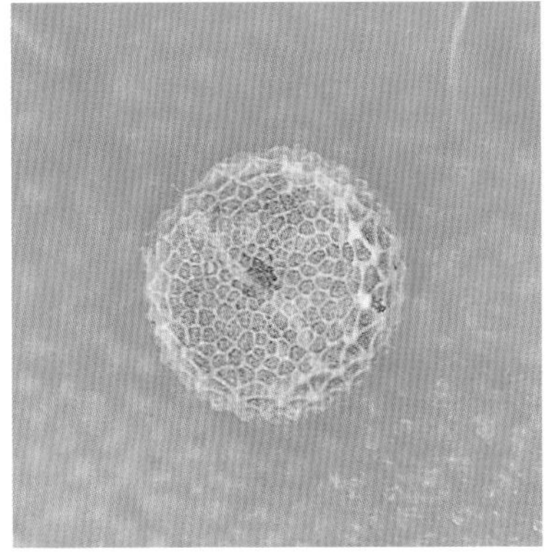
남방부전나비

푸른부전나비

산녹색부전나비

애벌레

납작한 형태이며 몸에 밀선(蜜腺)이 있어 주위에 개미가 모여드는 종류가 많다. 고운점박이푸른부전나비 등은 개미와 공생한다. 주로 식수의 잎을 먹지만 잎눈이나 꽃눈 속을 파먹는 종류도 많다.

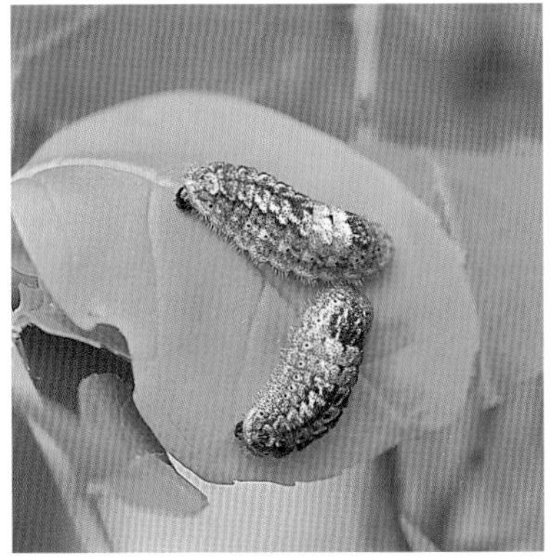
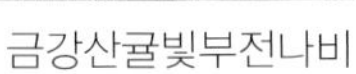
금강산귤빛부전나비

은날개녹색부전나비

붉은띠귤빛부전나비

번데기

식수의 줄기와 잎 또는 주변의 낙엽에 납작하게 붙어서 용화(蛹化)하며, 대용(帶蛹)이나 실로 몸을 둘러치지는 않는다. 담흑부전나비 등은 개미와 공생하다가 개미집에서 용화한다.

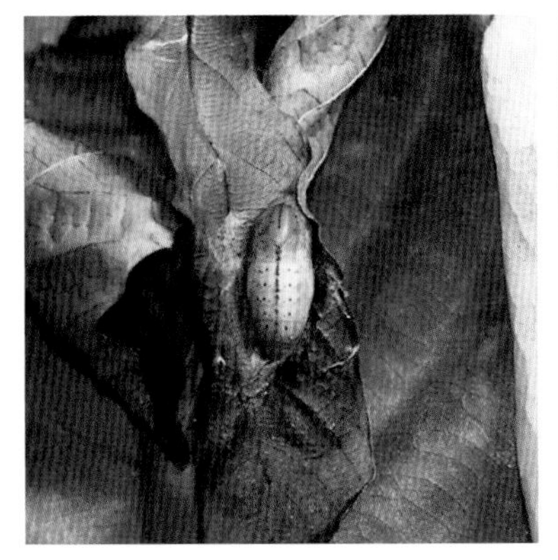
남방남색부전나비

민꼬리까마귀부전나비

큰주홍부전나비

27. 바둑돌부전나비 *Taraka hamada* (H. Druce, 1875)

×1.0

분포 / 중부 이남 지역과 부속 도서 지방에 국지적으로 분포한다. 국외에는 미얀마, 말레이시아, 보르네오, 중국 남부, 타이완과 일본의 일부 지역에 분포한다.

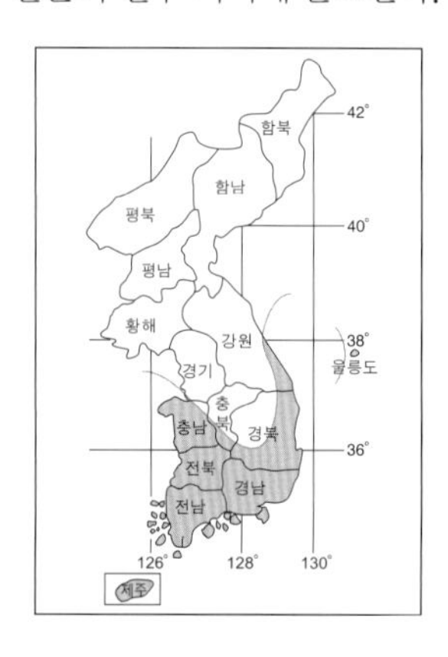

생태 / 남부 지역의 이대, 신이대, 조릿대의 자생지에 서식한다. 애벌레는 신이대에 기생하는 일본납작진딧물을 잡아먹고 자라며, 성충이 되어서는 이 진딧물의 분비물을 받아 먹는다. 대나무 숲 주변에서 연약하게 날아다니다가 나뭇잎에 앉아 쉬곤 한다. 암컷은 신이대 잎 아랫면의 진딧물이 모여 있는 곳에 한 개씩 산란한다. 애벌레로 월동한다.

식물(食物) / 일본납작진딧물

출현 시기 / 5월 중순~10월 〈연 3~4회 발생〉

변이 / 발생 시차에 따라 개체의 크기에 차이가 나타나는데, 하절기 이후에 발생한 개체(27c)는 크기가 현저히 작다. 암컷 간에는 앞날개 윗면 중실에 나타나는 회백색 무늬의 발달 정도(27b→27e)로 변이가 나타난다.

암수 구별 / 암컷은 수컷에 비해 날개 외연이 둥글고 날개의 폭이 넓다.

28. 남방남색꼬리부전나비 *Arhopala bazalus* (Hewitson, 1862)

28a.♂
제주 함덕

28b.♀
제주 함덕

28c.♀(아)
제주 함덕

분포 / 경상남도 통영에서 수컷 1개체가 채집된 후 제주도 함덕의 선흘리 종가시나무 숲에서 드물게 채집되고 있다. 국외는 중국 동부 지역, 타이완과 일본 등에 분포한다.

생태 / 상록 활엽수림에 서식하며, 연 2~3회 발생한다. 성충으로 월동하는 것으로 알려져 있다. 국내에서는 아직 이 나비의 생활사가 밝혀지지 않았다.

암수 구별 / 수컷은 앞날개와 뒷날개 윗면이 흑갈색이나 암컷의 앞날개 윗면은 청람색이다.

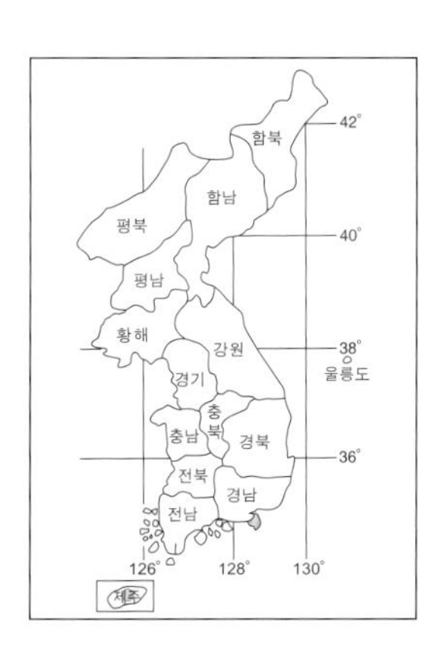

【변이 해설】 자웅형

나비의 발생 과정에서 처음에 수컷(또는 암컷)으로 발생하던 과정에 성(性)의 전환에 의해 암컷(또는 수컷)으로 되는 경우 처음의 수컷 형질과 성전환 후의 암컷 형질이 한 몸에 나타나는 자웅형(雌雄型, Gynandromorph)이 출현하는데, 아주 희귀하다. 한국 인시류 동호인회지(1990)에 멧노랑나비와 푸른부전나비의 자웅형이 발표되었다. 필자는 제비나비 춘형의 자웅형을 발표하였고, 근래에 사육하여 나온 큰주홍나비에서 자웅형이 출현하였다.

큰주홍부전나비 제비나비

29. 남방남색부전나비 *Arhopala japonica* (Murray, 1875)

분포 / 제주도의 일부 지역에 국지적으로 분포한다. 국외에는 타이완과 일본에 분포한다.
〈분포 특기〉 제주도 함덕에 분포하는 국지종이다. 경상남도 통영에서의 채집 기록이 있다.

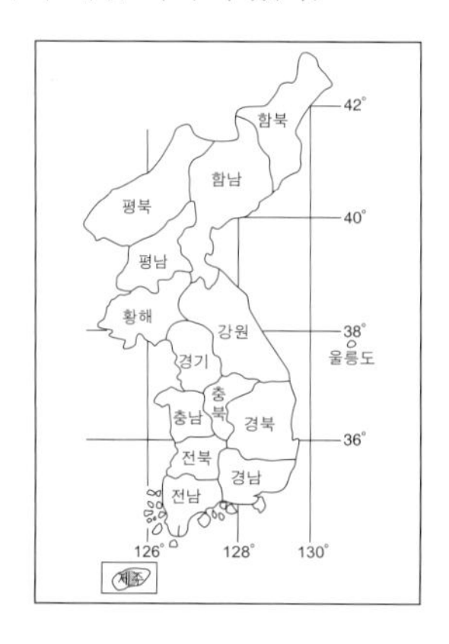

생태 / 제주도 일부 지역의 상록 활엽수림에 서식한다. 높은 가지의 나뭇잎에 앉아 있다가 채광 변화로 낮은 수목 사이에 빛이 내리쬐면 그 곳의 나뭇잎에 내려앉는다. 수컷은 해질 무렵에 나무 상단에서 점유 행동을 한다. 암컷은 약간 그늘지고 낮은 곳에 있는 식수의 가지 끝 잎눈에 한 개씩 산란한다. 성충으로 월동한다.

식수 / 종가시나무(너도밤나무과)

출현 시기 / 6월 중순~7월, 8월 중순~9월, 10월 중순~이듬해 4월 〈연 3회 발생〉

변이 / 발생 시차에 따른 변이가 거의 없다. 수컷 간에는 앞날개와 뒷날개 윗면 외연부의 검은색 테의 폭 차이(29a→29b)로 변이가 나타난다. 암수 개체 중에는 뒷날개 아랫면 아외연부에 밝은 회백색 테가 나타나는 개체(29f)가 간혹 있다.

암수 구별 / 암컷은 수컷에 비해 앞날개와 뒷날개 윗면 외연의 검은색 테가 현저히 넓은데, 앞날개의 검은색 테는 중실의 경계선까지 접근되어 있다.

30. 선녀부전나비 *Artopoetes pryeri* (Murray, 1873)

분포 / 지리산과 36° 선 이북의 중 · 동북부 지역에 분포한다. 국외에는 중국 동 · 북부, 아무르, 연해주와 일본 지역에 분포한다.

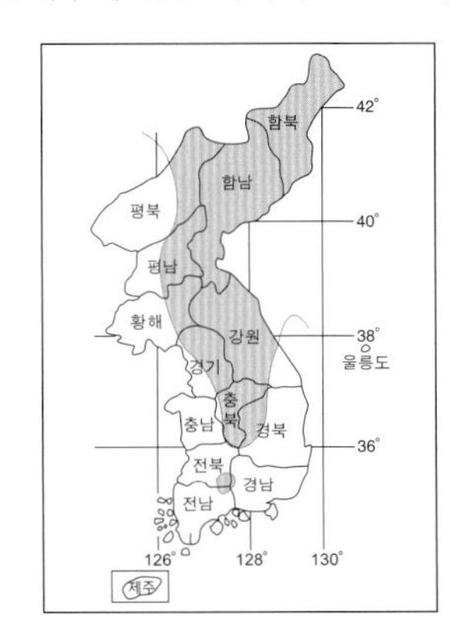

생태 / 산지의 계곡 주변 잡목림 숲에 서식한다. 오전에는 나뭇잎에 앉아 쉬다가 석양 무렵에 빠르게 날아다닌다. 간혹 쥐땅나무, 쥐똥나무 등의 꽃에서 흡밀하며, 암컷은 식수 가지의 갈라진 틈에 몇 개씩 산란한다. 알로 월동한다.

식수 / 쥐똥나무, 개회나무(물푸레나무과)

출현 시기 / 6월 중순~8월 중순(지리산과 경기도), 6월 하순~8월(강원도) 〈연 1회 발생〉

변이 / 광릉, 주금산 등 경기도 지역산(30e~30h)은 오대산, 계방산 등 강원도 동 · 북부 지역산에 비해 뒷날개 윗면 중앙부의 자백색 부위가 넓게 발달한다. 개체 간에도 앞날개와 뒷날개의 중앙부 자백색 부위의 발달 정도로 변이가 나타난다.

암수 구별 / 암컷은 수컷에 비해 날개의 폭이 넓고, 앞날개 중앙부의 자백색 부위가 넓다.

×1.0

31. 붉은띠귤빛부전나비 *Coreana rapaelis* (Oberthür, 1881)

×1.0

분포 / 지리산과 37° 이북 지역에 국지적으로 분포한다. 국외에는 중국 동 · 북부, 아무르, 우수리, 연해주와 일본 등지에 분포한다.

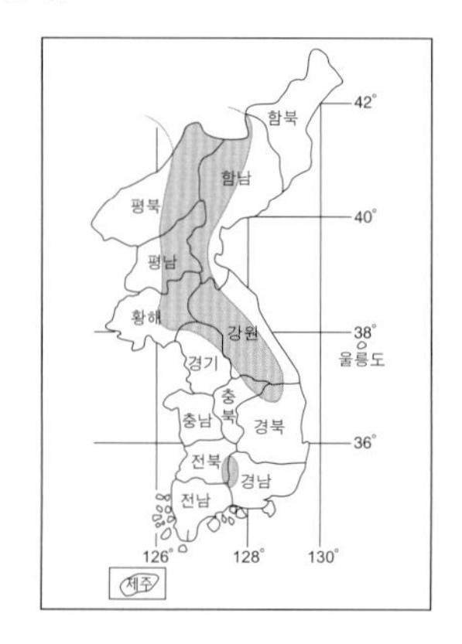

생태 / 저산 지대의 계곡 주변 잡목림 숲에 서식한다. 아침 나절에는 나뭇잎에 앉아 햇볕을 쬐다가 오후에는 식수 주위를 연약하게 날아다닌다. 수컷은 습기 있는 땅바닥에 잘 앉는다. 암컷은 식수 줄기의 틈이나 가지의 갈라진 곳에 여러 개씩 산란한다. 알로 월동한다.

식수 / 물푸레나무, 쇠물푸레나무(물푸레나무과)

출현 시기 / 6월 중순~7월 〈연 1회 발생〉

변이 / 암수의 개체 간에는 뒷날개 윗면 외연부에서 중앙부 쪽으로 시맥을 따라 나타나는 검은색 선의 발달 정도(31a→31b, 31d→31e)로 변이가 나타난다.

암수 구별 / 암컷은 수컷에 비해 날개의 외연이 둥글며, 앞날개와 뒷날개 외연부의 검은색 테가 좁아서 등황색 부위가 넓게 나타난다.

32. 금강산귤빛부전나비 *Ussuriana michaelis* (Oberthür, 1881)

분포 / 서 · 남부 지역을 제외한 전국에 국지적으로 분포한다. 국외에는 중국 서 · 북부, 아무르와 연해주 지역에 분포한다.

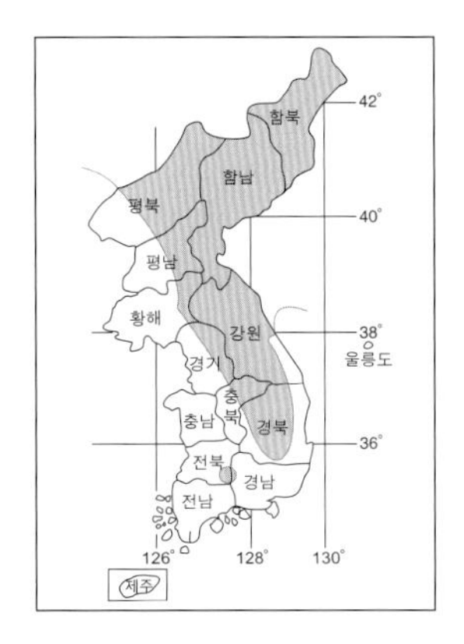

생태 / 저산 지대의 계곡 주변 잡목림 숲에 서식한다. 한낮에는 거의 활동을 않다가 석양 무렵에 활발하게 날아다닌다. 암컷은 식수의 줄기 틈에 몇 개씩 산란한다. 알로 월동한다.

식수 / 물푸레나무, 쇠물푸레나무(물푸레나무과)

출현 시기 / 6월 중순~7월 〈연 1회 발생〉

변이 / 수컷 간에는 앞날개 윗면의 중앙부에 나타나는 등황색 무늬의 발달 정도(32a→32b)로 변이가 나타나고, 암컷 간에는 뒷날개 윗면의 외연부에 나타나는 등황색 테의 발달 정도(32d→32e)로 변이가 나타난다.

암수 구별 / 암컷은 수컷에 비해 앞날개 윗면의 등황색 부위가 넓고, 뒷날개 윗면 외연부에 황색 테가 있다.

33. 암고운부전나비 *Thecla betulae* (Linnaeus, 1758)

×1.0

분포 / 전라 남도 광주 이북 지역에 국지적으로 분포한다. 국외에는 유럽에서 동아시아 지역까지 광범위하게 분포한다.

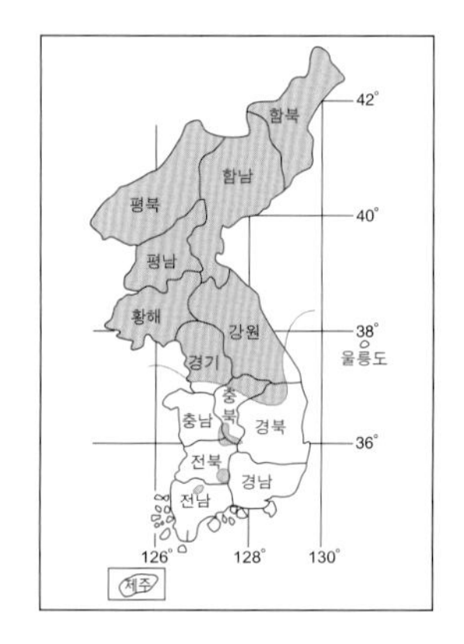

생태 / 저산 지대와 마을, 전답 주변의 숲에 서식한다. 수컷은 활동을 안 하고 식수의 윗부분에 앉아 있어 관찰이 어려운데, 산 정상에서 점유 행동하는 것을 목격하였다. 암컷은 발생 후 잠시 활동하다가 하면(夏眠)에 들어간다. 하면을 끝낸 암컷은 늦가을까지 날아다니며 식수의 줄기 틈에 한 개씩 산란한다. 알로 월동한다.

식수 / 복숭아나무, 산옥매나무, 자두나무, 살구나무, 앵두나무(장미과)

출현 시기 / 6월 중순~10월 하순 〈연 1회 발생〉

변이 / 수컷 중에는 앞날개의 성표 위쪽에 주황색 무늬가 나타나는 개체(33b)가 간혹 있다. 암컷 간에는 앞날개 윗면에 나타나는 등황색 무늬의 발달 정도(33d→33e)로 변이가 나타난다. 또, 뒷날개의 아랫면 흰색 선의 굴곡 차이로도 변이가 나타난다.

암수 구별 / 암컷은 앞날개 윗면에 등황색 무늬가 있으나 수컷은 날개 전체가 암갈색이다.

34. 민무늬귤빛부전나비 *Shirozua jonasi* (Janson, 1877)

×1.0

분포 / 경기도, 강원도와 충청 북도의 일부 지역에 국지적으로 분포한다. 국외에는 중국 북부 지역, 아무르, 우수리와 일본 등지에 분포한다.
〈분포 특기〉 강원도 방태산, 백덕산, 경기도 천마산, 충청북도 소백산 등에 국지적으로 분포하는 희귀종이다.

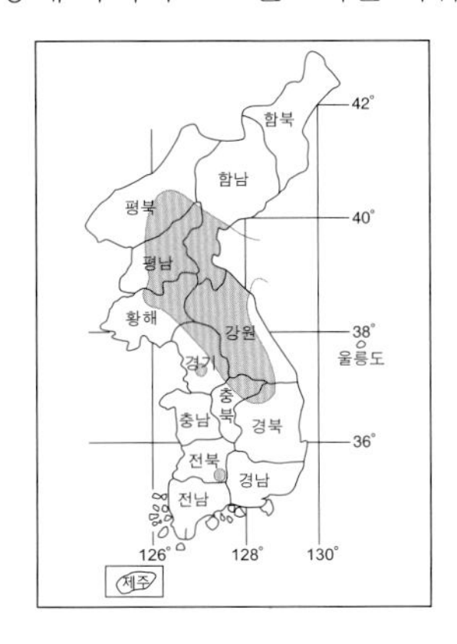

생태 / 산지의 잡목림 숲에 서식한다. 아침과 저녁 나절에 나무 사이를 날아다니나 낮에는 나뭇잎에 앉아 거의 활동을 하지 않는다. 암컷은 식수의 줄기 틈에 한 개씩 산란한다. 애벌레는 너도밤나무과에 붙어사는 진딧물과 그것의 분비물을 먹으며, 식수의 어린 잎도 먹는 반육식성으로 알려져 있다. 알로 월동한다.

식물(食物) / 갈참나무, 신갈나무(너도밤나무과), 진딧물

출현 시기 / 7월 하순~8월 〈연 1회 발생〉

변이 / 개체 간에 변이가 거의 없다.

암수 구별 / 암컷은 앞날개 외연에 검은색 테가 있으나 수컷에는 없다.

35. 귤빛부전나비 *Japonica lutea* (Hewitson, 1865)

×1.0

분포 / 서 · 남해안 일부 지역을 제외한 전국에 분포한다. 국외에는 중국 동 · 서부 지역, 티베트, 아무르, 연해주와 일본 등지에 분포한다.

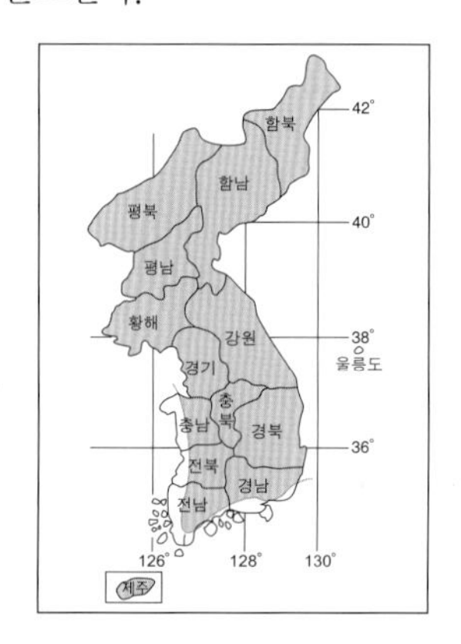

생태 / 산지의 참나무 숲에 서식한다. 낮 동안에는 나뭇잎에 앉아 쉬다가 저녁 나절에 활발하게 날아다닌다. 간혹 개망초 등의 꽃에서 흡밀하며, 암컷은 가지의 잎눈 아래에 한 개씩 산란한다. 알로 월동을 한 후 부화하여 나온 애벌레는 식수의 새싹을 먹고 그 속에 들어가 자란다. 다 자란 애벌레는 나무에서 내려와 낙엽 아랫면에 붙어서 용화한다.

식수 / 갈참나무, 떡갈나무(너도밤나무과)

출현 시기 / 5월 말~7월 〈연 1회 발생〉

변이 / 개체 간에는 날개 아랫면의 은색 점선에 싸인 황갈색 띠의 폭 차이(35d→35e)로 변이가 나타난다.

암수 구별 / 암컷은 수컷에 비해 날개 외연이 둥글고 날개의 폭이 넓다.

36. 시가도귤빛부전나비 *Japonica saepestriata* (Hewitson, 1865)

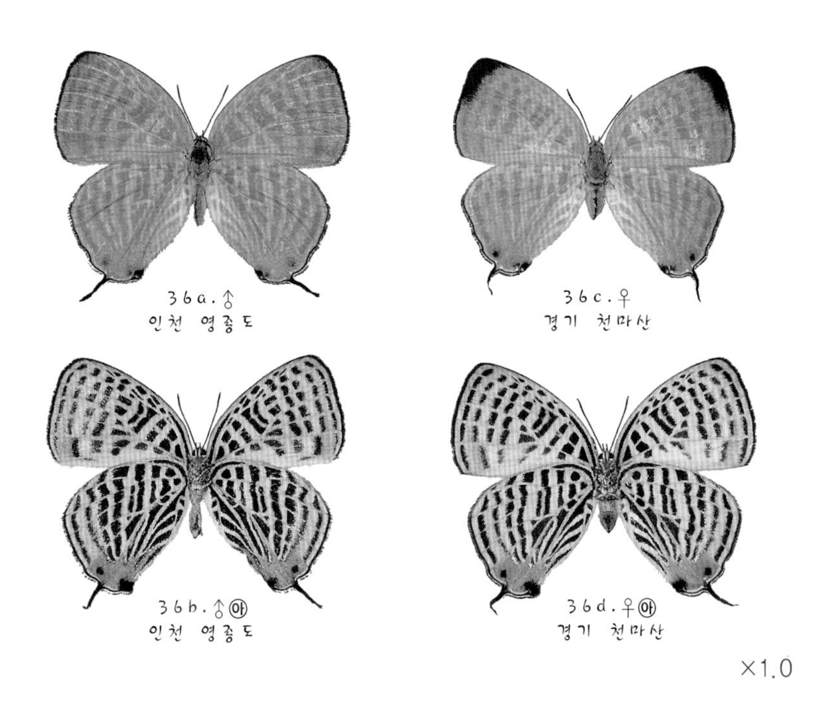

분포 / 충청도의 일부 지역과 경기도, 강원도에 국지적으로 분포한다. 국외에는 중국 동·북부, 우수리와 일본의 일부 지역에 분포한다.

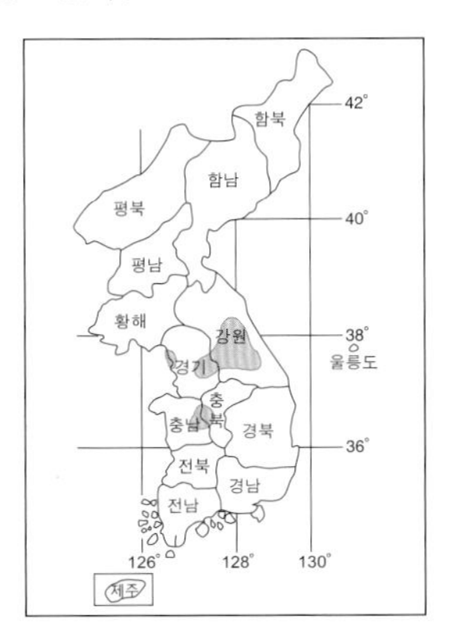

생태 / 산지의 참나무 숲에 서식한다. 낮 동안에는 주로 나뭇잎에 앉아 쉬다가 오후에 나무 사이를 활발하게 날아다닌다. 간혹 밤나무 꽃에서 흡밀하며, 암컷은 식수의 가는 가지에 몇 개씩 산란한다. 알로 월동한다.

식수 / 떡갈나무, 갈참나무(너도밤나무과)

출현 시기 / 6~7월 〈연 1회 발생〉

변이 / 개체 간에는 크기 차이 외에 특별한 변이가 없다.

암수 구별 / 암컷은 날개 끝에서 외연 쪽으로 검은색 테가 있고, 뒷날개 윗면 후각 부위에 검은색 점이 있으나 수컷에는 없다.

37. 참나무부전나비 *Wagimo signatus* (Butler, 1881)

×1.0

분포 / 경기도, 강원도와 경상 남도의 일부 지역에 국지적으로 분포한다. 국외에는 중국 중 · 서부와 동 · 북부, 아무르와 일본 등지에 분포한다.

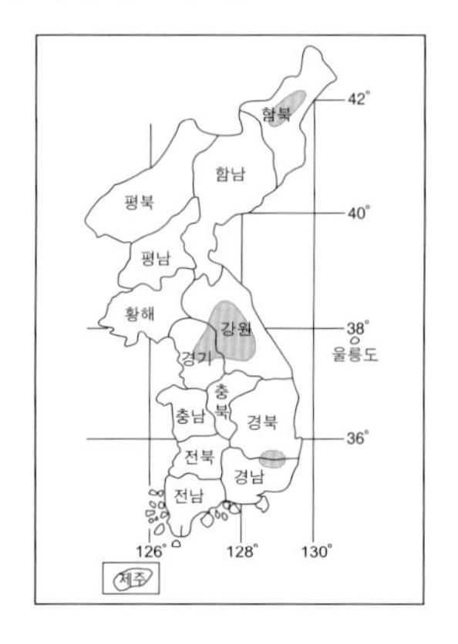

생태 / 산지의 참나무 숲에 서식한다. 나뭇잎 위에 앉아 쉬다가 간간이 짧게 날아서 다른 나뭇잎으로 옮겨 다닌다. 밤나무 등의 꽃에서 흡밀하며, 수컷은 약하게 점유 행동을 한다. 암컷은 식수 상단의 잎눈 근처에 한 개씩 산란한다. 알로 월동한다.

식수 / 신갈나무, 갈참나무(너도밤나무과)

출현 시기 / 6월 중순~7월 초순 〈연 1회 발생〉

변이 / 암수의 개체 간에는 뒷날개 윗면의 청람색 부위의 발달 정도(37a→37b→37c, 37e→37f→37g)로 변이가 나타난다. 또, 날개 아랫면 흰색 선의 굴곡 차이로도 변이가 나타난다.

암수 구별 / 암컷은 수컷에 비해 날개 외연이 둥그나, 복부 끝을 비교해 보는 것이 정확하다.

38. 긴꼬리부전나비 *Araragi enthea* (Janson, 1877)

×1.0

분포 / 강원도 동 · 북부 지역에 국지적으로 분포한다. 국외에는 중국 서부와 동 · 북부, 우수리, 아무르와 일본의 일부 지역에 분포한다.
〈분포 특기〉 강원도의 일부 지역에 국지적으로 분포하는 희귀종이다.

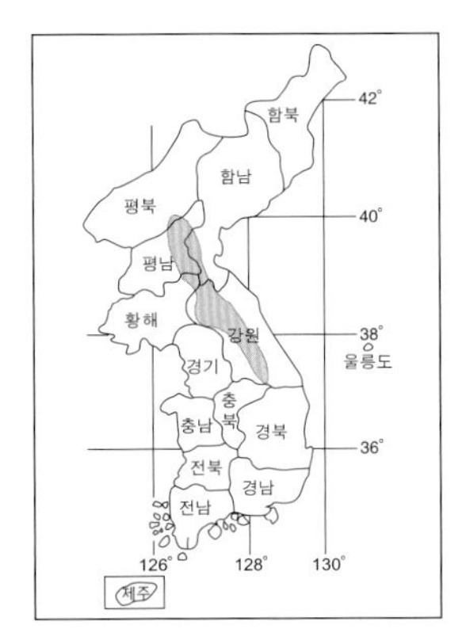

생태 / 산지의 잡목림 숲에 서식한다. 암컷은 나뭇잎 위에 앉아 활동을 잘 안 하기 때문에 관찰하기가 어렵다. 수컷은 오후 늦게 땅바닥에 내려앉아 물을 빨아먹는 습성이 있어, 이른 아침에 산길 바닥에 앉아 있는 개체가 목격되기도 한다. 암컷은 식수의 가지나 잎눈 밑에 몇 개씩 산란한다. 알로 월동한다.

식수 / 가래나무(가래나무과)

출현 시기 / 7월 하순~9월 〈연 1회 발생〉

변이 / 암수의 개체 간에는 앞날개 윗면 중실의 회백색 무늬의 발달 정도로 변이가 나타난다. 수컷 중에도 회백색 무늬가 뚜렷하게 나타나는 개체(39c)가 있고, 암컷 중에도 회백색 무늬가 약하게 나타나는 개체(39d)가 있다.

암수 구별 / 암컷은 수컷에 비해 날개 외연이 둥글며 앞날개 윗면 중실의 회백색 무늬가 발달하였으나, 수컷 중에도 회백색 무늬가 나타나는 개체가 있으므로 복부 끝을 비교해 보는 것이 정확하다.

39. 물빛긴꼬리부전나비 *Antigius attilia* (Bremer, 1886)

분포 / 경상 남도 일부 지역을 포함한 남한 각지에 국지적으로 분포한다. 국외에는 중국 중 · 서부와 동 · 북부, 몽고, 아무르와 일본 지역에 분포한다.

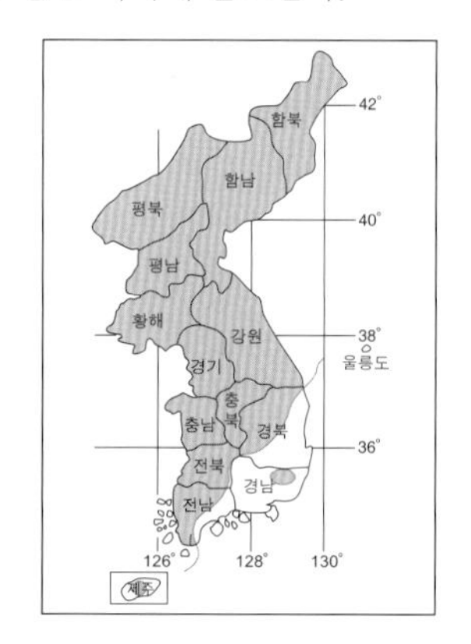

생태 / 산지의 잡목림 숲에 서식한다. 오전 중에는 나뭇잎에 앉아 쉬다가 오후에는 나무 상단에서 활발하게 점유 행동을 한다. 간혹 밤나무 등의 꽃에서 흡밀하며, 암컷은 식수의 줄기에 1~3개씩 산란한다. 알로 월동한다.

식수 / 상수리나무, 굴참나무, 신갈나무(너도밤나무과)

출현 시기 / 6~8월 〈연 1회 발생〉

변이 / 제주도산(39e, 39f)은 날개 아랫면의 흑갈색 선이 내륙산보다 현저히 가늘다. 암수 개체 간에는 뒷날개 윗면의 외연부에 있는 흰색 점의 발달 정도(39c→39d)로 변이가 나타난다.

암수 구별 / 암컷은 수컷보다 날개의 외연이 둥글고 날개의 폭이 약간 넓다.

40. 담색긴꼬리부전나비 *Antigius butleri* (Fenton, 1881)

분포 / 해안 지역을 제외한 전라 남도 광주 이북 지역에 국지적으로 분포한다. 국외에는 중국 동·북부, 우수리와 일본의 일부 지역에 분포한다.

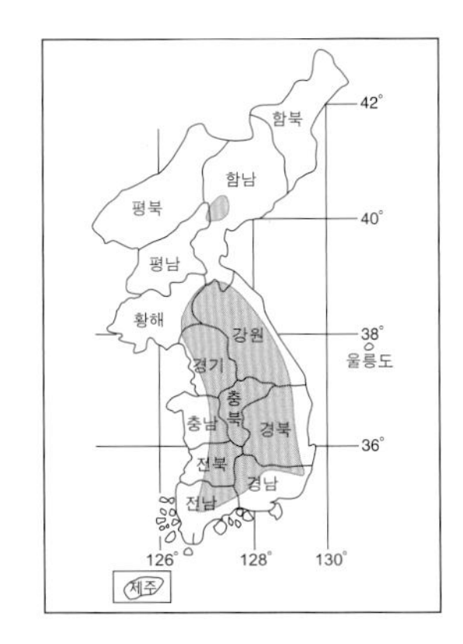

×1.0

생태 / 산지의 잡목림 숲에 서식한다. 오전에는 거의 활동을 않고 나뭇잎에 앉아 쉬다가 오후 3시경부터 활발하게 날아다닌다. 밤나무 등의 꽃에서 흡밀하며, 암컷은 식수 줄기의 갈라진 틈에 몇 개씩 산란한다. 알로 월동한다.

식수 / 떡갈나무, 갈참나무(너도밤나무과)

출현 시기 / 6~8월 〈연 1회 발생〉

변이 / 오대산, 계방산 등 강원도 동·북부 지역산(40a~40d)은 앞날개와 뒷날개 아랫면의 검은색 점이 작고, 검은색 선이 가늘어 그 밖의 지역산과 현저한 차이점을 보인다. 개체 간에는 뒷날개 윗면의 아외연부에 나타나는 흰색 무늬의 발달 정도로 변이가 나타난다.

암수 구별 / 암컷은 수컷에 비해 날개 외연이 둥글고 날개의 폭이 넓으나, 복부 끝을 비교해 보는 것이 정확하다.

41. 깊은산부전나비 *Protantigius superans* (Oberthür, 1913)

×1.0

분포 / 충청 남도, 경상 북도의 일부 지역과 강원도 동·북부 지역에 국지적으로 분포한다. 국외에는 중국 서부와 아무르 지역에 분포한다.

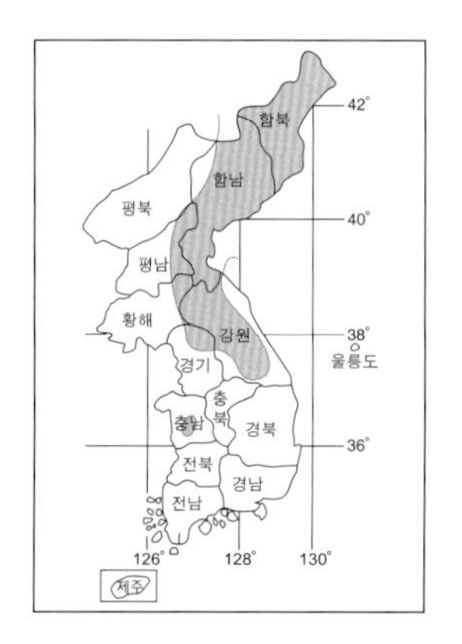

생태 / 산지의 일정 표고 이상의 잡목림 숲에 서식한다. 오전에는 나뭇잎에 앉아 쉬거나 연약하게 날아다니다가 석양 무렵에 활발하게 점유 행동을 하며 산 정상까지 비상하여 오르기도 한다. 완두와 큰까치수영 등의 꽃에서 흡밀하는 것을 목격하였다. 암컷은 식수의 잎눈 근처에 1~3개씩 산란한다. 알로 월동한다.

식수 / 사시나무(버드나무과)

출현 시기 / 6~8월 〈연 1회 발생〉

변이 / 암컷 간에는 앞날개 윗면에 나타나는 흰색 점의 크기 차이로 약간의 변이가 나타난다.

암수 구별 / 암컷은 수컷에 비해 날개의 폭이 넓으며, 날개 윗면에 여러 개의 흰색 점이 있다.

42. 남방녹색부전나비 *Chrysozephyrus ataxus* (Westwood, 1851)

분포 / 전라 남도의 일부 지역에 국지적으로 분포한다. 국외에는 중국, 타이완, 미얀마, 히말라야와 일본의 일부 지역에 분포한다.
〈분포 특기〉 전라 남도 해남의 두륜산과 대둔산에만 분포하는 국지종이다.

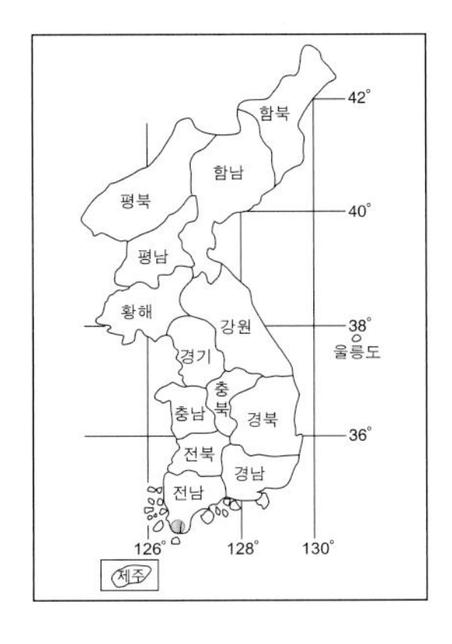

생태 / 산지의 붉가시나무 숲에 서식한다. 수컷은 이슬이 마르는 오전 10시경부터 활동하는데, 오후 2~4시경에는 나무 상단에서 활기차게 점유 행동을 한다. 암컷은 식수의 낮은 가지 끝 잎눈 주위에 몇 개씩 산란한다. 알로 월동한다.

식수 / 붉가시나무(너도밤나무과)

출현 시기 / 7월 중순~8월 초순 〈연 1회 발생〉

변이 / 암컷 간에는 앞날개 중앙부의 청람색 부위의 발달 정도로 변이가 나타난다. 간혹 앞날개 중실의 날개 끝 쪽에 작은 붉은색 점이 나타나는 개체가 있다.

암수 구별 / 수컷은 날개 윗면이 황록색이나 암컷은 흑갈색이며, 중앙부는 청람색이다.

43. 작은녹색부전나비 *Neozephyrus japonicus* (Murray, 1875)

×1.0

분포 / 지리산 이북의 중 · 북부 지역에 국지적으로 분포한다. 국외에는 시베리아 서부 지역, 아무르, 중국 동 · 북부와 일본 지역에 분포한다.
〈분포 특기〉 지역에 따라 개체 밀도가 높았으나 근래에 개체 수가 감소하는 종이다.

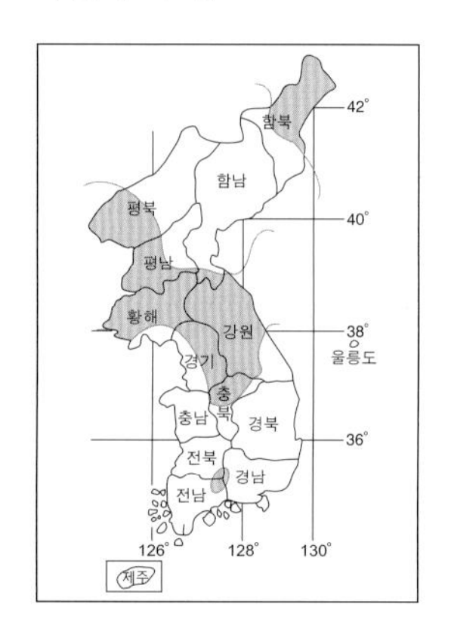

생태 / 저산 지대의 계곡 주변 오리나무 숲에 서식한다. 오전 중에는 거의 활동을 안 하고 나무 상단에서 쉬고 있다가 오후 4시경부터 해질 무렵까지 활발하게 점유 행동을 한다. 암컷은 식수의 가는 가지에 몇 개씩 산란한다. 알로 월동한다.

식수 / 오리나무(자작나무과)

출현 시기 / 6~7월 〈연 1회 발생〉

변이 / 암컷 간에는 앞날개 윗면 붉은색 무늬의 발달 정도(43d→43e)로 변이가 나타나는데, 그 무늬가 전혀 없는 개체(43c)도 간혹 있다.

암수 구별 / 수컷은 날개 윗면이 광택이 있는 청록색이나 암컷은 흑갈색이다.

44. 북방녹색부전나비 *Chrysozephyrus brillantinus* (Staudinger, 1887)

분포 / 지리산 이북의 중 · 동북부 지역에 분포한다. 국외에는 중국 동 · 북부, 아무르, 우수리와 일본에 분포한다.

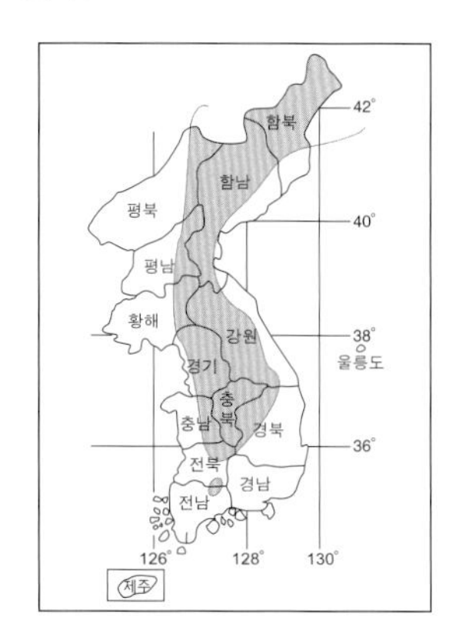

생태 / 산지의 계곡 주변 참나무 숲에 서식한다. 수컷은 해뜨기 전인 6시경부터 9시 사이에 점유행동을 하는 특이한 습성이 있다. 암컷이 한낮에 그늘진 바위에 내려앉아 쉬는 것을 관찰할 수 있다. 산란기에는 산 능선으로 이동하여 식수 가지의 잎눈 근처에 몇 개씩 산란한다. 알로 월동한다.

식수 / 신갈나무, 갈참나무(너도밤나무과)

출현 시기 / 6월 하순~7월(경기도와 강원도 중 · 남부 지역), 7월 초순~8월(강원도 동 · 북부 지역) 〈연 1회 발생〉

변이 / 수컷 중에는 앞날개 외연의 검은색 테 폭이 좁은 개체(44b)가 간혹 있다. 암컷 간에는 앞날개 윗면에 나타나는 붉은색 무늬의 발달 정도로 변이가 나타나는데, 간혹 붉은색 무늬가 크게 발달한 개체(44f)가 있다. 또, 드물게 후각 부근에 미세한 붉은색 점이 나타나는 개체(44g)가 있다.

암수 구별 / 수컷의 날개 윗면은 광택이 있는 청록색이나 암컷은 흑갈색이다.

45. 암붉은점녹색부전나비 *Chrysozephyrus smaragdinus* (Bremer, 1861)

분포 / 도서 지방과 서해안 지역을 제외한 지리산 이북 지역에 국지적으로 분포한다. 국외에는 아무르, 중국의 중 · 동북부 지역과 일본에 분포한다.

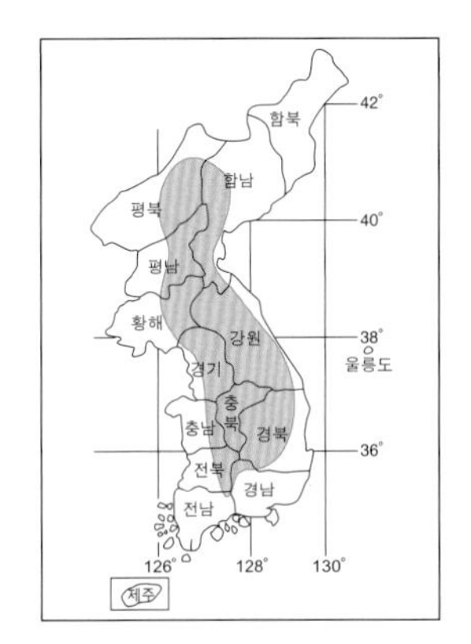

생태 / 산지의 잡목림 숲에 서식한다. 수컷은 보통 낮 12시경부터 오후 5시 사이에 계곡 주변이나 산길의 나무 끝에서 활발하게 점유 행동을 한다. 암컷은 계곡 주변의 숲 속 그늘진 곳에서 주로 활동하며, 식수의 작은 나뭇가지 틈에 몇 개씩 산란한다. 알로 월동한다.

식수 / 벚나무, 귀룽나무(장미과)

출현 시기 / 6월 중순~7월(경기도, 강원도 중 · 남부 지역), 7월 초순~8월(강원도 동 · 북부 지역) 〈연 1회 발생〉

변이 / 수컷 중에는 날개 아랫면의 흰색 선이 외연 쪽으로 퍼져 나간 개체(45c)가 있다. 암컷은 앞날개 윗면에 나타나는 붉은색 무늬의 수와 발달 정도로 변이가 나타나는데, 간혹 붉은색 무늬가 크게 발달한 개체(45f)가 있다. 또, 암컷 중에는 뒷날개 아랫면의 기부쪽 막대 모양 무늬가 없는 개체(45h)가 간혹 나타난다.

암수 구별 / 수컷의 날개 윗면은 광택이 있는 황록색이나 암컷은 흑갈색이다.

×1.0

46. 은날개녹색부전나비 *Favonius saphirinus* (Staudinger, 1887)

분포 / 경기도, 충청도, 강원도와 전라도의 일부 지역에 분포한다. 국외에는 중국 동 · 북부, 우수리, 아무르와 일본의 일부 지역에 분포한다.

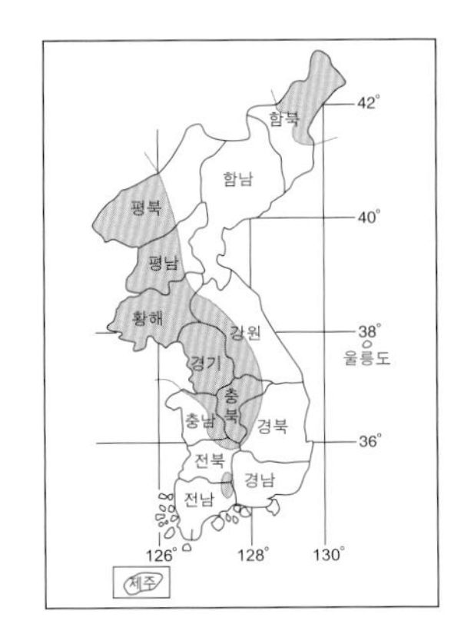

생태 / 산지의 참나무 숲에 서식한다. 수컷은 오전 10~12시경과 오후 4시 이후에 미약하게 점유 행동을 한다. 암컷은 식수 가지의 잎눈 근처에 한 개씩 산란한다. 알로 월동한다.

식수 / 갈참나무, 떡갈나무(너도밤나무과)

출현 시기 / 6월 중순~8월(경기도, 강원도 중 · 남부 지역), 6월 하순~8월(강원도 동 · 북부 지역) 〈연 1회 발생〉

변이 / 수컷은 날개 전체가 청람색인 개체(46a)가 많으나, 간혹 청록색이며 앞날개 중앙부와 뒷날개에 검은색 인분이 넓게 퍼져있는 개체(46b)도 있다. 개체 간에는 뒷날개 아랫면 흑갈색 선의 폭과 굴곡 정도로도 변이가 나타난다. 암컷은 앞날개 윗면의 회백색 무늬의 발달 정도로 변이가 나타나는데, 간혹 회백색 무늬에 붉은색을 띠는 개체(46h)가 있다.

암수 구별 / 수컷의 날개 윗면은 광택이 있는 청람색이나, 암컷은 흑갈색이다.

×1.0

47. 큰녹색부전나비 *Favonius orientalis* (Murray, 1875)

분포 / 제주도, 울릉도를 포함한 남한 각지에 분포하나 동 · 서해안 지역에는 분포하지 않는다. 국외에는 중국 동 · 북부, 아무르, 우수리와 일본의 일부 지역에 분포한다.

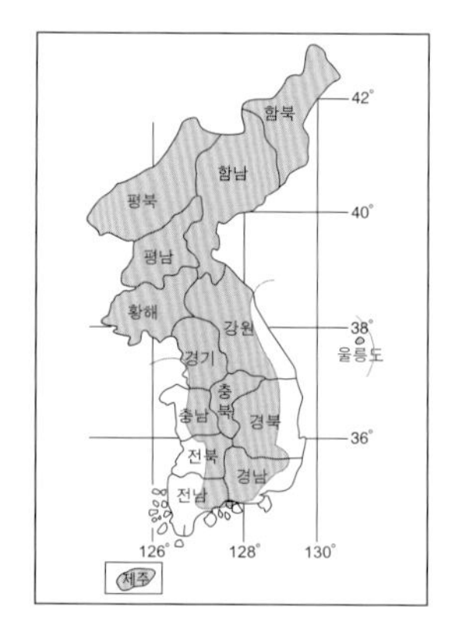

생태 / 산지의 참나무 숲에 서식한다. 수컷은 오전 10~12시 사이에는 산길가나 능선에서, 오후 4시 이후는 나무 상단에서 활발하게 점유 행동을 한다. 간혹 습기 있는 땅바닥에 내려앉아 물을 빨아먹으며, 밤나무 등의 꽃에서 흡밀한다. 암컷은 식수의 줄기에 몇 개씩 산란한다. 알로 월동한다.

식수 / 신갈나무, 갈참나무(너도밤나무과)

출현 시기 / 6월 중순~8월(경기도, 강원도 중 · 남부 지역), 6월 하순~8월(강원도 동 · 북부 지역) 〈연 1회 발생〉

변이 / 암컷 간에는 앞날개 윗면 중실에 있는 회백색 무늬의 발달 정도(47d→47e→47f)로 변이가 나타난다.

암수 구별 / 수컷의 날개 윗면은 광택이 있는 청록색이나 암컷은 흑갈색이다.

×1.0

48. 깊은산녹색부전나비 *Favonius korshunovi* (Dubatolov & Sergeev, 1982)

분포 / 지리산 이북 지역에 분포한다. 국외에는 중국 동 · 북부, 아무르와 우수리 지역에 분포한다.

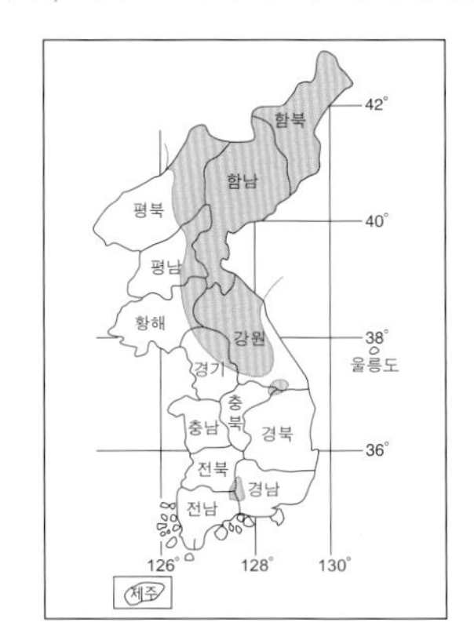

생태 / 산지의 약간 높은 곳과 능선의 참나무 숲에 서식한다. 수컷은 오후 3~6시 사이에 나무 상단에서 활발하게 점유 행동을 한다. 암컷은 식수의 잎눈 아래에 한 개씩 산란한다. 알로 월동한다.

식수 / 신갈나무, 갈참나무(너도밤나무과)

출현 시기 / 6월 중순~8월(경기도, 강원도 중 · 남부 지역), 7월 초순~8월(강원도 동 · 북부 지역) 〈연 1회 발생〉

변이 / 암컷은 앞날개 윗면에 붉은색 무늬가 선명하게 두개 나타나는데, 그 무늬의 발달 정도(48d→48e)로 변이가 나타난다. 간혹 붉은색 무늬 아래에 청람색 선이 나타나는 개체가 있는데, 그 선의 발달 정도(48f→48g→48h→48i)로도 변이가 나타난다. 또, 수컷 중에는 날개 윗면이 자색인 개체(48b)가 드물게 나타난다.

암수 구별 / 수컷의 날개 윗면은 광택이 있는 청록색이나 암컷은 흑갈색이다.

×1.0

49. 검정녹색부전나비 *Favonius yuasai* Shirôzu, 1948

×1.0

분포 / 충청 남도, 경기도, 강원도의 일부 지역에 국지적으로 분포한다. 국외에는 일본의 일부 지역에 분포한다.

생태 / 저산 지대의 참나무 숲에 서식한다. 암수 모두 나뭇잎 위에 앉아 거의 활동을 안하나, 수컷은 오후 4시경부터 해질 무렵까지 미약하게 점유 행동을 한다. 이른 아침에 땅바닥에 앉아 있는 개체가 관찰되며, 더운 날에는 습기 있는 땅바닥에 잘 내려앉는다. 암컷은 나뭇가지의 잎눈 아래에 한 개씩 산란한다. 알로 월동한다.

식수 / 굴참나무, 상수리나무(너도밤나무과)

출현 시기 / 6월 중순~8월 〈연 1회 발생〉

변이 / 암컷은 앞날개 윗면의 회백색 무늬의 발달 정도(49c→49d)로 변이가 나타난다. 암컷 중에는 뒷날개 아랫면의 흰색 선이 기부 쪽으로 심하게 굴곡된 개체가 있다.

암수 구별 / 수컷의 날개 윗면은 광택이 있는 흑갈색이나 암컷은 광택이 없고, 앞날개 윗면에 약한 회백색 무늬가 있다.

50. 금강산녹색부전나비 *Favonius ultramarinus* (Fixsen, 1887)

분포 / 경기도, 강원도, 경상 남도의 일부 지역에 국지적으로 분포한다. 국외에는 중국 동·북부, 극동 아시아와 일본 지역에 분포한다.

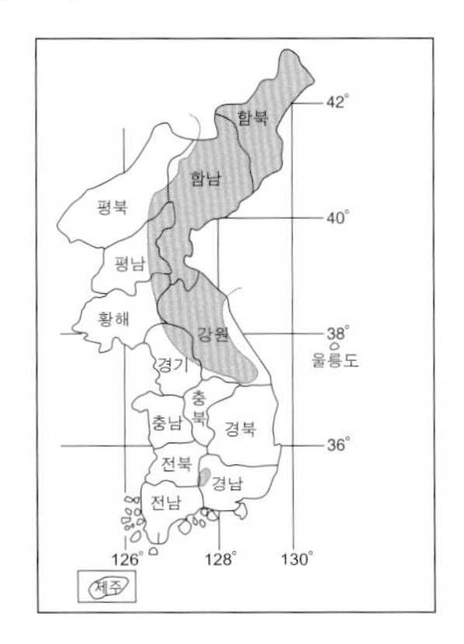

생태 / 산지의 참나무 숲에 서식한다. 드물게 개망초 등의 꽃에서 흡밀하며, 습기 있는 땅바닥에서 물을 빨아먹는다. 수컷은 오전 10시경에는 미약하게, 오후 3~5시경에는 활발하게 나무 상단에서 점유 행동을 한다. 암컷은 나무 줄기의 갈라진 곳에 한 개씩 산란한다. 알로 월동한다.

식수 / 떡갈나무(너도밤나무과)

출현 시기 / 6월 중순~8월(경기도, 강원도 중·남부 지역), 6월 하순~8월(강원도 동·북부 지역) 〈연 1회 발생〉

변이 / 수컷은 뒷날개 아랫면에 황색감이 드는 개체(50b)와 검은색감이 드는 개체(50c)가 있다. 암컷의 앞날개 윗면의 무늬가 자백색인 개체(50d)가 있으며, 간혹 붉은색 무늬가 크게 발달한 개체(50f)도 있다. 또, 암컷은 날개 아랫면 흰색 선의 폭과 굴곡 차이로도 변이가 나타난다.

암수 구별 / 수컷의 날개 윗면은 광택이 나는 청록색이나 암컷은 흑갈색이다.

×1.0

51. 넓은띠녹색부전나비 *Favonius cognatus* (Staudinger, 1892)

분포 / 전라 남도 광주 이북 지역에 국지적으로 분포한다. 국외에는 극동 러시아와 일본의 일부 지역에 분포한다.

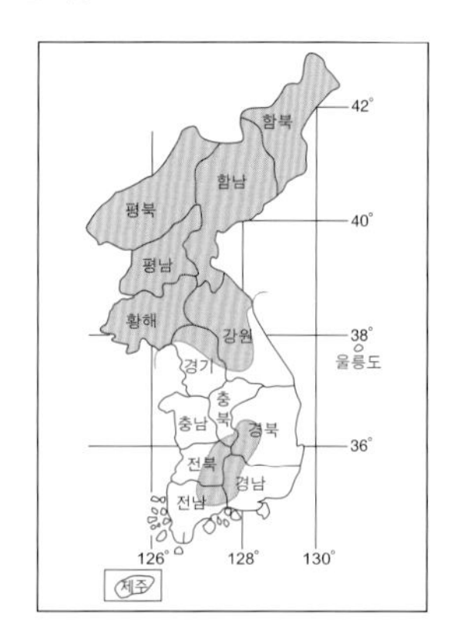

생태 / 저산 지대의 참나무 숲에 서식한다. 오전에는 그늘진 바위나 나뭇잎에 앉아 거의 활동을 안 하고 있다가 오후 3~4시 이후에 산길이나 능선의 나무 중간 부분에서 활발한 점유 행동을 한다. 암컷은 식수의 가지나 줄기 틈에 한 개씩 산란한다. 알로 월동한다.

식수 / 떡갈나무(너도밤나무과)

출현 시기 / 6월 초순~7월 〈연 1회 발생〉

변이 / 수컷은 황록색의 색도 차이(51a→51b)로 변이가 나타난다. 암컷 간에는 앞날개 윗면의 회백색 무늬의 발달 정도(51d→51e)와 뒷날개 아랫면 흰색 선의 폭 차이(51g→51h)로 변이가 나타난다. 드물게 앞날개 윗면의 회백색 무늬에 붉은색을 띠는 개체(51f)가 있다.

암수 구별 / 수컷의 날개 윗면은 광택이 있는 황록색이나 암컷은 흑갈색이다.

52. 산녹색부전나비 *Favonius taxilus* (Bremer, 1861)

분포 / 제주도, 강원도, 경기도 지역에 분포한다. 국외에는 중국 동 · 북부, 우수리와 일본의 일부 지역에 분포한다.

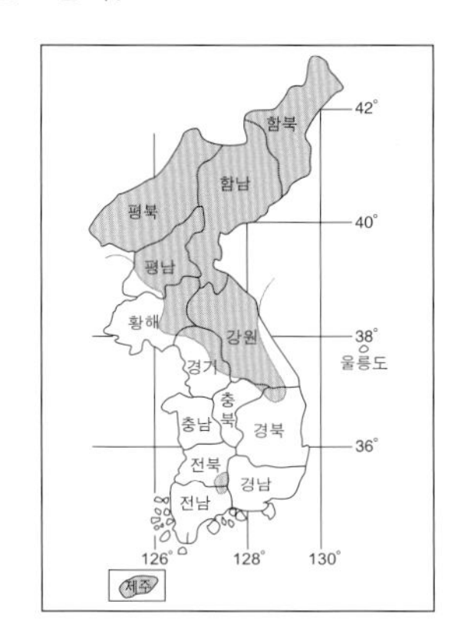

생태 / 산지의 계곡 주변 참나무 숲에 서식한다. 수컷은 이른 아침에 땅바닥에 내려앉아 물을 빨아 먹으며, 오전 8~12시 사이에는 계곡 가나 산길의 나뭇잎에서, 오후 4시 이후에는 식수의 상단에서 점유 행동을 한다. 개망초 등의 꽃에서 흡밀하며, 암컷은 식수의 낮은 가지의 잎눈이 있는 곳에 한 개씩 산란한다. 알로 월동한다.

식수 / 신갈나무, 갈참나무, 떡갈나무(너도밤나무과)

출현 시기 / 6월 중순~8월(경기도, 강원도 중 · 남부 지역), 7월 초순~8월(강원도 동 · 북부 지역) 〈연 1회 발생〉

변이 / 제주도산(52i, 52j)은 내륙 지역산에 비해 작으며, 암컷의 뒷날개 아랫면의 흰색 선이 약간 넓은 편이다. 수컷 중에는 날개 아랫면의 색상이 검은색감이 강한 개체가 있으며, 흰색 선이 외연 쪽으로 퍼져 나간 개체(52c)가 있다. 암컷은 앞날개 윗면에 붉은색 무늬가 두 개 나타나는 것이 보통이나 간혹 세 개가 나타나는 개체(52f)도 있다. 강원도 지역산에는 드물게 붉은색 무늬 밑에 청람색 선이 나타나는 개체(52g)가 있다.

암수 구별 / 수컷의 날개 윗면은 청록색이나 암컷은 흑갈색이다.

×1.0

녹색부전나비류 11종의 검색

1. *Neozephyrus*속, *Chrysozephyrus*속, *Thermozephyrus*속의 검색

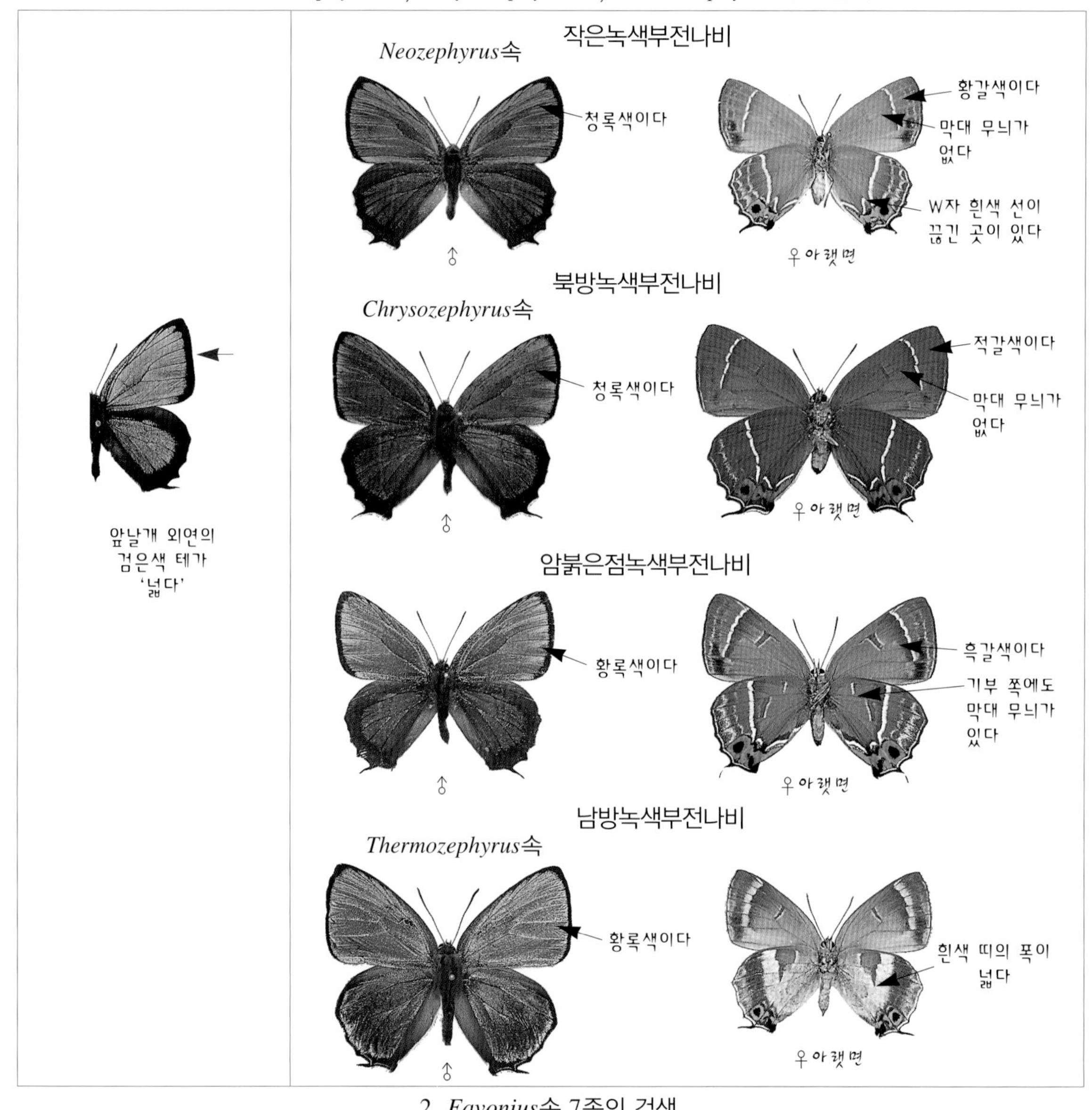

2. *Favonius*속 7종의 검색

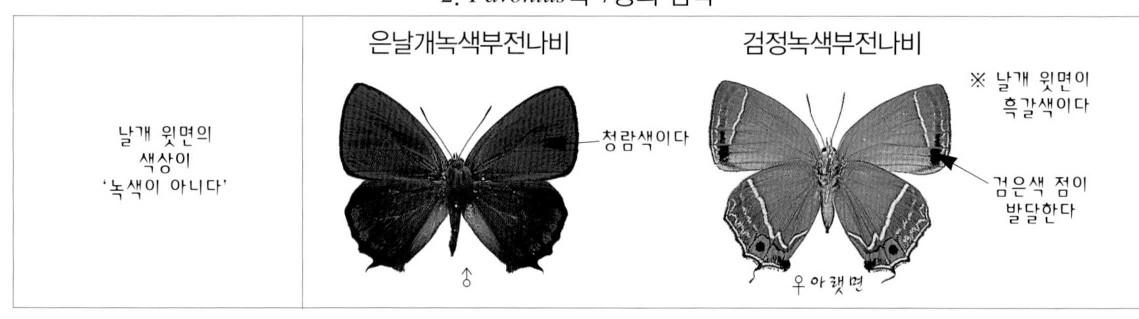

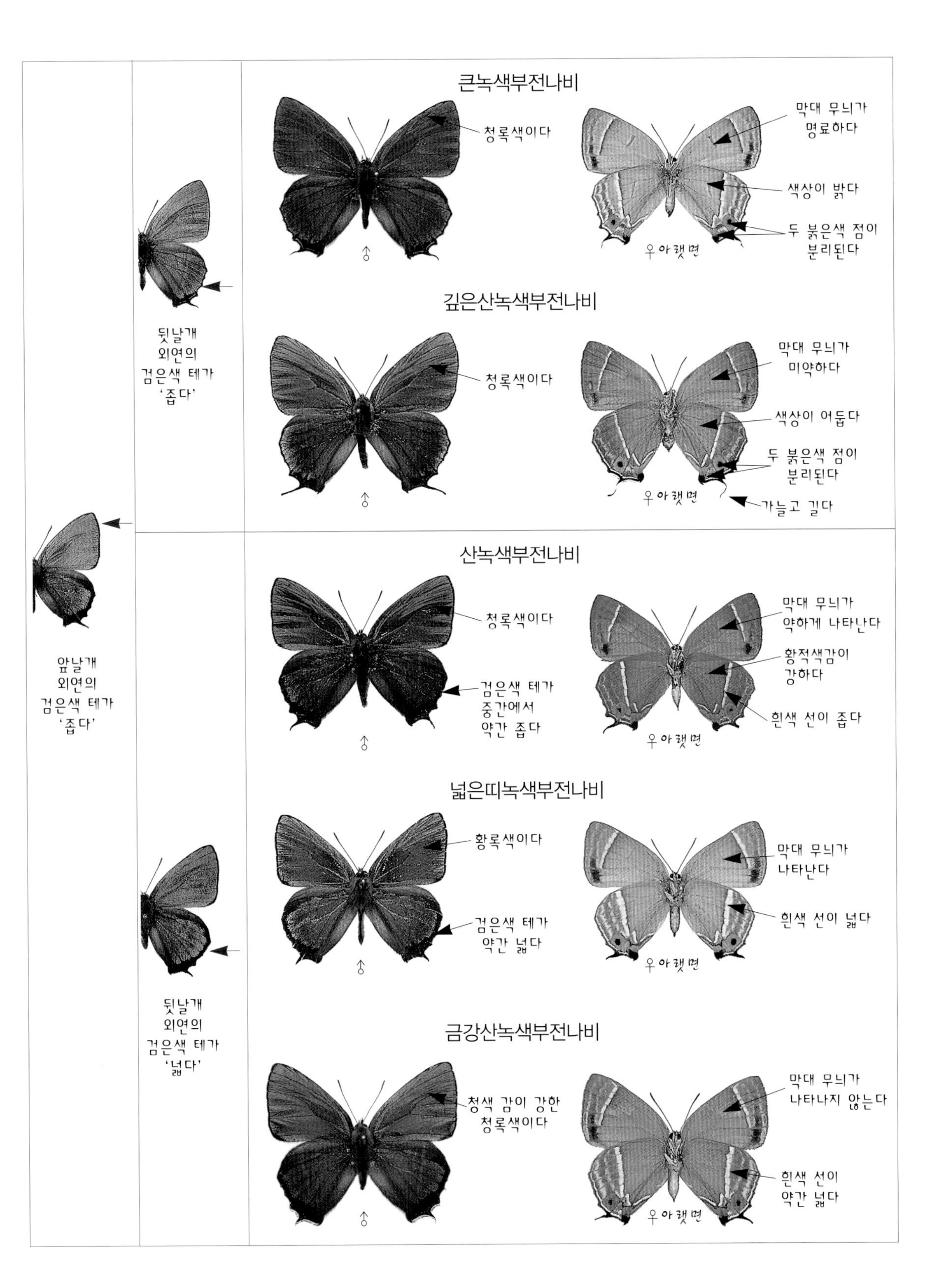
큰녹색부전나비
청록색이다
막대 무늬가 명료하다
색상이 밝다
두 붉은색 점이 분리된다
♂
♀ 아랫면
깊은산녹색부전나비
청록색이다
막대 무늬가 미약하다
색상이 어둡다
두 붉은색 점이 분리된다
가늘고 길다
♂
♀ 아랫면
뒷날개 외연의 검은색 테가 '좁다'
앞날개 외연의 검은색 테가 '좁다'
산녹색부전나비
청록색이다
검은색 테가 중간에서 약간 좁다
막대 무늬가 약하게 나타난다
황적색감이 강하다
흰색 선이 좁다
♂
♀ 아랫면
넓은띠녹색부전나비
황록색이다
검은색 테가 약간 넓다
막대 무늬가 나타난다
흰색 선이 넓다
♂
♀ 아랫면
뒷날개 외연의 검은색 테가 '넓다'
금강산녹색부전나비
청색 감이 강한 청록색이다
막대 무늬가 나타나지 않는다
흰색 선이 약간 넓다
♂
♀ 아랫면

53. 북방쇳빛부전나비 *Callophrys frivaldszkyi* (Kindermann, 1982)

×1.0

분포 / 강원도와 경기도 일부 지역에 분포한다. 국외에는 중국 동 · 북부, 아무르와 연해주 등에 분포한다.

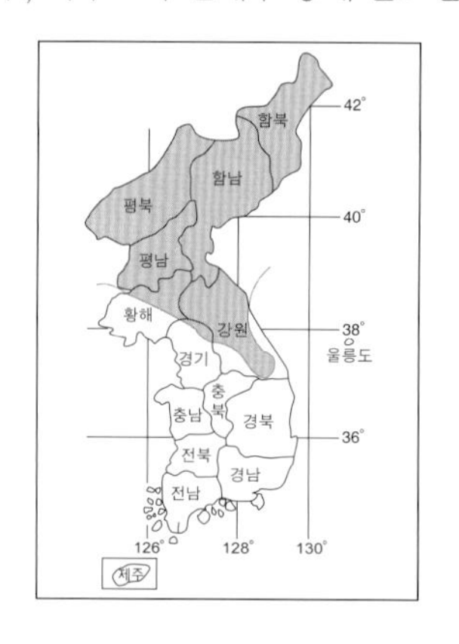

생태 / 산지의 관목림 숲에 서식하며, 채광이 좋은 공지에서 활동한다. 수컷들은 마른 풀 줄기 끝에 앉아 점유 행동을 한다. 암수 모두 빠르게 날아다니며 복숭아나무, 조팝나무 등의 꽃에서 흡밀한다. 암컷은 식수의 가지에 한 개씩 산란한다. 번데기로 월동한다.

식수 / 조팝나무(장미과)

출현 시기 / 4~5월 〈연 1회〉

변이 / 개체 간에는 날개 윗면의 청람색 부위의 발달 정도로 변이가 나타난다.

암수 구별 / 암컷은 수컷에 비해 날개 외연이 둥글고, 날개 윗면의 청람색 부위가 넓다.

쇳빛부전나비와 북방쇳빛부전나비의 동정

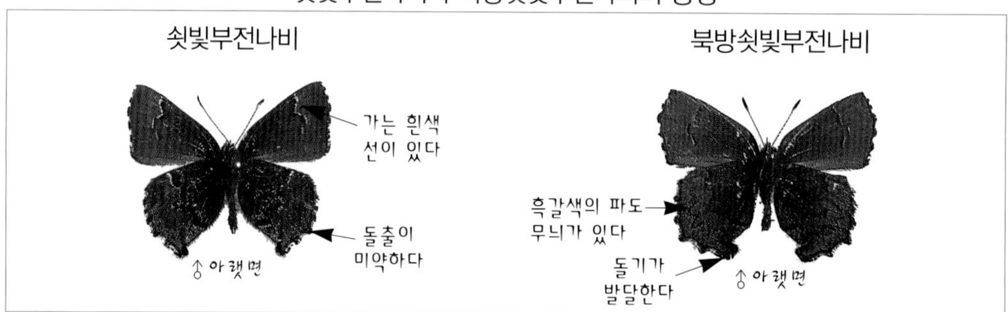

54. 쇳빛부전나비 *Callophrys ferreus* (Butler, 1981)

분포 / 제주도를 제외한 남한 각지에 널리 분포한다. 국외에는 알타이, 몽고, 중국의 동·북부, 아무르, 연해주와 일본에 분포한다.

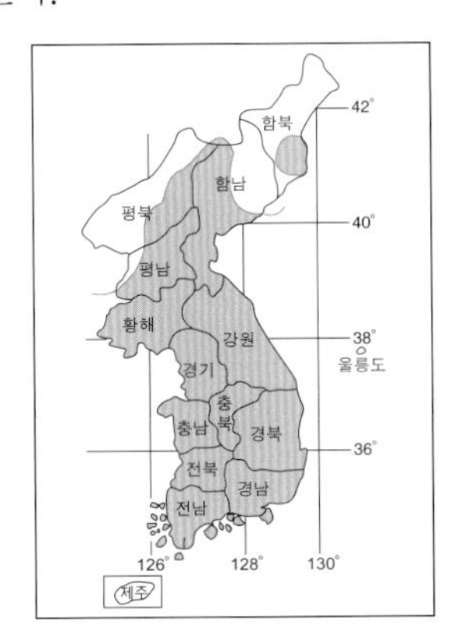

생태 / 산지의 관목림 숲에 서식한다. 수컷은 양지바른 곳의 마른 풀 줄기 끝에 앉아 점유 행동을 하며, 습기 있는 땅바닥에 잘 앉는다. 복숭아나무, 조팝나무, 철쭉나무, 얼레지 등의 꽃에서 햇빛을 향해 앉아 흡밀한다. 암컷은 식수의 가지에 한 개씩 산란한다. 부화하여 나온 애벌레는 다 자란 후 식수 주변의 낙엽 사이에서 용화한다. 번데기로 월동한다.

식수 / 진달래(진달래과), 조팝나무(장미과)

출현 시기 / 4~5월 〈연 1회 발생〉

변이 / 암컷 간에는 앞날개와 뒷날개 윗면의 청람색 부위의 발달 정도로 변이가 나타난다. 수컷간에는 성표의 현저한 크기 차이로 변이가 나타난다.

암수 구별 / 수컷은 앞날개 윗면 중실 위쪽에 오이씨 모양의 성표가 있으며, 암컷은 날개 윗면의 청람색 부위가 넓게 발달한다.

55. 범부전나비 *Rapala caerulea* (Bremer & Grey, 1851)

분포 / 전국 각지에 널리 분포한다. 국외에는 중국 중 · 북부, 아무르와 일본의 여러 지역에 분포한다.

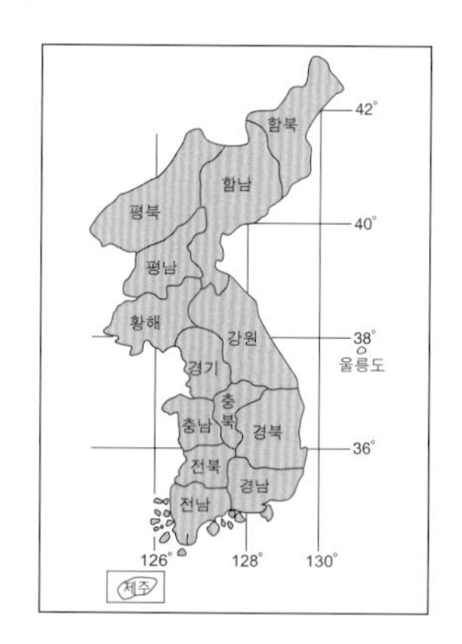

생태 / 저산 지대와 주변의 숲에 서식한다. 오전부터 민첩하게 날아다니며 개망초, 매화나무, 밤나무 등의 꽃에서 흡밀한다. 수컷은 습기 있는 땅바닥에 잘 내려앉으며, 점유 행동을 한다. 애벌레는 식초의 잎보다 주로 꽃을 먹고 자란다. 다 자란 애벌레는 식초 주변의 낙엽이나 돌 등에서 용화한다. 번데기로 월동한다.

식초 / 고삼, 조록싸리, 아카시나무(콩과), 갈매나무(갈매나무과)

출현 시기 / 4월 하순~6월(춘형), 7~8월(하형) 〈연 2회 발생〉

변이 / 춘형은 날개 아랫면이 흑갈색이나 하형은 황갈색이다. 앞날개 윗면의 중앙부에 등황색 무늬가 나타나는 개체(55b, 55e)가 많은데, 그 무늬의 발달 정도로 변이가 다양하게 나타난다. 간혹 날개 아랫면 미상돌기 위의 검정색 점이 예외적으로 4개인 개체가 있다.

암수 구별 / 수컷은 날개 윗면의 색상이 암컷보다 청색감이 강하며, 뒷날개 윗면 제7실의 기부에 갈색으로 된 성표가 있다.

×1.0

56. 울릉범부전나비 *Rapala arata* (Bremer, 1861)

분포 / 경상 북도 울릉도와 제주도에 분포한다. 국외에는 중국의 중·동부와 동아시아 지역에 분포한다.

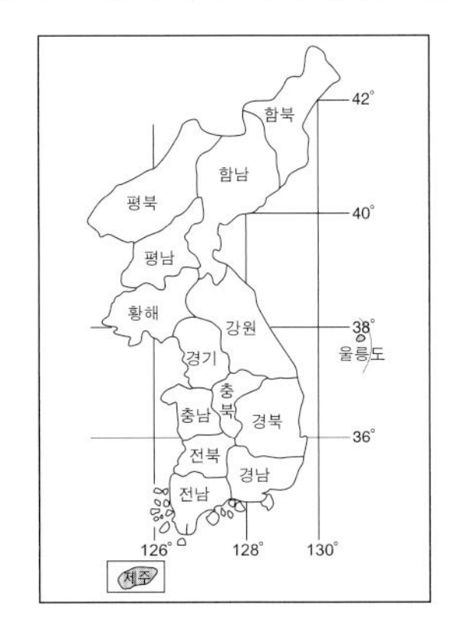

〈분포 특기〉 울릉도와 제주도에만 분포하는 국지종이다. 제주도에는 개체 수가 아주 적다.

생태 / 범부전나비와 생태적 습성이 비슷하리라고 본다. 아직 이 나비의 생활사는 밝혀지지 않았다.

출현 시기 / 5월 중순~6월(춘형), 7월 초순~8월(하형) 〈연 2회 발생〉

변이 / 춘형의 아랫면은 흑갈색이나 하형은 황갈색이다.

암수 구별 / 암컷은 수컷에 비해 날개 외연이 둥글고 날개 폭이 넓으나, 복부 끝을 비교해 보는 것이 정확하다.

범부전나비와 울릉범부전나비의 동정

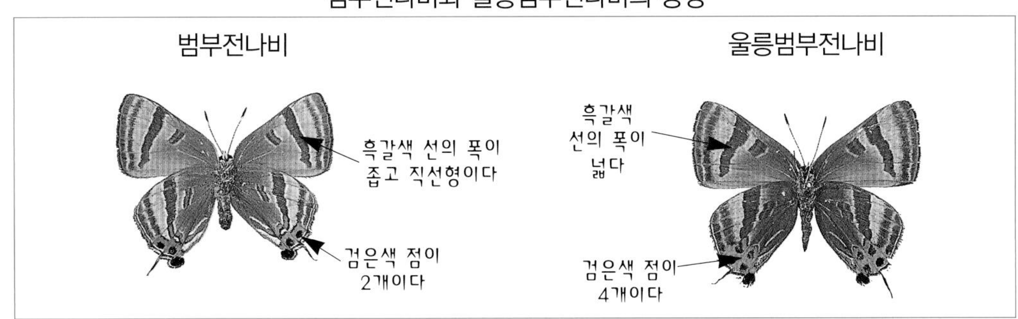

57. 민꼬리까마귀부전나비 *Satyrium herzi* (Fixsen, 1887)

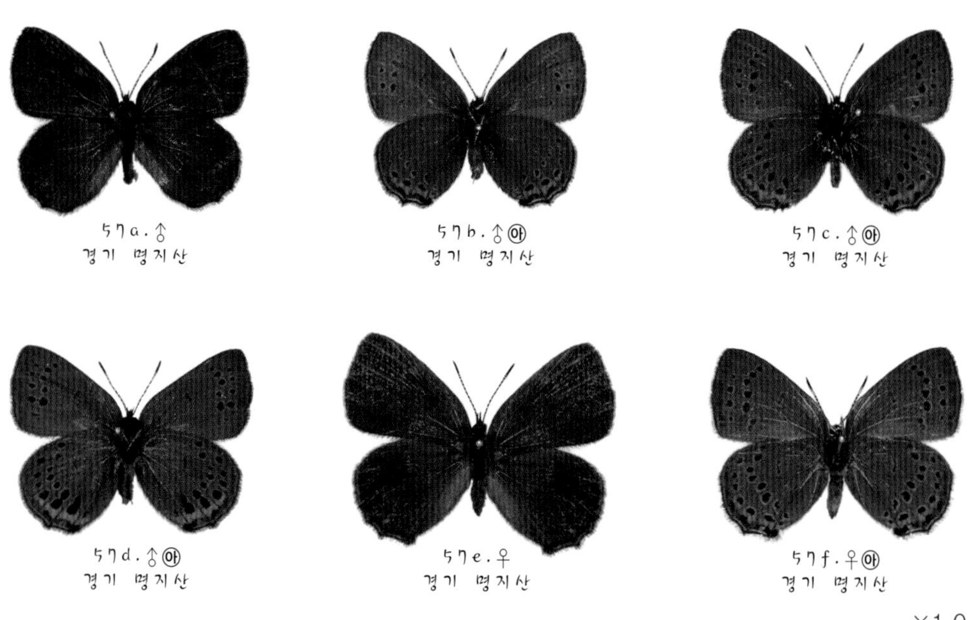

×1.0

분포 / 강원도, 경기도, 충청 북도, 경상 북도의 일부 지역에 국지적으로 분포한다. 국외에는 중국 동 · 북부와 아무르에 분포한다.

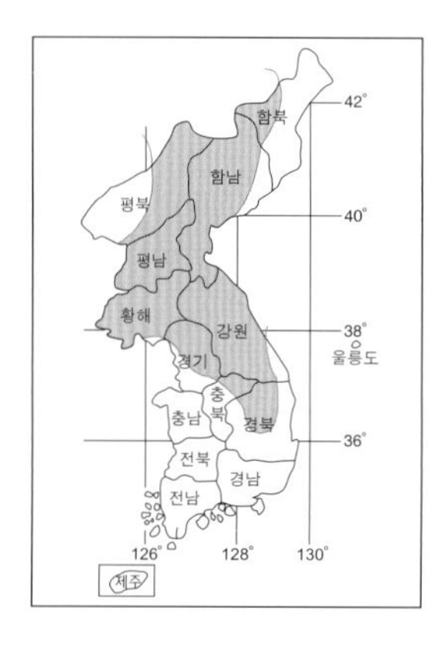

생태 / 저산 지대의 계곡 주변 잡목림 숲에 서식한다. 연약하게 날아다니며 국수나무, 야광나무 등의 꽃에서 흡밀한다. 수컷은 아침 나절과 저녁 무렵에 약하게 점유 행동을 한다. 암컷은 식수의 잎에 한 개씩 산란한다. 알로 월동한다.

식수 / 귀룽나무, 털야광나무(장미과)

출현 시기 / 5월 중순~6월 〈연 1회 발생〉

변이 / 개체 간에는 날개 아랫면 검은색 점의 발달 정도(57b→57c)로 변이가 나타나는데, 간혹 그 검은색 점이 변형된 개체(57d)가 있다.

암수 구별 / 암컷은 수컷에 비해 날개 외연이 둥글고 날개의 폭이 넓다.

58. 까마귀부전나비 *Satyrium w-album* (Knoch, 1782)

분포 / 경기도와 강원도에 국지적으로 분포한다. 국외에는 유럽, 중국 동·북부, 사할린과 일본의 일부 지역에 분포한다.

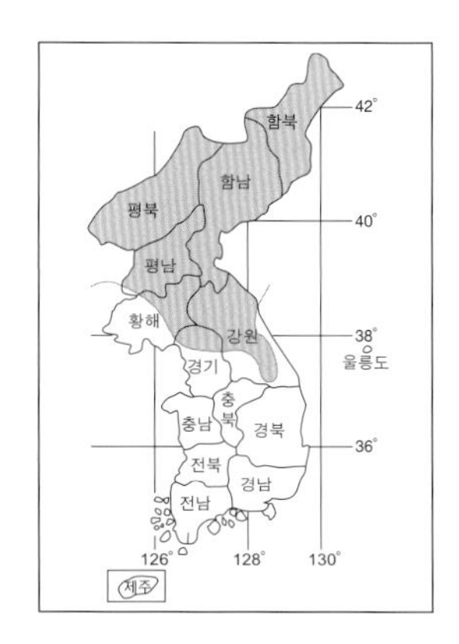

생태 / 산지의 계곡 주변 잡목림 숲에 서식한다. 수컷은 습기 있는 땅바닥에 잘 내려앉으며, 나뭇가지 끝에 앉아 점유 행동을 한다. 개망초, 쉬땅나무 등의 꽃에서 흡밀하며, 암컷은 식수의 가지 친 가는 줄기에 몇 개씩 산란한다. 알로 월동한다.

식수 / 느릅나무(느릅나무과), 벚나무(장미과)

출현 시기 / 6월 중순~7월 〈연 1회 발생〉

변이 / 강원도 태백산산(58a~58d)은 날개 아랫면의 색상이 타 지역산에 비해 암갈색 색조가 짙게 나타난다. 개체 간에는 앞날개와 뒷날개 아랫면 흰색 선의 굴곡 정도로 변이가 나타난다. 또, 미상 돌기의 길이 차이로도 변이가 나타난다.

암수 구별 / 수컷은 앞날개 윗면의 중실 위쪽에 회백색의 오이씨 모양 성표가 있다.

59. 참까마귀부전나비 *Satyrium eximia* (Fixsen, 1887)

분포 / 제주도와 충청 남도 지역을 제외한 전국 각지에 국지적으로 분포한다. 국외에는 중국 동·북부와 아무르 지역에 분포한다.

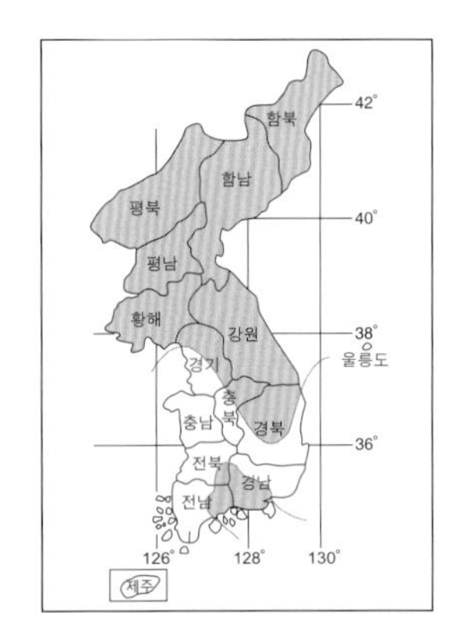

생태 / 산지의 잡목림 숲에 서식한다. 수컷은 습기 있는 땅바닥에 잘 앉으며, 나뭇가지 끝에 앉아 점유 행동을 한다. 개망초, 큰까치수영 등의 꽃에서 흡밀하며, 암컷은 식수 줄기의 갈라진 틈에 몇 개씩 산란한다. 알로 월동한다.

식수 / 갈매나무, 참갈매나무, 떡갈매나무(갈매나무과)

출현 시기 / 6월 중순~7월 〈연 1회 발생〉

변이 / 암수의 개체 간에는 뒷날개 아랫면 흰색 선의 굴곡 정도에 따라 변이가 나타난다. 강원도 쌍룡산에는 개체 변이로 크기가 작은 개체들이 많이 나타난다.

암수 구별 / 수컷은 앞날개 윗면의 중실 위쪽에 회백색의 오이씨 모양의 성표가 있다.

×1.0

60. 꼬마까마귀부전나비 *Satyrium prunoides* (Staudinger, 1887)

분포 / 경기도와 강원도에 국지적으로 분포한다. 국외에는 중국 동·북부와 아무르에 분포한다.

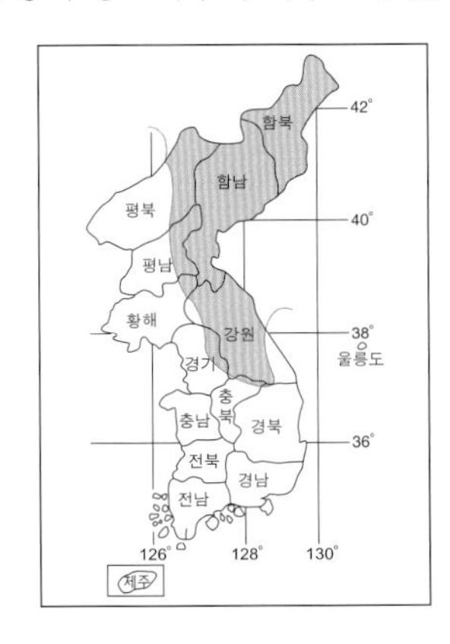

생태 / 산지의 능선과 주변의 잡목림 숲에 서식한다. 수컷은 산 정상에서 활발한 점유 행동을 한다. 개망초, 큰까치수영 등의 꽃에서 흡밀하며, 암컷은 식수 줄기의 갈라진 틈에 1~5개씩 산란한다. 알로 월동한 후 부화하여 나온 애벌레는 꽃봉오리를 먹다가 나중에는 잎을 먹고 자란다.

식수 / 조팝나무(장미과)

출현 시기 / 6~7월 〈연 1회 발생〉

변이 / 강원도 쌍룡 등 동·북부 지역산(60a~60d)은 앞날개와 뒷날개 아랫면의 흰색 선이 직선형으로, 기부 쪽으로 굴곡을 이룬 타 지역산과 구별된다. 수컷의 앞날개 윗면에 옅은 붉은색 무늬가 나타나는 개체(60e)가 있다. 쌍룡 외 지역의 개체 간에는 암수의 앞날개와 뒷날개 아랫면의 흰색 선의 굴곡 정도로 변이가 나타난다.

암수 구별 / 암컷은 수컷에 비해 날개 외연이 둥글고 날개의 폭이 약간 넓으나, 복부 끝을 비교해 보는 것이 정확하다.

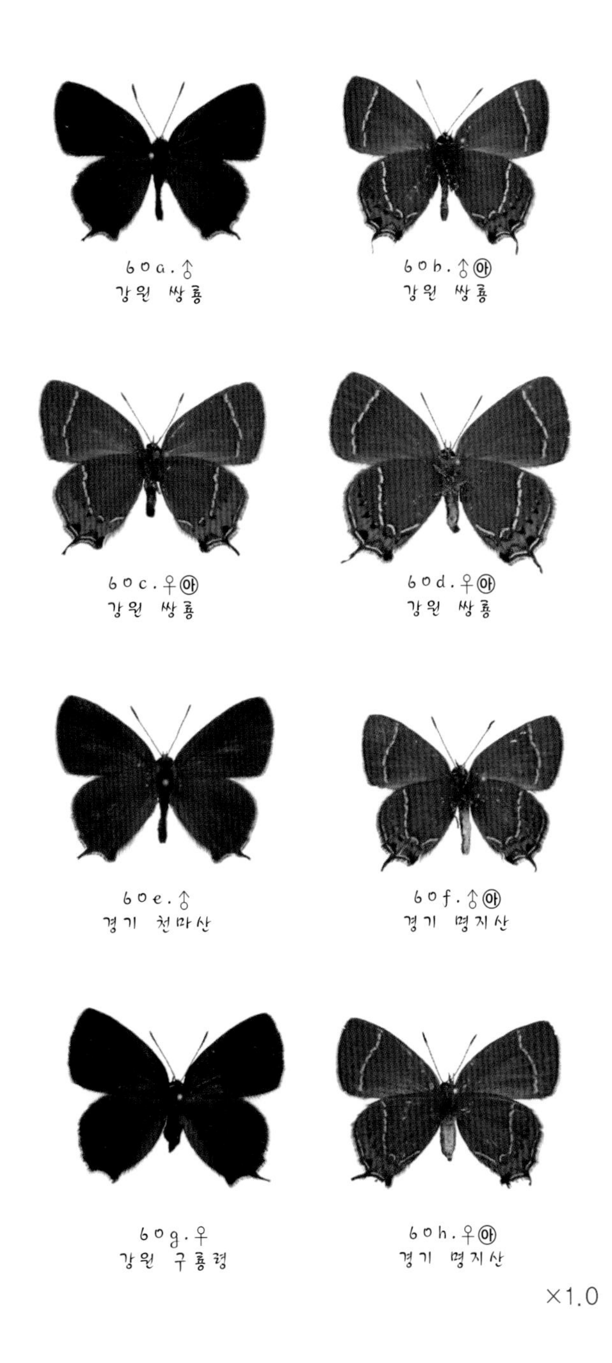

×1.0

61. 벚나무까마귀부전나비 *Satyrium pruni* (Linnaeus, 1768)

분포 / 충청 북도 일부 지역과 경기도, 강원도에 국지적으로 분포한다. 국외에는 시베리아, 중국 동 · 북부, 아무르와 일본의 일부 지역에 분포한다.

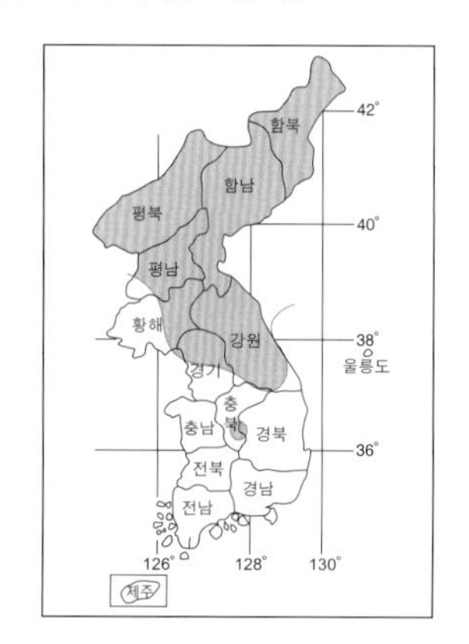

생태 / 저산 지대의 벚나무 자생지에 서식한다. 아침 해뜰 때와 오후에 짧게 날아서 다른 가지로 옮겨 다닌다. 큰까치수영 등의 꽃에서 흡밀하며, 수컷은 약하게 점유 행동을 한다. 암컷은 식수 가지의 갈라진 곳에 2~3개씩 산란한다. 알로 월동한다.

식수 / 벚나무, 왕벚나무(장미과)

출현 시기 / 5~6월 〈연 1회 발생〉

변이 / 암수의 대부분은 뒷날개 윗면 후각에 등황색 무늬가 있으나 강원도 동 · 북부 지역의 수컷 중에는 그 무늬가 없는 개체(61a)가 있다.

암수 구별 / 암컷은 수컷에 비해 날개의 외연이 둥글고 후각 부위에 등황색 무늬가 발달한다.

62. 북방까마귀부전나비 *Satyrium latior* (Fixsen, 1887)

×1.0

분포 / 경기도와 강원도 일부 지역에 분포한다. 국외에는 유럽, 중국 동 · 북부, 아무르와 시베리아에 분포한다.

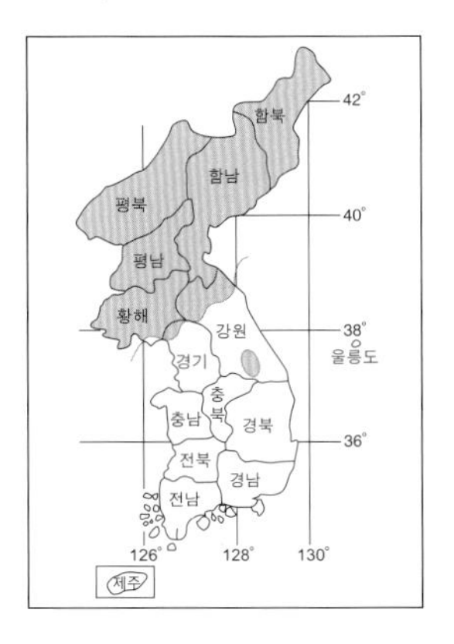

〈분포 특기〉 강원도 영월 지역에 분포하는 국지종이다.

생태 / 산지의 잡목림 숲에 서식한다. 개망초, 큰까치수영 등의 꽃에서 흡밀하며, 수컷은 산 정상에서 활발하게 점유 행동을 한다. 암컷은 식수의 가지나 줄기의 틈에 여러 개씩 산란한다. 알로 월동한다.

식수 / 갈매나무(갈매나무과)

출현 시기 / 6월 중순~7월 중순 〈연 1회 발생〉

변이 / 개체 간에는 크기 차이 외에 특별한 변이가 없다.

암수 구별 / 수컷은 날개 윗면의 중실 위쪽에 회백색의 오이씨 모양의 성표가 있다.

까마귀부전나비류 5종의 동정

까마귀부전나비

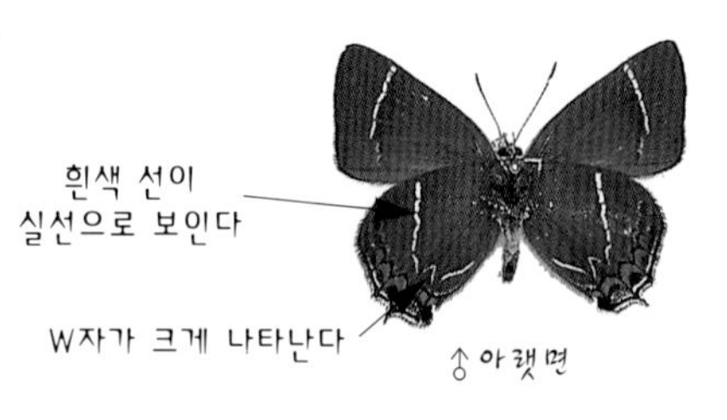

꼬마까마귀부전나비

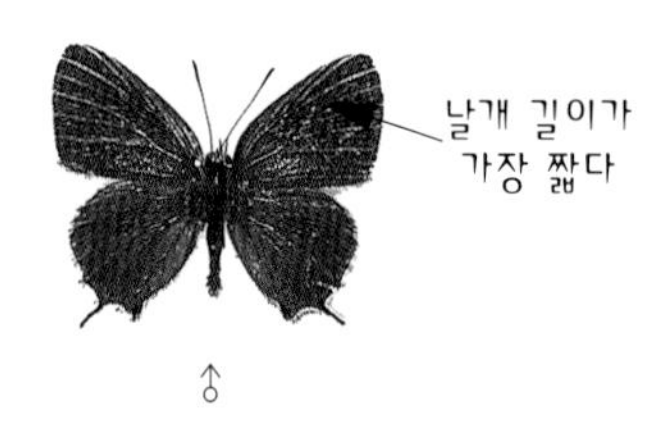

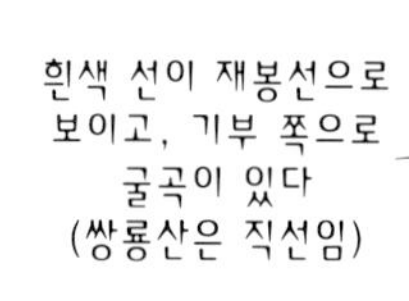

참까마귀부전나비

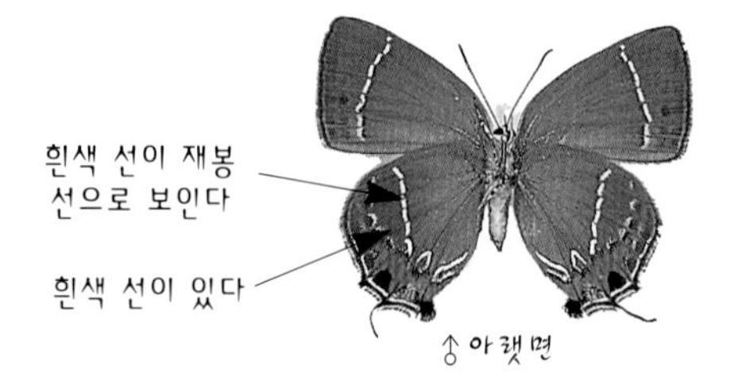

북방까마귀부전나비

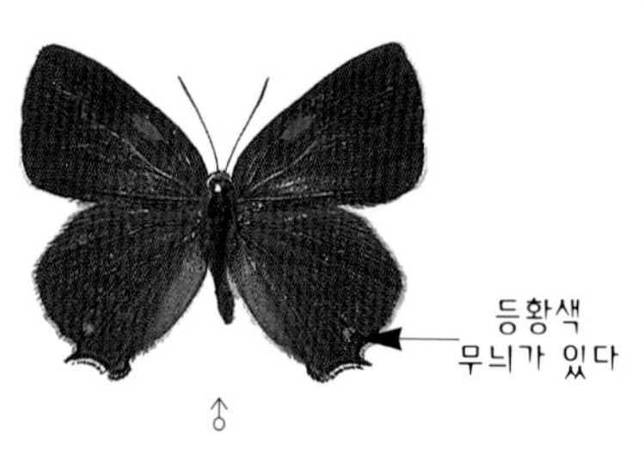

벚나무까마귀부전나비

63. 쌍꼬리부전나비 *Spindasis tatanonis* (Matsumura, 1906)

×1.0

분포 / 경기도, 강원도, 충청도의 일부 지역에 국지적으로 분포한다. 국외에는 중국 서부 지역과 일본의 일부 지역에 분포한다.

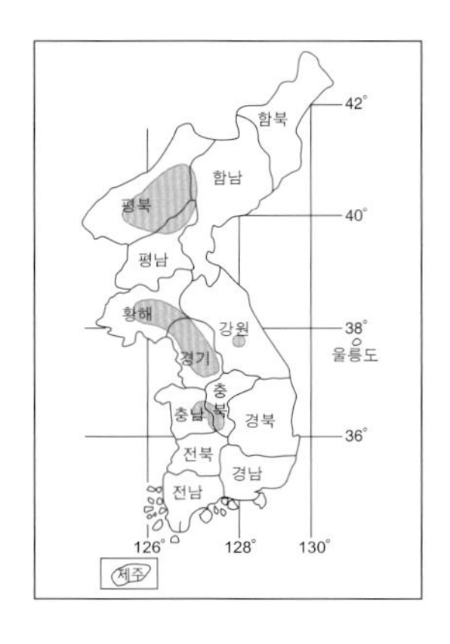

생태 / 저산 지대의 소나무 숲 주변에 서식한다. 낮 동안에는 나뭇잎에 앉아 햇볕을 쬐다가 해질 무렵에 나무 상단에서 활발하게 점유 행동을 한다. 밤나무, 큰까치수영, 개망초 등의 꽃에서 흡밀하며, 암컷은 소나무, 벚나무 가지의 갈라진 틈에 여러 개씩 산란한다. 부화하여 나온 애벌레는 두 번 탈피 후 개미에 의해 개미집으로 옮겨져 개미와 공생하며 성장하는 것으로 알려져 있다.

출현 시기 / 6~7월 중순 〈연 1회 발생〉

변이 / 수컷 간에는 날개 윗면 청람색 부위의 발달 정도(63b→63c)로 변이가 나타나는데, 청람색이 나타나지 않는 개체(63a)도 간혹 있다. 암컷은 날개 아랫면의 흑갈색 선과 점의 크기와 모양 차이로도 변이가 나타난다.

암수 구별 / 수컷은 날개 윗면이 청람색이나 암컷은 흑갈색이다.

64. 작은주홍부전나비 *Lycaena phlaeas* (Linnaeus, 1761)

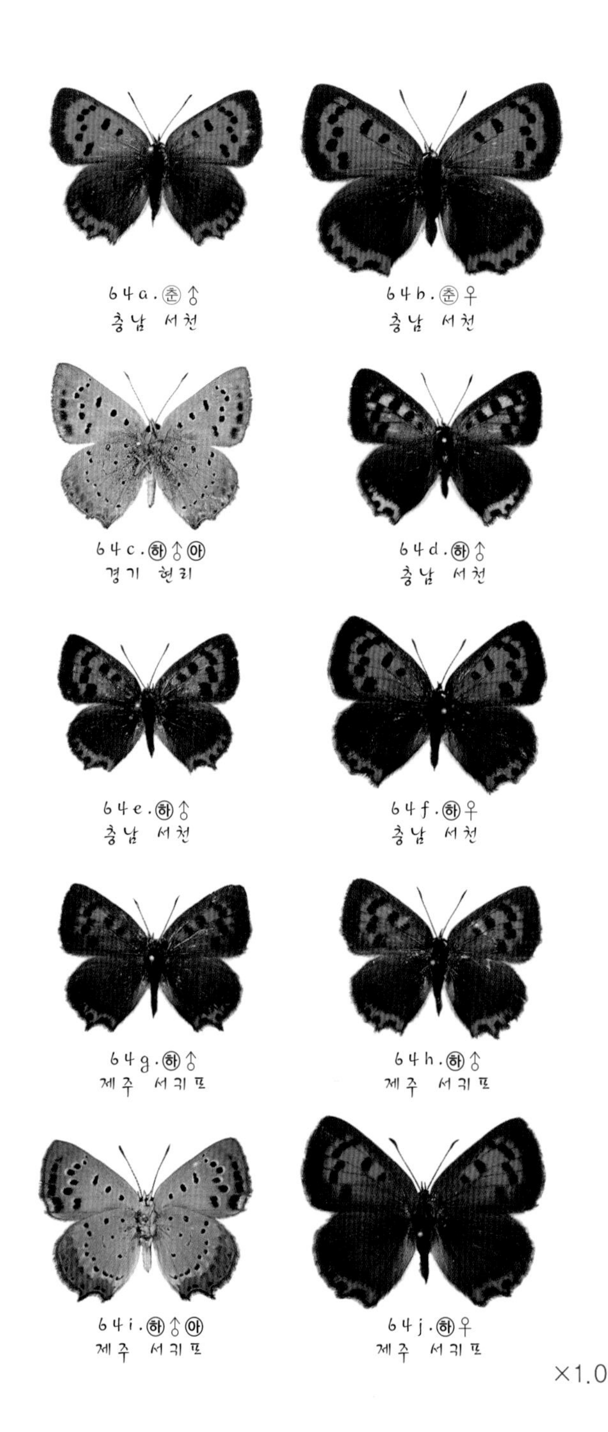

분포 / 제주도 등 도서 지방을 포함하여 전국 각지에 널리 분포한다. 국외에는 중국, 러시아, 유럽 전역과 일본에 분포한다.

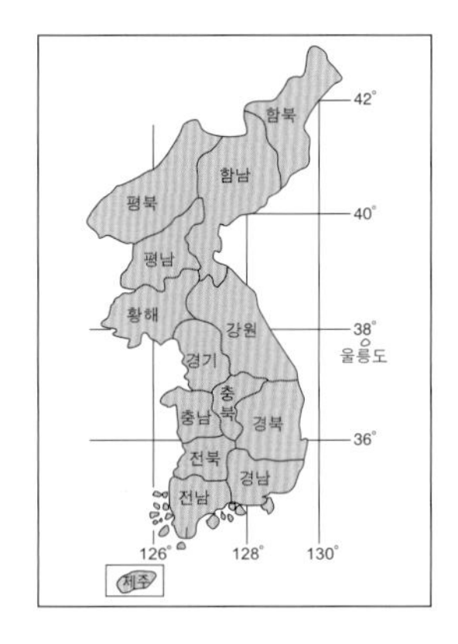

생태 / 초원성으로 전답과 산지 주변의 초지에 광범위하게 서식한다. 민들레, 개망초, 나무딸기 등의 꽃에서 흡밀하며, 수컷은 점유 행동을 한다. 암컷은 식초 부근의 마른 풀에 한 개씩 산란한다. 부화하여 나온 애벌레는 성장한 후에 낙엽이나 돌 아랫면에 붙어 월동한다.

식초 / 수영, 애기수영, 소리쟁이(마디풀과)

출현 시기 / 4~10월 〈연 수 회 발생〉

변이 / 하형은 춘형에 비해 현저히 작고 흑화되는데, 수컷에서 그 특징이 더 뚜렷하게 나타난다. 하형 중에는 미상 돌기가 날카롭게 발달하고 뒷날개 아랫면 아외연부의 등황색 테가 발달한 개체(64g, 64i)가 있는데, 중 · 남부 지역산과 제주도산에서 빈도가 높게 나타난다. 개체 간에는 하형의 흑화 정도에 따라 변이가 나타난다.

암수 구별 / 암컷은 수컷에 비해 날개 외연이 둥글고 날개의 폭이 넓으며, 주황색 색감이 약하게 나타난다.

65. 큰주홍부전나비 *Lycaena dispar* (Haworth, 1803)

분포 / 37°선 이북 지역에 국지적으로 분포한다. 국외에는 서부 유럽 지역, 중국 북부와 아무르 지역에 분포한다.

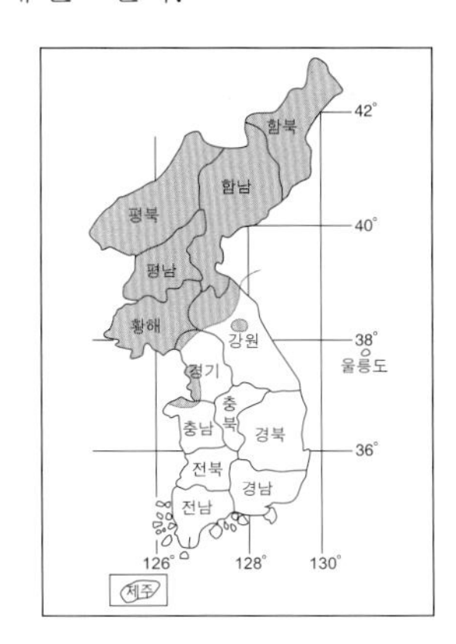

생태 / 초원성으로 전답 주변이나 강가의 초지에 서식한다. 민첩하게 짧은 거리를 날아다니며 개망초, 여뀌, 민들레 등의 꽃에서 흡밀한다. 암컷은 식초의 잎 등에 여러 개씩 산란한다. 부화하여 나온 애벌레는 식초의 잎 아랫면에 구멍을 내어 잎살을 갉아먹으며 성장한다. 애벌레로 월동한다.

식초 / 소리쟁이, 참소리쟁이(마디풀과)

출현 시기 / 5~10월 〈연 3회 발생〉

변이 / 암컷 간에는 앞날개 윗면의 아외연부에 배열된 검은색 점의 크기 차이와 주황색 부위의 흑화된 정도로 변이가 나타난다. 간혹 흑화 정도가 심하여 날개 윗면이 어둡게 보이는 개체(65g)가 있다.

암수 구별 / 수컷은 날개 윗면이 주황색이나 암컷은 뒷날개 윗면이 대부분 흑갈색이며, 아외연부에 주황색 테가 있다.

×1.0

66. 담흑부전나비 *Niphanda fusca* (Bremer & Grey, 1853)

분포 / 제주도를 포함한 남한 각지에 널리 분포한다. 국외에는 중국, 아무르, 연해주와 일본에 분포한다.

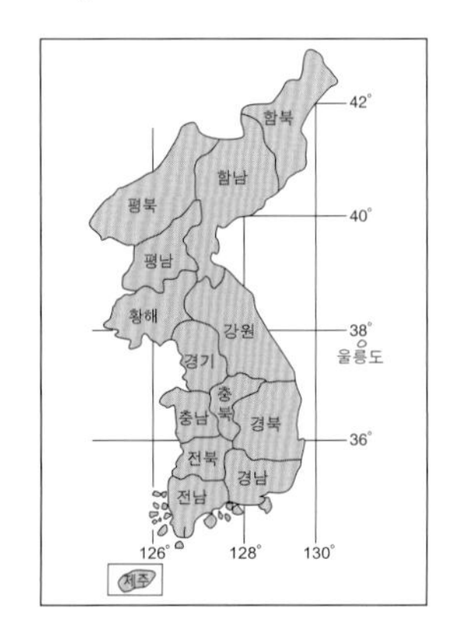

생태 / 산지의 잡목림 숲에 서식한다. 엉겅퀴, 개망초 등의 꽃에서 흡밀하며, 수컷은 점유 행동을 한다. 애벌레는 식수의 잎을 먹고 자란 후 3령 때 일본왕개미(*Camponotus japonicus* Mayr)에 의해 개미집으로 옮겨져 개미와 공생하며 성장하는 것으로 알려졌다. 애벌레로 월동한다.

식수 / 굴참나무, 참나무(너도밤나무과), 3령 이후 개미와 공생

출현 시기 / 6월 중순~8월 초순 〈연 1회 발생〉

변이 / 암컷의 아랫면 색상은 흑갈색이나 간혹 유백색인 백화형 개체가 있다. 이런 개체는 앞날개 윗면 중앙부에 흰색 반점이 나타난다. 백화형 개체는 제주도에서 빈도가 높은데, 개체 간에는 백화 정도에 따라 변이가 나타난다.

암수 구별 / 수컷의 날개 윗면은 광택이 있는 어두운 청자색이나 암컷은 광택이 없는 흑갈색이다.

67. 물결부전나비 *Lampides boeticus* (Linnaeus, 1767)

×1.0

분포 / 제주도와 남 · 서해안 지역에 분포한다. 국외에는 아프리카, 유럽, 오스트레일리아와 아시아 지역에 분포한다.

〈분포 특기〉 그간에는 미접(迷蝶)으로 취급하였으나, 제주도에서 성충으로 월동하는 것이 확인되어 토착종에 포함하게 되었다.

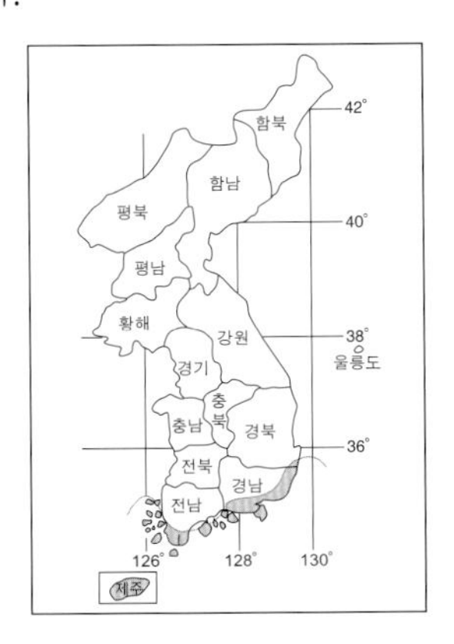

생태 / 해안가나 주변의 양지바른 초지에 서식한다. 국화, 메밀, 도깨비바늘 등의 꽃에서 흡밀하며, 수컷은 점유 행동을 한다. 암컷은 식초의 꽃봉오리나 새싹에 한 개씩 산란한다. 부화하여 나온 애벌레는 식초의 꽃봉오리와 열매를 먹으며 성장한다. 성충으로 월동한다.

식초 / 편두(콩과)

출현 시기 / 7~11월 〈연 2~3회 발생〉

변이 / 수컷 간에는 변이가 거의 없으나 암컷 간에는 뒷날개 아외연부에 나타나는 황갈색 선의 발달 정도(67c→67d→67e)로 변이가 나타난다.

암수 구별 / 수컷의 날개 윗면은 청자색이나 암컷은 흑갈색이며, 앞날개 중앙부는 청람색을 띤다.

68. 극남부전나비 *Zizina otis* (Fabricius, 1787)

×1.0

분포 / 제주도와 동해안의 울진 이남 지역과 충청 남도의 서해안 지역에 분포한다. 국외에는 아프리카, 인도, 오스트레일리아에 이르는 광범위한 지역에 분포하며, 한국이 북방 한계선이다.

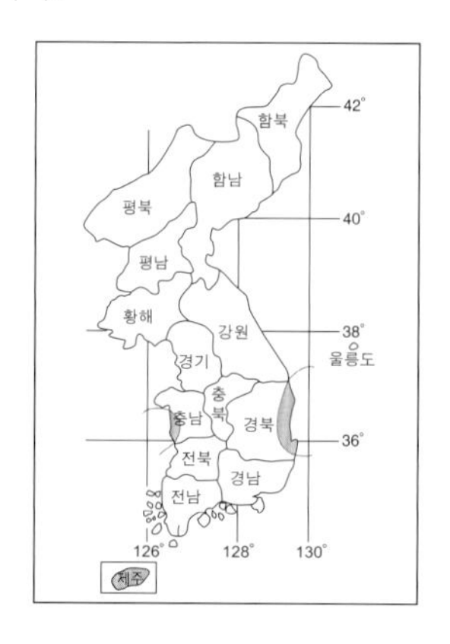

생태 / 초원성으로 채광이 좋은 초지에 서식한다. 연약하게 날아서 가까운 꽃이나 풀잎에 앉곤 한다. 토끼풀, 매듭풀 등의 꽃에서 흡밀하며, 수컷은 습기 있는 땅바닥에 잘 앉는다. 암컷은 식초의 잎 윗면에 한 개씩 산란한다. 애벌레로 월동한다.

식초 / 벌노랑이, 토끼풀, 매듭풀(콩과)

출현 시기 / 5~10월 〈연 2~3회 발생〉

변이 / 제주도산(68f~68h)과 서해안 지역산(68e)은 동해안 지역산(68a~68d)보다 현저히 크다. 크기의 차이에 따라 동해안 지역산은 날개 아랫면의 검은색 점이 작으며, 바탕색도 약간 어두운 느낌을 준다. 발생 시차에 따른 변이는 거의 없다.

암수 구별 / 수컷의 날개 윗면은 청람색이나 암컷은 흑갈색이다.

69. 남방부전나비 *Zizeeria maha* (Kollar, 1848)

분포 / 제주도, 울릉도를 포함한 남한 각지에 널리 분포한다. 국외에는 인도, 말레이제도, 중국 남부, 타이완과 일본 등지에 분포한다.

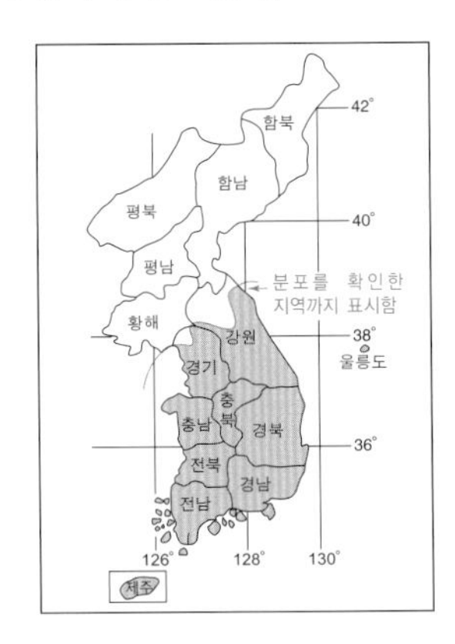

생태 / 초원성으로 마을, 공원, 전답의 둑, 산기슭 등의 초지에 광범위하게 서식한다. 연약하게 날아다니며 냉이, 제비꽃, 개망초 등의 꽃에서 흡밀한다. 암컷은 식초의 잎 아랫면에 한 개씩 산란한다. 애벌레로 월동한다.

식초 / 괭이밥(괭이밥과)

출현 시기 / 4~11월 〈연 3~4회 발생〉

변이 / 경상 북도 울릉도산의 수컷(69d)은 뒷날개 윗면 아외연부의 테두리가 밝은 색상으로 그 부위에 배열된 검은색 점이 선명하게 보인다. 계절적 변이로 하절기 이후의 개체는 날개 윗면의 색상이 옅어지는 경향이 있는데, 간혹 청옥색을 나타내는 개체(69b)도 있다. 또, 수컷의 앞날개 외연부의 검은색 테는 넓게 나타난다.

암수 구별 / 수컷은 날개 윗면이 청람색이나 암컷은 흑갈색이다.

×1.0

70. 산푸른부전나비 *Celastrina sugitanii* (Matsumura, 1919)

×0.8

분포 / 경기도, 강원도와 지리산에 분포한다. 국외에는 중국, 타이완과 일본 등지에 분포한다.

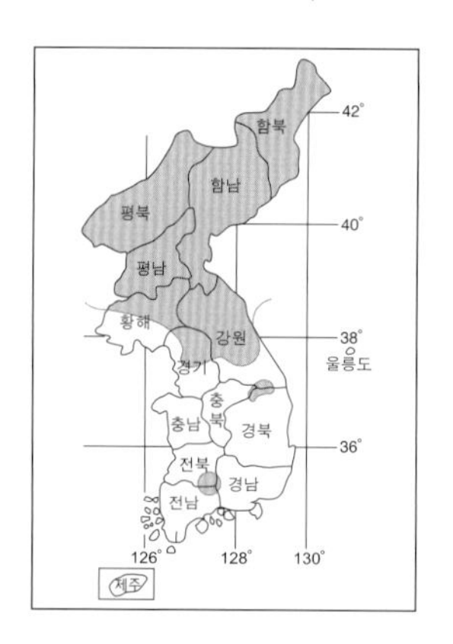

생태 / 산지의 계곡 주변 잡목림 숲에 서식하며, 채광이 좋은 공지나 산길 주변에서 활동한다. 수컷은 무리지어 습기 있는 땅바닥에 앉아 물을 빨아먹는다. 냉이, 토끼풀 등의 꽃에서 흡밀하며, 암컷은 식수의 꽃봉오리에 한 개씩 산란한다. 부화하여 나온 애벌레는 주로 꽃봉오리를 먹으며 성장한다. 번데기로 월동한다.

식수 / 황벽나무(운향과), 층층나무(층층나무과)

출현 시기 / 4~5월 〈연 1회 발생〉

변이 / 특별한 변이는 없다.

암수 구별 / 수컷의 날개 윗면은 짙은 청람색이나 암컷은 색상이 옅으며, 외연부에 흑갈색의 테가 있다.

【변이 해설】 흑화형과 백화형

흑화형과 백화형의 원인은 색소 형성 과정에서 돌발적인 장해에 의해 일어난다. 나비 색채에서 검은색과 갈색은 멜라닌 색소에 의해 결정되는데, 이 색소가 과다하면 흑화형이 되고 결핍되면 백화형이 된다. 이런 형질은 열성 유전을 하며, 사육 과정을 통해 분리 고정할 수 있다. 우리 나라 나비 중에는 표범나비류의 암컷에서 흑화형이 많이 나타나며 백화형은 담흑부전나비의 암컷에서 드물게 나타난다.

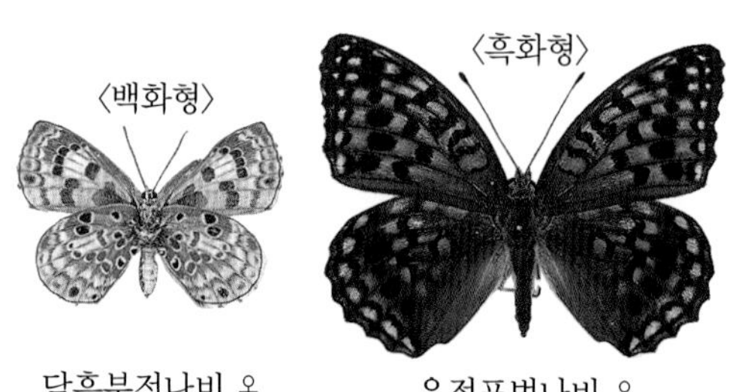

담흑부전나비 ♀　　은점표범나비 ♀

71. 푸른부전나비 *Celastrina argiolus* (Linnaeus, 1758)

×1.0

분포 / 도서 지방을 포함하여 남한 각지에 널리 분포한다. 국외에는 유라시아의 광범위한 지역과 아메리카 중 · 북부 지역에 분포한다.

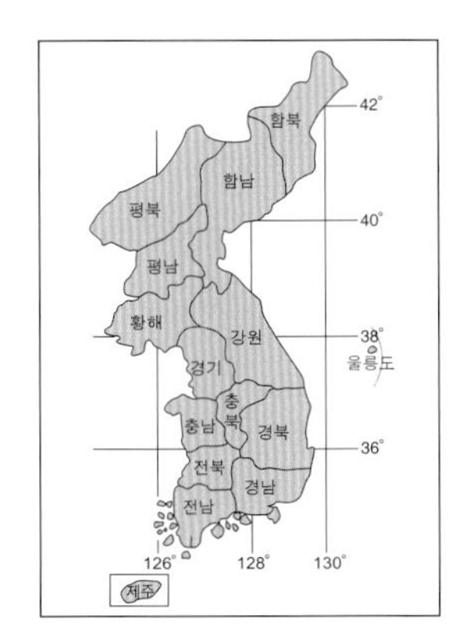

생태 / 초원성으로 민가, 전답, 산지 주변의 초지에 서식하며, 평지에서 산 정상까지 광범위하게 활동한다. 수컷은 습기 있는 땅바닥에 무리지어 앉아 물을 빨아먹는다. 제비꽃, 토끼풀, 싸리 등의 꽃에서 흡밀하며, 암컷은 식초의 꽃봉오리에 한 개씩 산란한다. 부화하여 나온 애벌레는 식수의 꽃봉오리를 먹으며 성장한다. 번데기로 월동한다.

식초 / 싸리, 땅비싸리, 아카시나무, 고삼(콩과)

출현 시기 / 3월 하순~10월 〈연 수 회 발생〉

변이 / 제주도산 수컷(71g)은 날개 윗면의 색상이 타 지역산에 비해 청색감이 약하며, 암컷은 날개 외연부에 흑갈색 테가 넓게 발달한다. 중 · 남부 지역산은 동 · 북부 지역산에 비해 암컷 날개 윗면 외연부에 흑갈색 테가 넓게 퍼진다. 수컷 간에는 날개 윗면 청람색의 색도 차이로 변이가 나타나며, 암컷 간에는 앞날개와 뒷날개 윗면 외연부의 흑갈색 테의 발달 정도로 변이가 나타난다.

암수 구별 / 수컷의 날개 윗면은 청람색이나 암컷은 앞날개와 뒷날개 윗면의 외연부에 검은색 테가 넓게 나타난다.

72. 회령푸른부전나비 *Celastrina oreas* (Leech, 1893)

×1.0

분포 / 경상 북도와 강원도에 국지적으로 분포한다. 국외에는 중국에 분포한다.

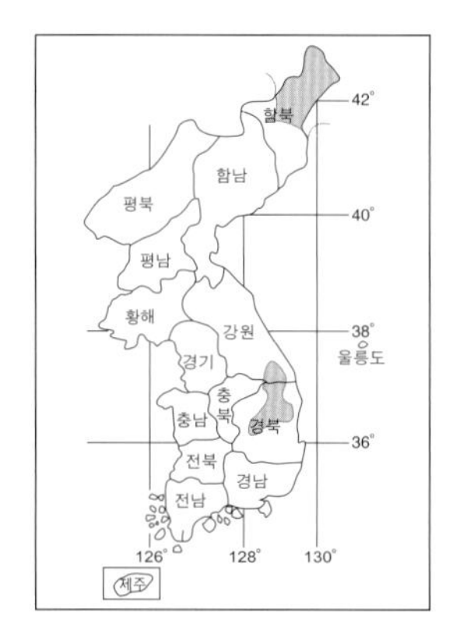

생태 / 저산 지대의 잡목림 숲에서 서식하며, 채광이 좋은 산길이나 초지에서 활동한다. 수컷은 습기 있는 땅바닥에 앉아 물을 빨아먹는데, 수백 마리가 무리를 지어 있을 때도 있다. 암수 모두 토끼풀, 조뱅이, 개망초 등의 꽃에서 흡밀하며, 암컷은 식수의 줄기 틈에 한 개씩 산란한다. 알로 월동한다.

식수 / 가침박달(장미과)

출현 시기 / 6월 〈연 1회 발생〉

변이 / 암컷 간에는 앞날개 윗면 청자색 부위의 발달 정도로 약간의 변이가 나타나는데, 그 부위에 흰색 인분이 나타나 밝게 보이는 개체(72d)가 간혹 나타난다. 또, 앞날개와 뒷날개 아랫면에 배열된 검은색 점들의 모양과 크기 차이로도 변이가 나타난다.

암수 구별 / 수컷은 날개 윗면이 밝은 청람색이나 암컷은 날개의 외연부에 흑갈색의 테가 있다.

한라푸른부전나비 *Udara dilecta* (Moore, 1879)

♂
제주 한라산

♀
제주 한라산

이 종의 국외 분포지는 히말라야, 네팔, 중국 서·남부, 타이완, 자바, 필리핀, 뉴기니와 일본 등지이다. 국내 기록이 없던 이 나비가 한국나비학회 회원들에 의해 한라산 1700m 이상의 초지에서 몇 개체가 채집되었다. 채집에 참가했던 박(1996)에 의해 「한국나비학회지」에 신기록 종으로 발표되었다. 그 후 여러 차례 같은 장소를 조사해 보았지만 단 한 개체도 발견할 수 없었다. 여러 관점에서 볼 때, 이 나비는 한라산 백록담 주변의 초지에 일시적으로 서식했던 우산접(偶産蝶)으로 판단되어 토착종에서 제외했으나, 더 많은 조사가 요망된다.

남방푸른부전나비 *Udara albocaerulea* (Moore, 1879)

♂

♀

이 종의 국외 분포지는 히말라야, 네팔, 중국 남부, 타이완, 말레이시아, 일본 등지이다. 국내에서는 박(1968)에 의해 기록되었으나, 실물 표본이 없던 이 나비가 『제주도의 나비』(1988, 제주도학생과학관 편)에 한라산 700~800m의 초지에서 7~8월에 채집되는 나비로 수록되었다. 그러나 한국나비학회 회원들의 수년 간의 조사에도 한 개체도 관찰되지 않아 토착종에서 제외했으나, 더 많은 조사가 요망된다.

푸른부전나비류 3종의 동정

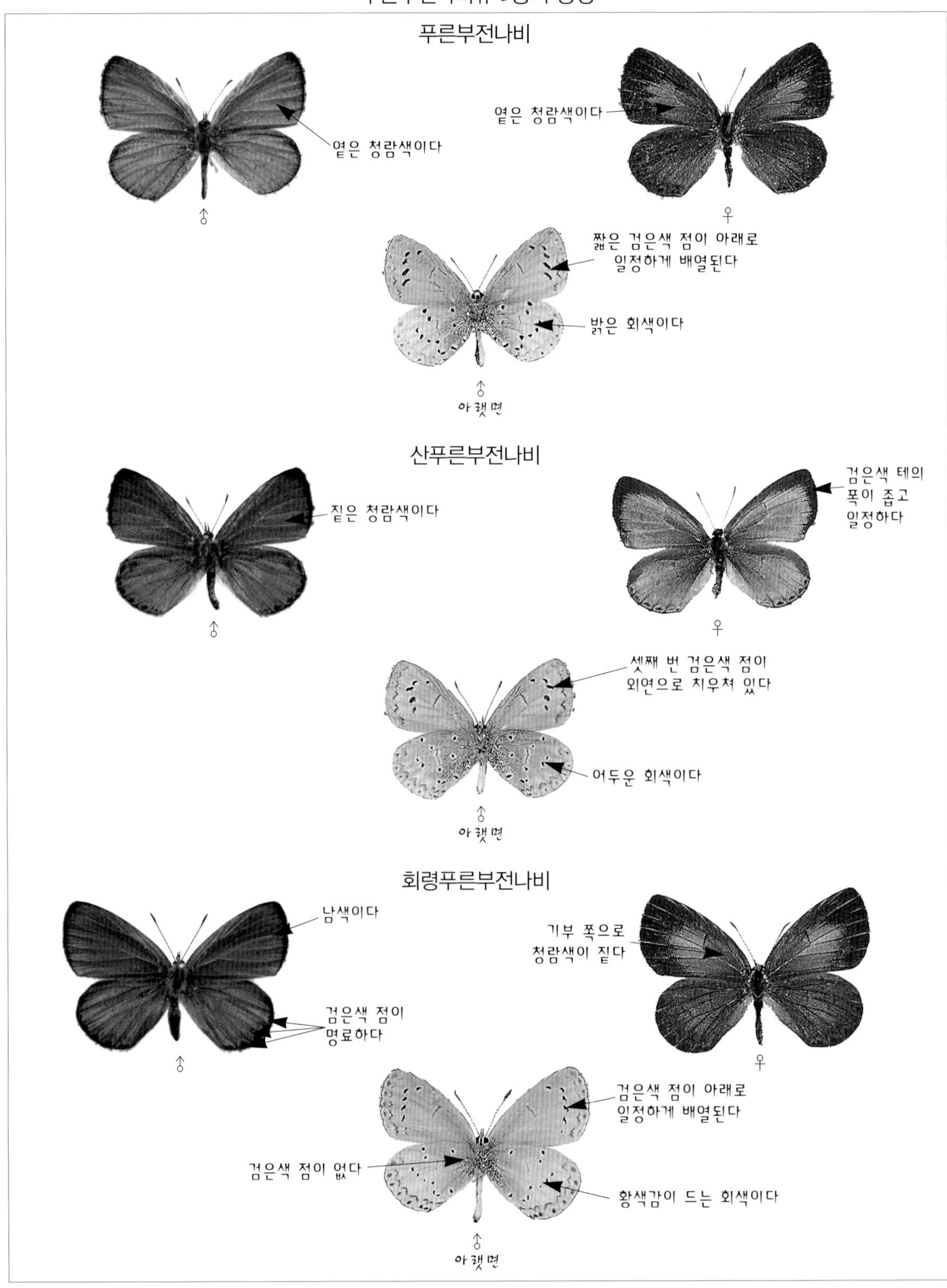

73. 암먹부전나비 *Cupido argiades* (Pallas, 1771)

분포 / 제주도를 포함한 전국 각지에 널리 분포한다. 국외에는 유라시아 대륙의 대부분과 북아메리카의 일부 지역에 분포한다.

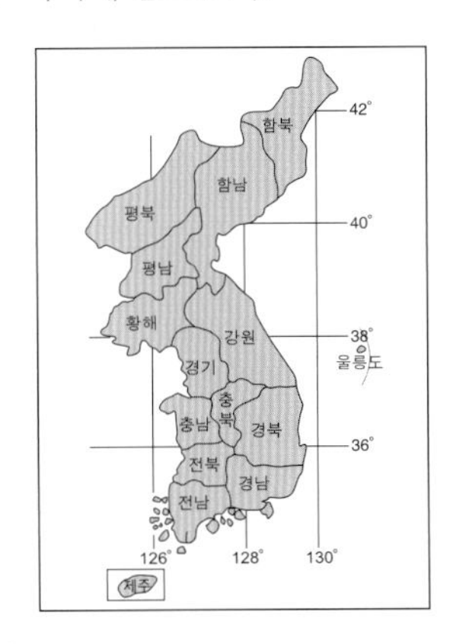

생태 / 초원성으로 전답 주변, 길가, 산지의 초지에 서식한다. 토끼풀, 싸리 등의 여러 꽃에서 흡밀하며, 수컷은 습기 있는 땅바닥에 앉아 물을 빨아 먹는다. 암컷은 식초 줄기의 잎이 나는 곳에 한 개씩 산란한다. 부화하여 나온 애벌레는 식초의 새싹, 꽃봉오리, 열매를 먹으며 성장한다. 애벌레로 월동한다.

식초 / 매듭풀, 갈퀴나물, 광릉갈퀴(콩과)

출현 시기 / 3월 하순~10월 〈연 3~4회 발생〉

변이 / 발생 시차에 따른 변이로 1화는 2~3화에 비해 날개 아랫면의 검은색 점이 작고 바탕색이 밝다. 여름 이후에 발생한 개체에 소형 개체(73d)가 많다. 암컷의 날개 윗면에 청람색 인분이 나타나는 개체(73g)가 간혹 있다. 또, 암컷 뒷날개 후각 부위에 붉은색 무늬가 없는 개체와 1~2개 있는 개체가 있다.

암수 구별 / 수컷은 날개 윗면의 색상이 청람색이나 암컷은 흑갈색이다.

74. 먹부전나비 *Tongeia fischeri* (Eversmann, 1843)

분포 / 제주도, 울릉도 등 도서 지방을 포함한 전국 각지에 널리 분포한다. 국외에는 시베리아, 몽고, 중국의 북부, 타이완, 사할린과 일본 등지에 분포한다.

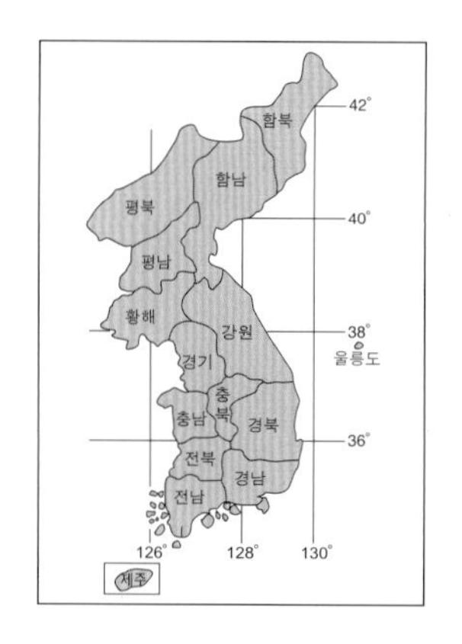

생태 / 마을, 들, 야산, 바닷가 제방 등의 초지에 서식한다. 개망초, 토끼풀, 싸리, 냉이 등의 꽃에서 흡밀하며, 수컷은 습기 있는 땅바닥에 앉아 물을 빨아먹는다. 암컷은 식초의 잎 아랫면에 한 개씩 산란한다. 애벌레는 식초의 잎이나 줄기를 파먹으며 성장한다. 애벌레로 월동한다.

식초 / 바위채송화, 땅채송화(돌나물과)

출현 시기 / 4~10월 〈연 3~4회 발생〉

변이 / 암수의 개체 간에는 앞날개 아랫면 검은색 점의 크기 차이와 점선의 간격, 뒷날개 아랫면의 붉은색 점의 발달 정도로 변이가 나타난다.

암수 구별 / 암컷은 수컷에 비해 날개 외연이 둥글고 날개 폭이 넓으나, 복부 끝을 비교해 보는 것이 정확하다.

75. 작은홍띠점박이푸른부전나비 *Scolitantides orion* (Pallas, 1771)

분포 / 제주도와 남부 해안 지역을 제외한 전국 각지에 분포한다. 국외에는 유럽 남부, 중앙 아시아, 중국, 아무르와 일본 등지에 분포한다.

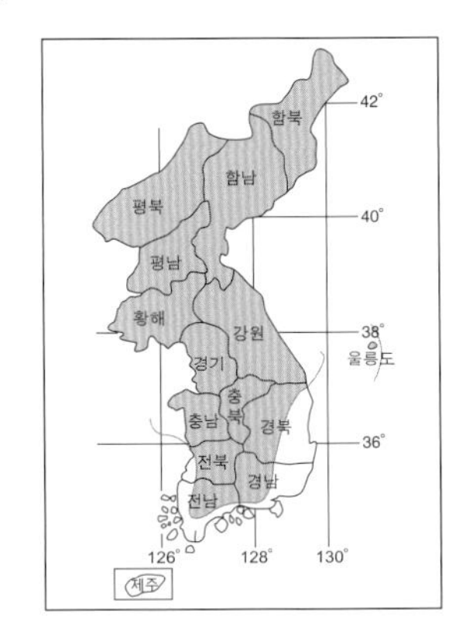

생태 / 초원성으로 산기슭, 하천변, 전답 주변 등의 초지에 서식한다. 짧은 거리를 빠르게 날아다니며 냉이, 토끼풀, 민들레 등의 꽃에서 흡밀한다. 수컷은 습기 있는 땅바닥에 앉아 물을 빨아먹는다. 암컷은 식초의 잎이나 꽃, 줄기에 한 개씩 산란한다. 번데기로 월동한다.

식초 / 돌나물, 기린초(돌나물과)

출현 시기 / 4월 중순~7월 〈연 2회 발생〉

변이 / 경상 북도 울릉도산 암수(75g, 75h)는 날개 윗면이 밝은 청람색으로 내륙 지역산의 흑갈색과 확연히 구별되며 약간 소형이다. 춘형(75a~75f)의 날개 윗면은 흑갈색에 청람색이 감도나 하형은 청람색이 없는 흑갈색이다. 춘형 중에는 날개 윗면의 중실 부분에 밝은 청람색 인분이 나타나는 개체(75f)가 간혹 있다. 개체 간에는 앞날개의 아랫면 검은색 점의 발달 정도(75b→75c→75d)로 변이가 나타난다.

암수 구별 / 암컷은 수컷에 비해 날개 외연이 둥글고 날개의 폭이 넓다.

×1.0

76. 큰홍띠점박이푸른부전나비 *Shijimiaeoides divina* (Fixsen, 1887)

분포 / 강원도, 경기도, 충청 북도, 경상 북도의 일부 지역에 국지적으로 분포한다. 국외에는 중국 동 · 북부와 일본에 분포한다.
〈분포 특기〉 충청 북도 옥천, 강원도 영월 등에 분포하는 희귀종이다.

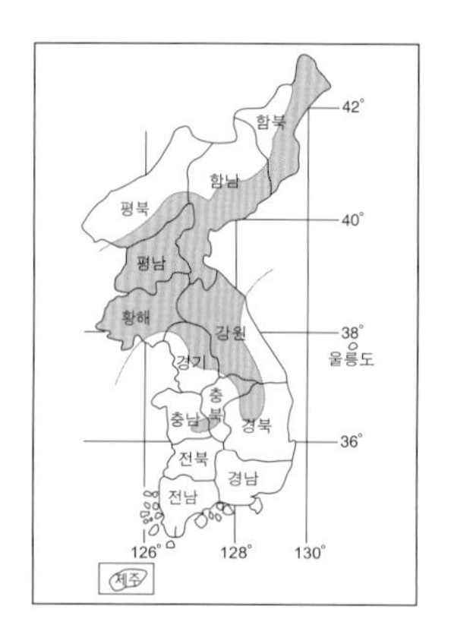

생태 / 강가나 계곡, 전답 주변의 초지에 서식한다. 빠르게 날아다니며 고삼, 엉겅퀴 등의 꽃에서 흡밀한다. 암컷은 식초의 꽃봉오리에 한 개씩 산란한다. 부화하여 나온 애벌레는 주로 꽃봉오리를 먹고 자란다. 번데기로 월동한다.

식초 / 고삼(콩과)

출현 시기 / 5월 중순~6월 〈연 1회 발생〉

변이 / 암수에서 앞날개와 뒷날개 윗면의 외연부에 나타나는 검은색 테의 폭 차이와 앞날개 아랫면 검은색 점의 발달 정도로 변이가 나타난다.

암수 구별 / 수컷은 날개 윗면 외연부의 검은색 테가 좁으나 암컷은 넓고, 앞날개와 뒷날개에 검은색 점이 여러 개 배열되어 있다.

77. 산꼬마부전나비 *Plebejus argus* (Linnaeus, 1758)

분포 / 제주도 한라산에 분포한다. 국외에는 북유라시아의 광범위한 지역에 분포한다.
〈분포 특기〉 제주도 한라산에만 분포하는 국지종이다.

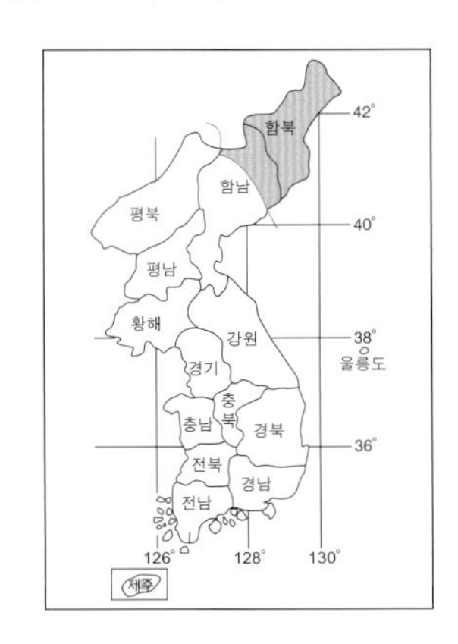

×1.0

생태 / 제주도의 한라산 1400m 이상의 관목림 초지에 서식한다. 가까운 거리를 연약하게 날아 옮겨다니며 꿀풀, 벌노랑이, 엉겅퀴 등의 꽃에서 흡밀한다. 수컷은 습기 있는 땅바닥에서 물을 빨아먹으며, 약하게 점유 행동을 한다.

식초 / 가시엉겅퀴(국화과)

출현 시기 / 7월 초순~8월 〈연 1회 발생〉

변이 / 수컷 중에는 날개 아랫면이 약간 흑화된 개체(77d)가 간혹 나타난다. 암컷 간에는 뒷날개 윗면의 아외연부에 붉은색 무늬가 없는 개체와 뒷날개에만 있는 개체, 앞날개 아외연부까지 나타나는 개체(77f) 등 여러 변이가 있다.

암수 구별 / 수컷의 날개 윗면은 청람색이나 암컷은 흑갈색이다.

【변이 해설】 동일종의 다양성(개체 변이)

변이는 생물의 기본 특징인데, 나비는 다른 동물에 비해 변이가 명료하게 나타난다고 볼 수 있다. 참산뱀눈나비 등은 날개 무늬의 변이가 심하여 개체마다 다른 느낌을 준다. 개체 변이는 나비의 색채, 무늬, 시형(翅型), 날개 크기 등에서 나타난다. 개체 변이의 원인은 외적인 환경 요인으로 알려졌다. 개체 변이는 유전적으로 고정되지 않으나 어느 나비에서 유독 변이가 다양하게 나타나는 것은 그 소인이 유전에 의한 것으로 볼 수 있다.

참산뱀눈나비 ♂ (강원 쌍룡)

78. 산부전나비 *Plebejus subsolanus* (Eversmann, 1851)

78a.♂ 강원 태백산

78b.♂ 강원 태백산

78c.♂㉵ 강원 태백산

78d.♂㉵ 강원 태백산

78e.♀ 강원 태백산

78f.♀㉵ 강원 태백산

78g.♀㉵ 강원 태백산

×1.0

분포 / 제주도 한라산과 강원도 태백산에 국지적으로 분포한다. 국외에는 알타이, 중국 동·북부, 아무르, 시베리아와 일본에 분포한다.
〈분포 특기〉 근래에 개체 수가 감소하여 현재는 전혀 관찰되지 않는 멸종 위기종이다.

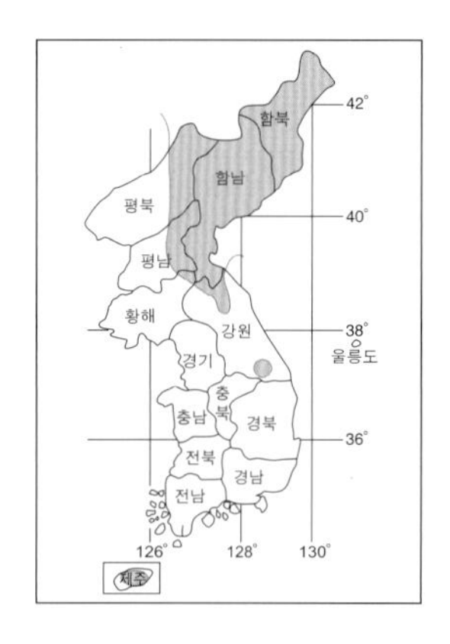

생태 / 산지의 계곡 주변 초지에 서식한다. 채광이 좋을 때 짧은 거리를 빠르게 날아 옮겨 다니며 토끼풀, 기린초, 개망초 등의 꽃에서 흡밀한다. 암컷은 식초의 뿌리 부근이나 마른 줄기에 한 개씩 산란한다. 알로 월동한다.

식초 / 갈퀴나물(콩과)

출현 시기 / 6월 하순~7월 〈연 1회 발생〉

변이 / 수컷에는 날개 윗면이 청람색인 개체가 대부분이나, 간혹 기부 근처만 청람색이고 날개 윗면 대부분이 흑갈색인 개체(78b)가 있다. 또, 뒷날개 아랫면의 검은색 점이 변형된 개체(78d, 78g)가 간혹 나타난다.

암수 구별 / 수컷은 날개 윗면이 청람색이나 암컷은 흑갈색이다.

*Plebejus*속과 *Lycaeides*속 2종의 동정

남방부전나비와 극남부전나비의 동정

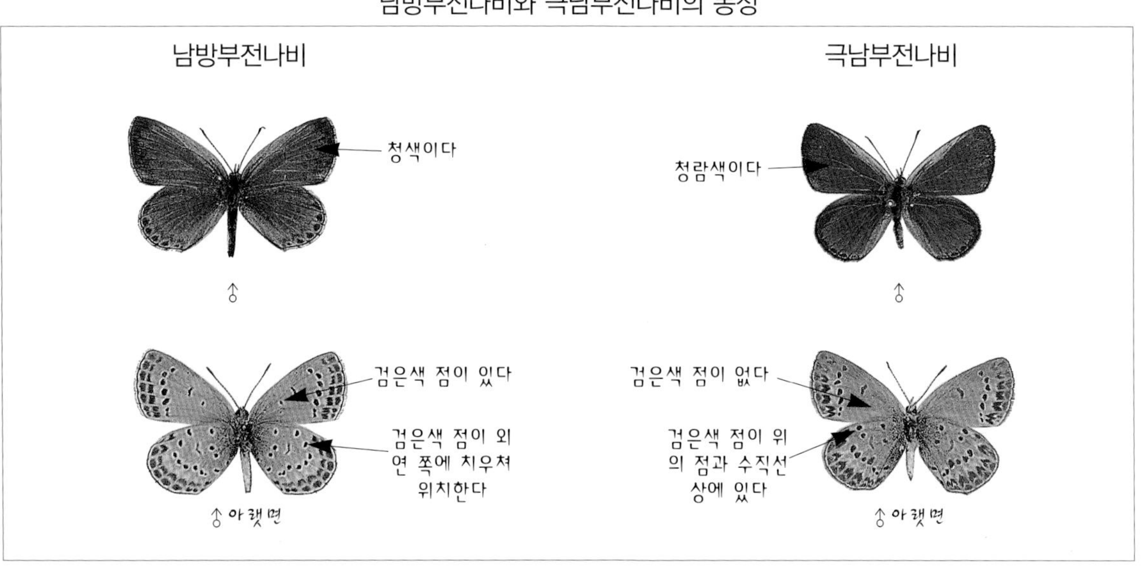

79. 부전나비 *Plebejus argyrognomon* (Bergsträsser, 1779)

분포 / 제주도를 제외한 전국 각지에 분포한다. 국외에는 중국 동·북부, 우수리, 아무르, 몽고, 일본과 북아메리카의 북부 지역에 분포한다.

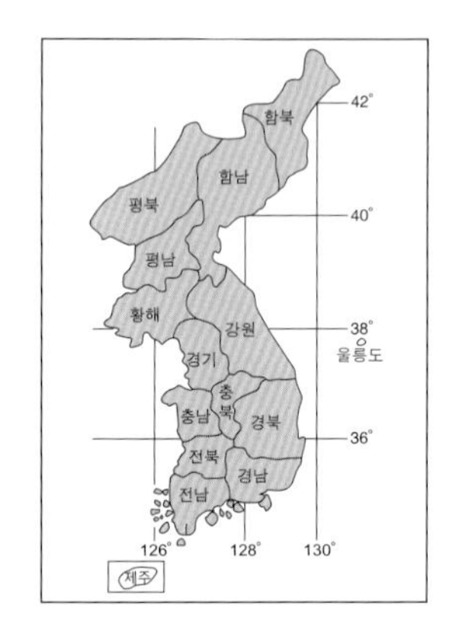

생태 / 초원성으로 전답 주변이나 저산 지대의 초지에 서식한다. 가까운 거리를 빠르게 옮겨다니며 개망초, 메밀, 갈퀴나물 등의 꽃에서 흡밀한다. 암컷은 식초의 꽃봉오리, 줄기 또는 주변의 마른 풀에 한 개씩 산란한다. 알로 월동한다.

식초 / 갈퀴나물(콩과)

출현 시기 / 5월 중순~10월 〈연 수 회 발생〉

변이 / 암컷은 앞날개와 뒷날개 윗면의 아외연부에 나타나는 붉은색 무늬의 발달 정도로 변이가 나타난다. 간혹 앞날개 아외연부에도 붉은색 무늬가 뚜렷하게 나타나는 개체(79f)가 있다.

암수 구별 / 수컷은 날개 윗면 색상이 청람색이나 암컷은 흑갈색이다.

80. 북방점박이푸른부전나비 *Maculinea kurentzovi Sibatani*, Saigusa & Hirowatari, 1994

×1.0

분포 / 강원도 일부 지역에 국지적으로 분포한다. 국외에는 극동 아시아에 분포한다.
〈분포 특기〉 근래에 개체 수가 감소하여, 현재는 전혀 관찰되지 않는 멸종 위기종이다.

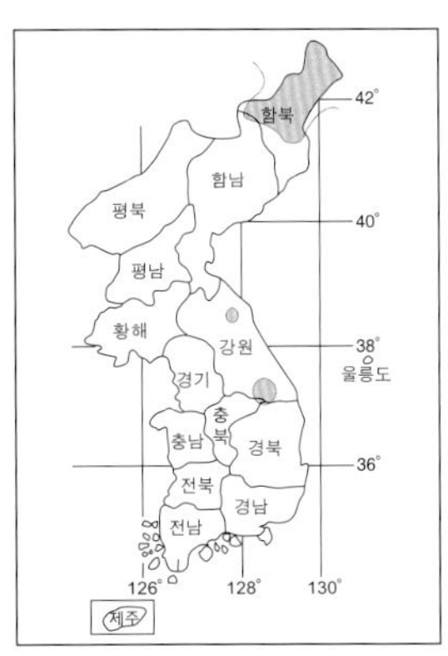

생태 / 산지의 능선 주변 채광이 좋은 초지에 서식한다. 한 낮부터 활발히 날아다니며 솔체꽃, 엉겅퀴, 오이풀 등의 꽃에서 흡밀한다. 이 나비의 생활사는 아직 밝혀지지 않았다.

식초 / 오이풀(장미과)

출현 시기 / 8월 초~9월 〈연 1회 발생〉

변이 / 특별한 변이는 없다.

암수 구별 / 암컷은 수컷에 비해 날개 외연이 둥글고 앞날개 윗면 중실의 청람색 부위가 좁다.

고운점박이푸른부전나비와 북방점박이푸른부전나비의 동정

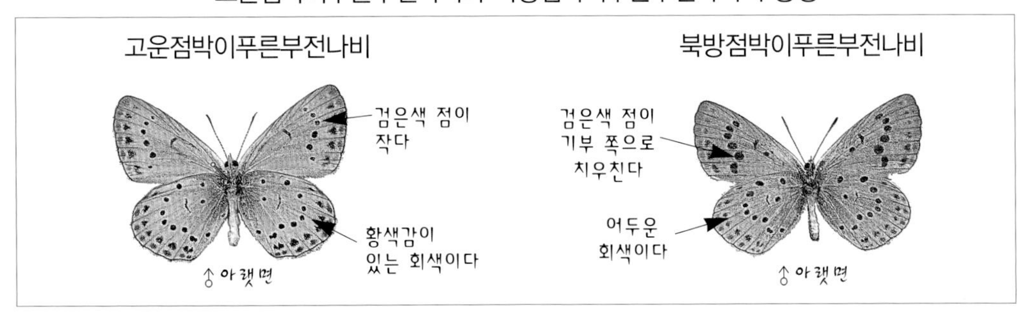

81. 고운점박이푸른부전나비 *Maculinea teleius* (Bergsträsser, 1779)

분포 / 경기도, 강원도, 경상도의 일부 지역에 국지적으로 분포한다. 국외에는 유라시아의 광범위한 지역에 분포한다.
〈분포 특기〉 근래에 개체 수가 감소하여, 현재는 멸종 위기종이다.

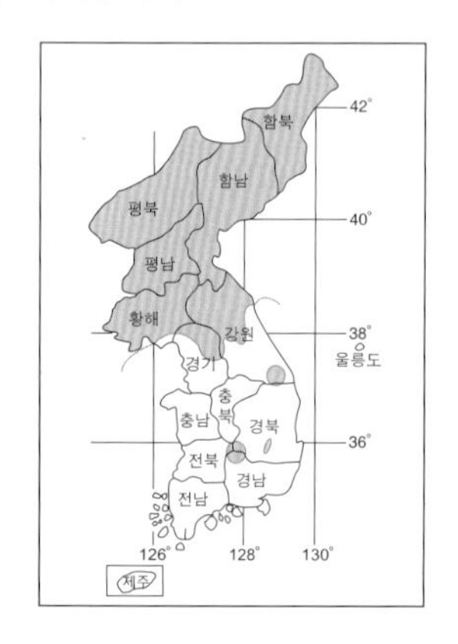

생태 / 야산이나 밭, 묘소 주변의 초지에 서식한다. 채광이 좋을 때 주로 활동하며, 오이풀, 엉겅퀴 등의 꽃에서 흡밀한다. 암컷은 식초의 꽃에 한 개씩 산란한다. 부화하여 나온 애벌레는 식초의 꽃을 먹고 자란 후 종령 애벌레가 되면 코토쿠뿔개미(*Myrmica Kotokui* Forel)에 의해 개미집으로 옮겨져 개미와 공생한다. 개미는 나비 애벌레의 분비물을 먹고 나비 애벌레는 개미 애벌레를 잡아먹는 것으로 알려져 있다. 애벌레로 월동한다.

식초 / 오이풀(장미과), 종령-개미와 공생

출현 시기 / 8월 초순~9월 〈연 1회 발생〉

변이 / 강원도 동 · 북부 지역산(81a, 81b) 중에는 날개 윗면에 검은색 인분이 발달하고, 외연부의 검은색 테가 현저히 넓어 타 지역산에 비해 어둡게 보이는 개체가 간혹 있는데, 그런 개체의 날개 아랫면은 황색감이 강하게 나타난다. 개체 간에는 앞날개와 뒷날개의 윗면에 배열된 검은색 점의 수와 배열에 따라 변이가 다양하게 나타난다.

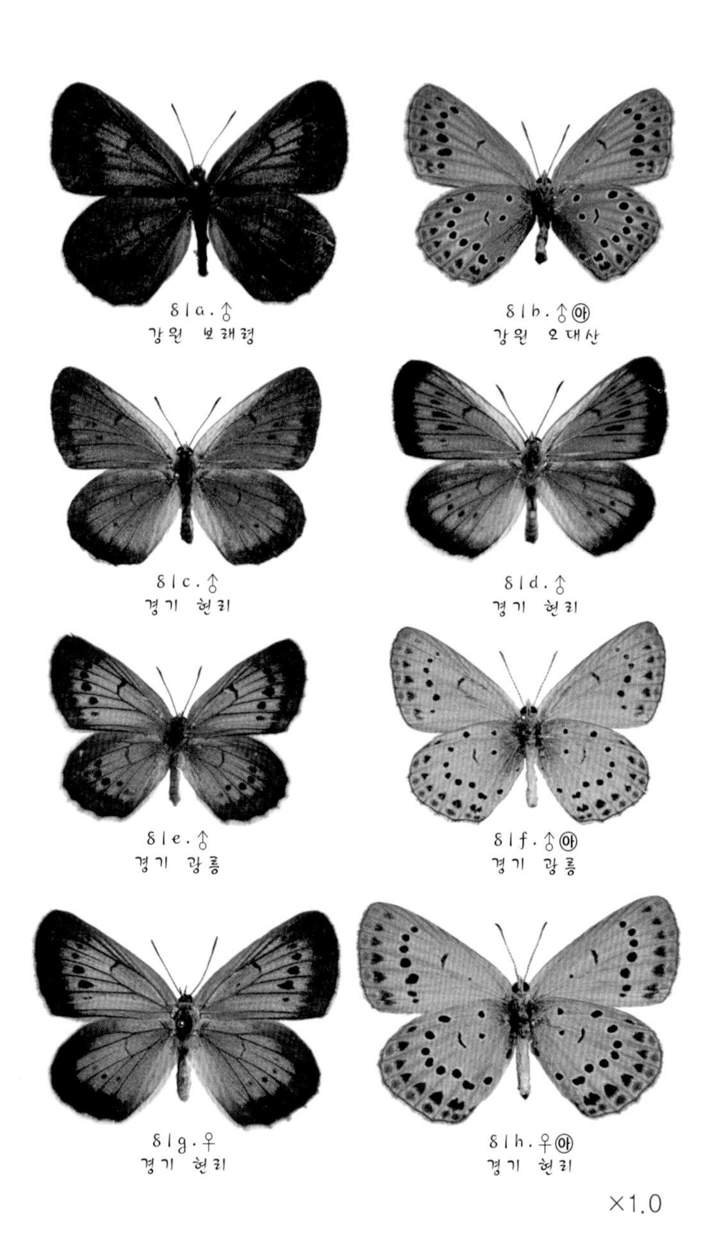

암수 구별 / 암컷은 수컷에 비해 날개 외연이 둥글고 날개 윗면과 아랫면의 검은색 점이 크게 나타난다.

82. 큰점박이푸른부전나비 *Maculinea arionides* (Staudinger, 1887)

분포 / 강원도와 전라도의 지리산에 국지적으로 분포한다. 국외에는 중국 동·북부, 우수리, 아무르와 일본에 분포한다.

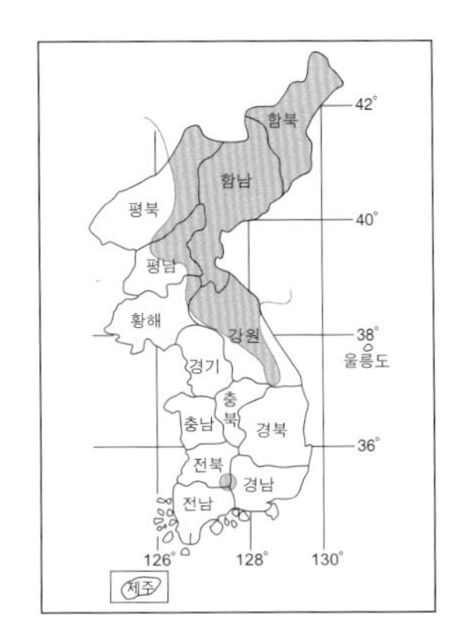

생태 / 산지의 능선과 계곡 주변의 잡목림 숲에 서식한다. 채광이 좋은 초지를 천천히 날아다니며 오이방풀, 방아풀 등의 꽃에서 흡밀한다. 암컷은 거북꼬리 등의 꽃대에 한 개씩 산란한다. 어린 애벌레는 식초의 꽃을 먹고 자란 후 4령 때 빗개미(*Myrmica ruginodis* (Nylander))에 의해 개미집으로 옮겨져 개미와 공생하며 성장한다. 애벌레는 밀선에서 분비되는 분비물을 개미에게 주고 개미의 애벌레를 잡아먹는 것으로 알려져 있다. 애벌레로 월동한다.

식초 / 어린 유충기–거북꼬리(쐐기풀과), 4령 이후–개미와 공생

출현 시기 / 7월 하순~9월 〈연 1회 발생〉

변이 / 수컷은 날개 윗면의 검은색 점 크기 차이에 따른 변이가 나타나며, 암컷은 앞날개 윗면의 흑화 정도에 따라 변이가 다양하게 나타난다. 암컷 중에는 날개 전체가 흑화된 개체(82g)도 간혹 있다.

×0.9

암수 구별 / 수컷은 날개 윗면이 청람색이나 암컷은 흑갈색이다.

네발나비과(Nymphalidae)

중 · 대형 나비로, 종에 따라 크기가 다양하다. 앞다리 한 쌍이 퇴화된 공통 특징으로 그 간에 뿔나비과, 왕나비과, 뱀눈나비과로 분류하던 나비들을 네발나비과의 아과로 분류하게 되었다. 많은 종류가 방화성을 나타내며, 오물이나 습기 있는 땅바닥에 잘 앉는다. 전세계에 13아과의 약 6000종이 분포한다. 남한에는 왕나비아과(Danainae)가 1종, 뿔나비아과(Lybytheinae)가 1종, 네발나비아과(Nymphalinae)가 67종, 뱀눈나비아과(Satyrinae)가 22종으로, 총 91종이 분포한다.

큰금계국꽃에서 흡밀하는 공작나비(♂)

바위에 앉아 햇빛을 쬐고 있는 홍줄나비(♀)

바위에 앉아 햇빛을 쬐고 있는 유리창나비(♀)

알

구형이나 원통형이며, 세로로 줄무늬가 있다. 암컷은 식초의 잎, 가지, 잎눈 등에 한 개나 여러 개씩 산란한다.

암끝검은표범나비

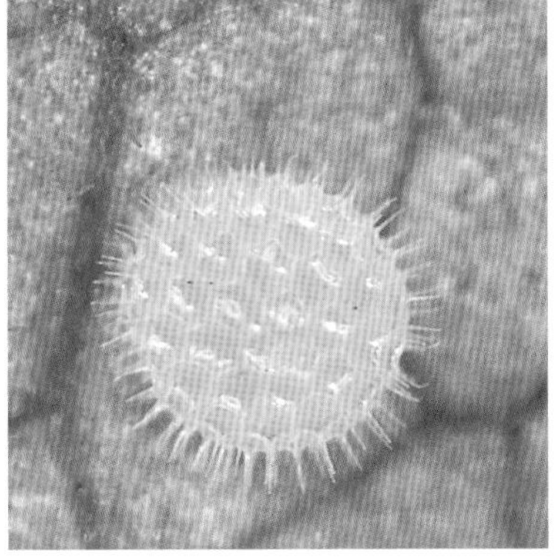

제이줄나비

홍점알락나비

애벌레

원통형으로 털이나 돌기가 있는 종류가 많으며 종에 따라 형태가 다양하다. 머리에 한 쌍의 두각(頭角)이 있는 종류가 많다.

유리창나비

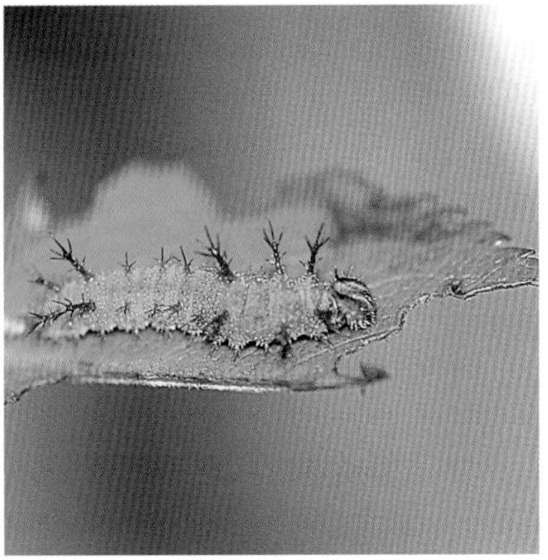

제이줄나비

먹그림나비

번데기

식수의 줄기, 잎이나 주위의 물체에서 용화하며 수용(垂蛹)이다. 종에 따라 여러 모양의 돌기가 있는데, 표범나비류의 돌기에서는 금속성의 광택이 난다.

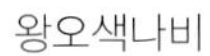

왕오색나비

암끝검은표범나비

먹그림나비

83. 뿔나비 *Libythea lepita* Moore, 1858

분포 / 도서 지방을 제외한 남한 각지에 분포한다. 국외에는 북아프리카, 남유럽, 중앙 아시아, 중국, 타이완과 일본 등지에 분포한다.

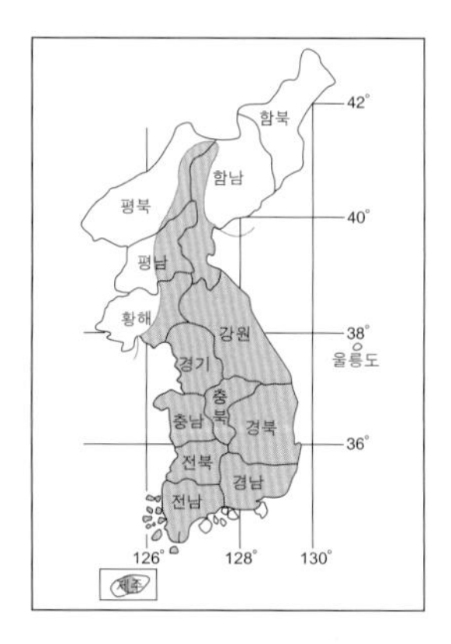

생태 / 산지의 계곡 주변 잡목림 숲에 서식한다. 수컷들은 습기 있는 땅바닥에 무리지어 앉아 물을 빨아먹는다. 한여름에 하면(夏眠)한 후 가을에 여러 꽃에서 흡밀한다. 월동한 성충은 봄에 식수의 어린 잎눈 아래에 여러 개씩 산란한다. 부화하여 나온 애벌레는 성장한 후 식수 주변의 여러 활엽수의 잎 아랫면에서 무리지어 용화한다.

식수 / 팽나무, 풍게나무(느릅나무과)

출현 시기 / 6~11월, 월동 후 3~5월 〈연 1회 발생〉

변이 / 암수에는 날개 윗면의 등황색 무늬가 발달한 개체가 있는데, 그 개체들 중에는 등황색 무늬 주위에 작은 점이 한 개 더 나타나는 개체(83b, 83e)도 있다.

암수 구별 / 암컷은 수컷에 비해 날개 윗면의 주황색 무늬가 발달한다. 또, 암컷의 뒷날개 아랫면은 암적색이고 수컷은 암갈색이다.

84. 봄어리표범나비 *Melitaea britomartis* Assmann, 1847

분포 / 도서 지방을 제외한 전국 각지에 분포한다. 국외에는 유라시아 대륙에 분포한다.
〈분포 특기〉 근래에 개체 수가 감소하는 종이다.

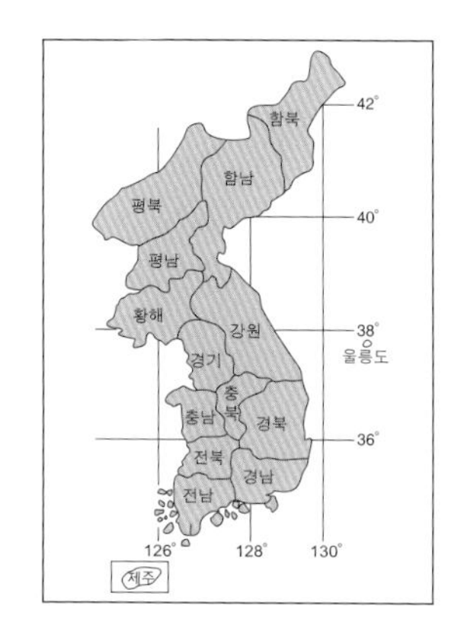

생태 / 산지의 숲 주변 초지에 서식한다. 활기차게 날아서 가까운 나뭇잎으로 옮겨 다니며 날개를 펴고 쉬고 있을 때가 많다. 토끼풀, 엉겅퀴, 털장대, 싸리 등의 꽃에서 몇 마리씩 무리지어 흡밀한다. 애벌레로 월동한다.

식초 / 질경이(질경이과)

출현 시기 / 5~6월 〈연 1회 발생〉

변이 / 개체 간에는 날개 윗면에 배열된 검은색 선의 굵기와 배열에 따라 황갈색 무늬의 모양과 크기가 조금씩 다르게 나타나는 변이가 있다.

암수 구별 / 암컷은 수컷에 비해 날개 외연이 둥근 모양이고, 날개의 폭이 넓으며, 날개 색상이 약간 어둡게 보인다.

×1.0

85. 여름어리표범나비 *Mellicta ambigua* (Ménétriès, 1859)

분포 / 도서 지방을 제외한 전국 각지에 분포한다. 국외에는 유라시아 대륙에 분포한다.
〈분포 특기〉 근래에 개체 수가 감소하는 종이다.

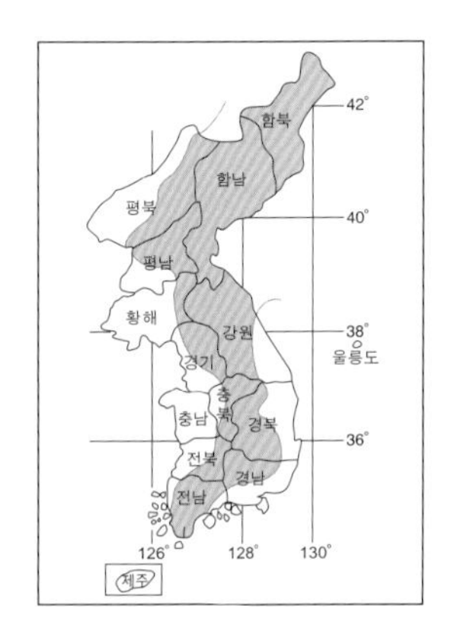

생태 / 산지의 숲 주변 초지에 서식한다. 숲 속을 빠르게 날아다니며, 개망초, 엉겅퀴 등의 꽃에서 날개를 펴고 흡밀한다. 수컷은 습기 있는 땅바닥에 앉아 물을 빨아먹는다. 애벌레로 월동한다.

식초 / 냉초(현삼과)

출현 시기 / 6~7월 〈연 1회 발생〉

변이 / 개체 간에는 날개 윗면의 검은색 선의 굵기와 배열에 따라 황갈색 무늬의 모양과 크기가 조금씩 다르게 나타나는 변이가 있다. 날개 아랫면의 은백색 무늬에도 다양한 변이가 나타난다.

암수 구별 / 암컷은 수컷에 비해 날개 외연이 둥근 모양이고, 날개의 폭이 넓다.

86. 담색어리표범나비 *Melitaea protomedia* Ménétriès, 1859

×1.0

분포 / 해안 지역을 제외한 전국 각지에 국지적으로 분포한다. 국외에는 유럽, 중국 동·북부, 우수리, 아무르와 일본 지역에 분포한다.

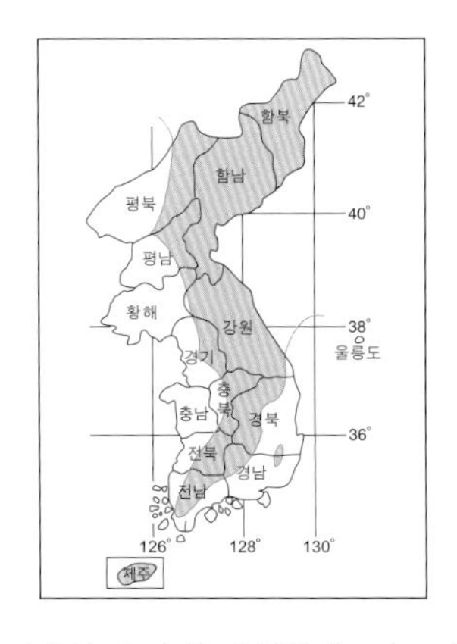

생태 / 저산 지대의 초지에 서식한다. 빠르게 날아다니며, 큰까치수영, 엉겅퀴, 개망초 등의 꽃에서 흡밀한다. 수컷은 습기 있는 땅바닥에 앉아 물을 빨아먹는다. 암컷은 식초의 잎 아랫면에 수십 개씩 산란한다. 애벌레로 월동한다.

식초 / 마타리(마타리과)

출현 시기 / 6~7월 〈연 1회 발생〉

변이 / 제주도산(86a, 86b)은 앞날개 중앙부가 황갈색으로, 타 지역의 흑갈색 개체에 비해 밝게 보인다. 그러나 뒷날개 아랫면(86c)은 타지역산보다 어둡게 보인다. 개체 간에는 날개 윗면에 배열된 검은색 선의 굵기와 배열 폭에 따라 황갈색 무늬의 모양, 크기가 조금씩 다르게 변이가 나타난다.

암수 구별 / 암컷은 수컷에 비해 날개 외연이 둥글고 날개 폭이 넓다.

87. 암어리표범나비 *Melitaea scotosia* Butler, 1878

분포 / 도서 지방을 제외한 전국 각지에 국지적으로 분포한다. 국외에는 중국 동·북부와 중부, 극동 러시아와 일본 지역에 분포한다.

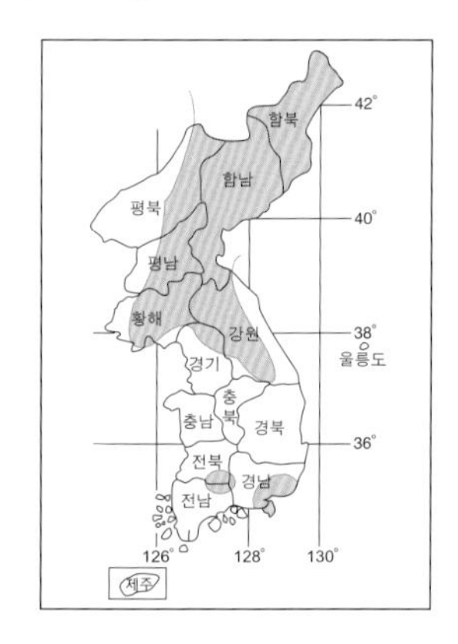

생태 / 산지의 관목림 숲에 서식한다. 조뱅이, 엉겅퀴, 참나리, 큰까치수영 등의 꽃에서 흡밀한다. 암컷은 식초의 잎 아랫면에 수십 개씩 산란한다. 부화하여 나온 애벌레는 토해 낸 실로 나뭇잎을 구부려 집을 만들어, 그 속에서 무리지어 생활하며 성장한다. 애벌레로 월동한다.

식초 / 산비장이, 수리취(국화과)

출현 시기 / 6~7월 〈연 1회 발생〉

변이 / 개체 간에는 날개 윗면의 흑갈색 선의 배열과 황갈색 무늬의 모양 차이로 변이가 나타난다. 수컷 중에는 앞날개와 뒷날개 윗면 외연의 검은색 선과 중실의 검은색 점 사이가 멀리 떨어져 황갈색 부위가 넓게 나타나는 개체(87c)가 간혹 나타난다. 암컷은 흑화 정도에 따라 변이가 나타나는데, 날개 윗면의 대부분이 흑화된 개체(87g)도 있다.

암수 구별 / 암컷은 날개 윗면이 흑화되며, 뒷날개 아랫면 아외연부에 검은색 점이 있으나 수컷에는 없다.

88. 금빛어리표범나비 *Euphydryas davidi* (Oberthür, 1861)

분포 / 경기도, 강원도, 경상 북도의 일부 지역에 국지적으로 분포한다. 국외에는 유라시아 대륙에 분포한다.

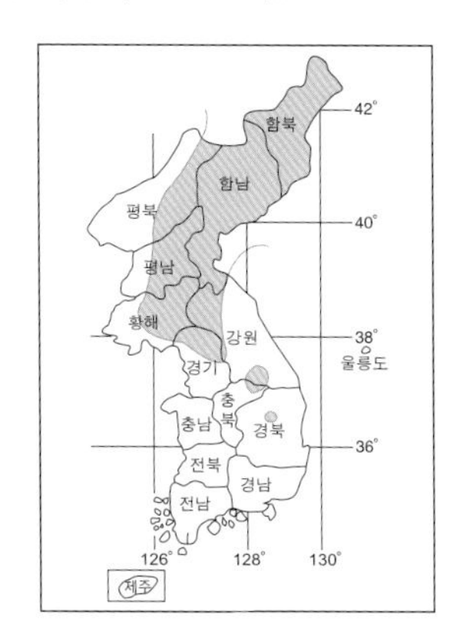

×1.0

생태 / 산지의 경사면과 능선의 초지에 서식한다. 채광이 좋을 때 민첩하게 짧은 거리를 날아다니며 엉겅퀴, 덤불조팝나무 등의 꽃에서 흡밀한다. 암컷은 식초의 잎 아랫면에 수십 개씩 산란한다. 부화하여 나온 애벌레는 토해 낸 실로 잎을 엮어 그 속에서 무리지어 생활하며 성장한다. 애벌레로 월동한다.

식초 / 솔체꽃(산토끼과), 인동(인동과)

출현 시기 / 5월 중순~6월 중순 〈연 1회 발생〉

변이 / 개체 간에는 날개 윗면에 배열된 검은색 선의 굵기와 배열 폭에 따라 황갈색 무늬의 모양과 크기가 다르게 나타나는 변이가 나타난다. 또, 뒷날개 윗면의 중앙부와 외연 사이의 황갈색 부위가 좁은 개체와 넓게 발달한 개체(88d, 88g) 등 다양한 변이가 나타난다.

암수 구별 / 암컷은 수컷에 비해 날개의 외연이 둥글고 날개의 폭이 넓으나, 복부 끝의 모양을 비교해 보는 것이 정확하다.

89. 작은은점선표범나비 *Clossiana perryi* (Butler, 1882)

분포 / 도서 지방과 남해안 지역을 제외한 전국 각지에 분포한다. 국외에는 중국과 극동 러시아 지역에 분포한다.

생태 / 저산 지대의 공지나 묘소 주변, 하천의 둑 등의 초지에 서식한다. 개망초, 미나리아재비, 타래난초 등의 꽃에서 흡밀한다. 암컷은 식초 주변의 마른 풀과 줄기에 한 개씩 산란한다. 부화하여 나온 애벌레는 성장한 후 바위틈 등에서 용화한다. 번데기로 월동한다.

식초 / 졸방제비꽃(제비꽃과)

출현 시기 / 4월 초순~10월 중순 〈연 3회 발생〉

변이 / 개체 간에는 날개 윗면의 검은색 점의 크기와 배열 차이로 변이가 나타난다. 암수 중에는 날개 윗면의 중앙부에서 기부까지 검은색 점이 밀집된 개체(89c, 89g)가 간혹 나타난다.

암수 구별 / 암컷은 수컷에 비해 날개의 폭이 넓고, 날개의 외연이 둥근 모양이다.

×1.0

90. 큰은점선표범나비 *Clossiana oscarus* (Eversmann, 1844)

분포 / 경기도, 강원도, 경상도와 전라 북도 일부 지역에 국지적으로 분포한다. 국외에는 시베리아, 중국 동·북부, 아무르, 우수리와 사할린 지역에 분포한다.

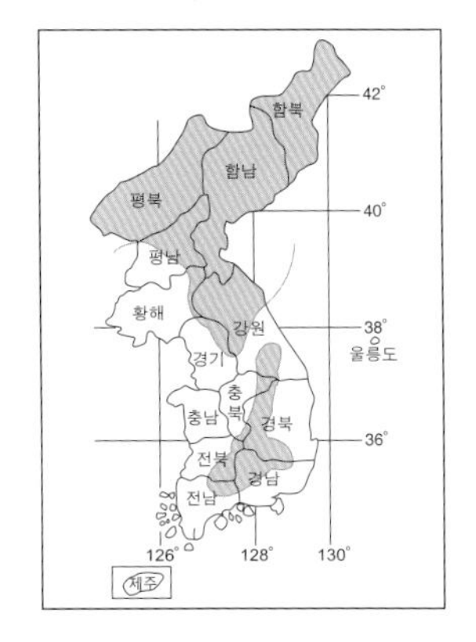

×1.0

생태 / 산지의 능선 주변 초지에 서식한다. 한낮에 민첩하게 날아다니며 민들레, 개망초, 엉겅퀴 등의 꽃에서 흡밀한다. 수컷은 습기 있는 땅바닥에 잘 앉으며, 나뭇잎이나 꽃에 날개를 펴고 쉬는 습성이 있다. 번데기로 월동한다.

식초 / 각종 제비꽃(제비꽃과)

출현 시기 / 5월 하순~6월 〈연 1회 발생〉

변이 / 개체 간에는 날개 윗면 검은색 점의 크기와 배열 차이로 다양하게 변이가 나타난다. 암수에서 날개 윗면 중앙부에서 기부까지 검은색 점이 밀집된 개체(90c, 90g)가 간혹 나타난다.

암수 구별 / 암컷은 수컷에 비해 날개의 폭이 넓으며, 날개의 외연이 둥근 모양이다.

*Mellicta*속 2종과 *Melitaea*속 1종의 동정

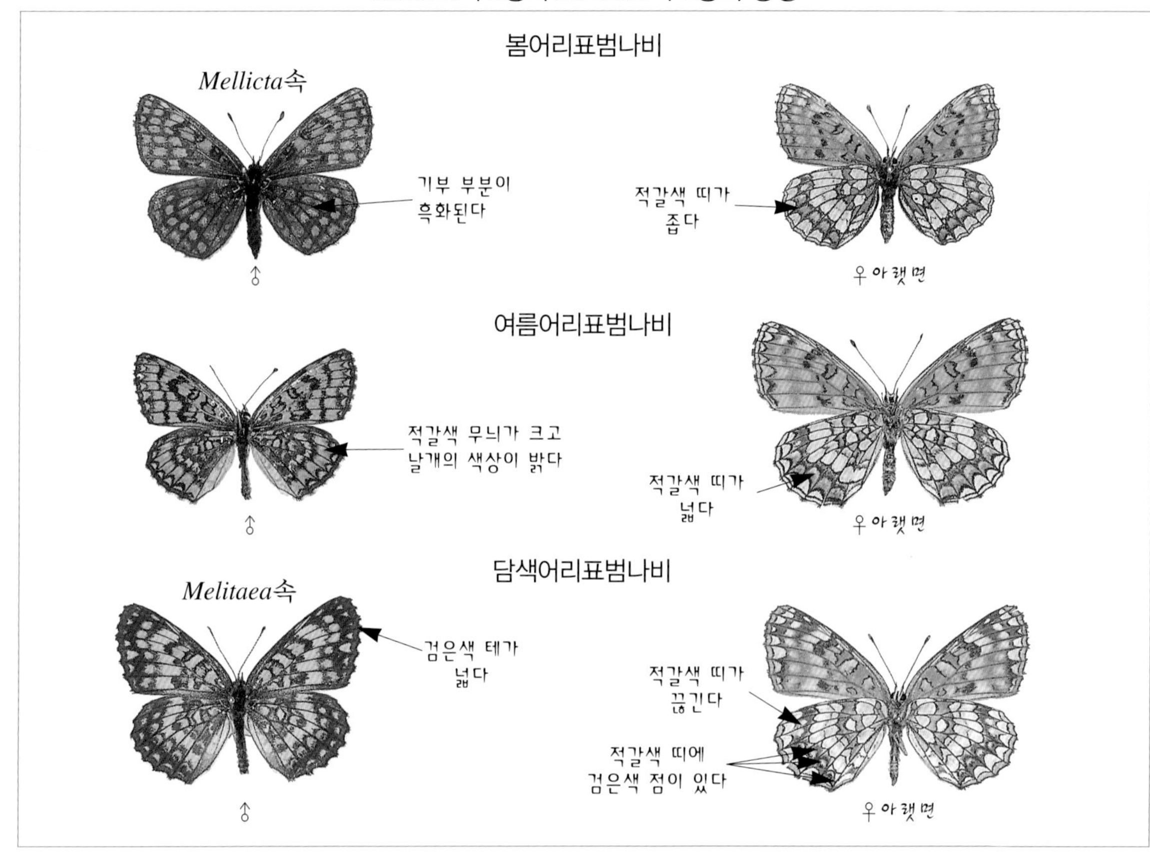

*Clossiana*속 2종의 동정

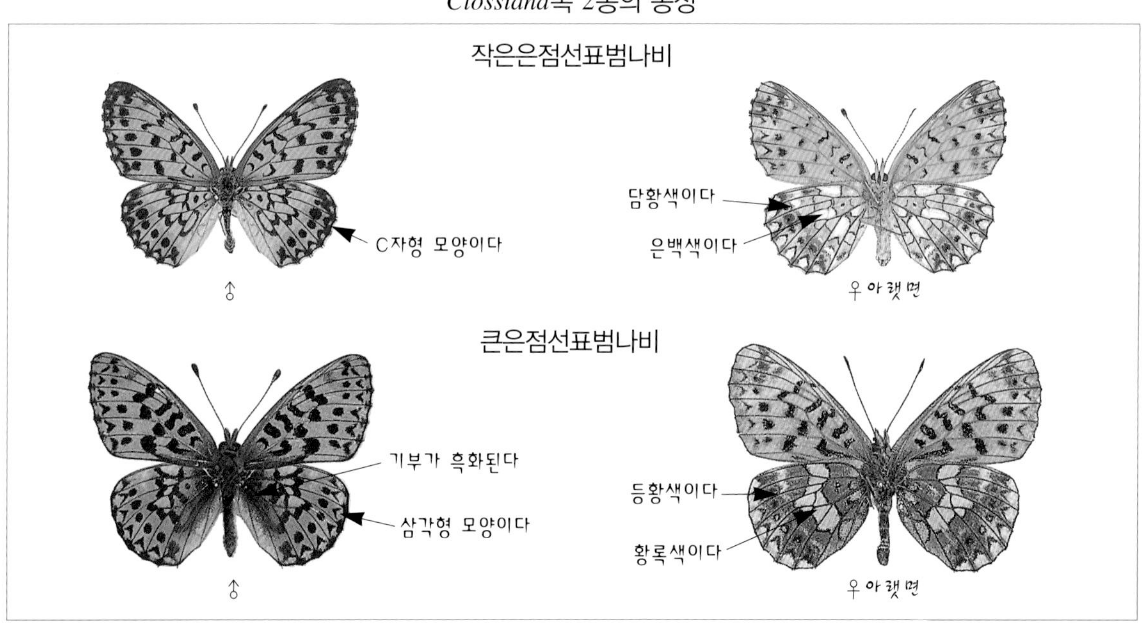

91. 산꼬마표범나비 *Boloria thore* (Hübner, 1804)

분포 / 강원도의 일부 지역에 국지적으로 분포한다. 국외에는 유라시아 북부 지역에 광범위하게 분포한다.

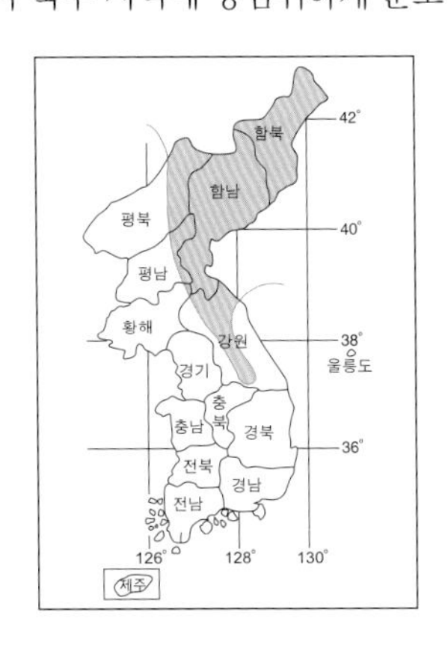

생태 / 산지의 계곡 주변 초지에 서식한다. 양지바른 곳의 나뭇잎에 앉아 햇볕을 쬐거나 엉겅퀴 등의 꽃에서 날개를 펴고 흡밀한다. 암컷은 식초 주변의 마른 풀에 한 개씩 산란한다. 번데기로 월동한다.

식초 / 졸방제비꽃(제비꽃과)

출현 시기 / 5월 하순~6월 〈연 1회 발생〉

변이 / 수컷 간에는 날개 기부의 흑화 정도(91a→91b)로 변이가 나타난다.

암수 구별 / 암컷은 수컷에 비해 날개의 폭이 넓고, 날개의 외연이 둥근 모양이다.

92. 작은표범나비 *Brenthis ino* (Rottemburg, 1775)

분포 / 경기도, 강원도, 충청 북도와 경상 북도 일부 지역에 국지적으로 분포한다. 국외에는 유라시아 대륙 북부에 분포한다.

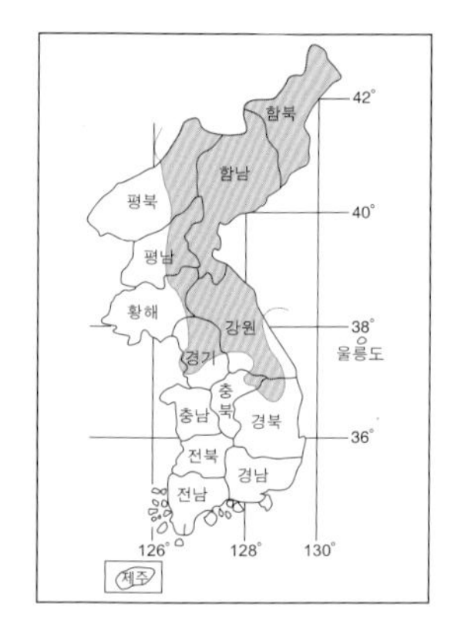

생태 / 산지의 계곡 주변 초지에 서식한다. 아침 나절에는 주로 나뭇잎에 앉아 쉬다가 기온이 높아지면 쥐똥나무, 기린초, 엉겅퀴 등의 꽃으로 옮겨 다니며 흡밀한다. 암컷은 식초의 잎 아랫면에 한 개씩 산란한다. 애벌레로 월동한다.

식초 / 터리풀, 오이풀(장미과)

출현 시기 / 6~8월 〈연 1회 발생〉

변이 / 태백산, 계방산 등 강원도 동·북부 지역산은 중부 지역산에 비해 개체의 크기가 작으며, 암컷 간에는 흑화 정도(92c→92d)로 변이가 나타난다. 개체 간에는 날개 윗면 검은색 점의 크기와 배열 차이로 변이가 나타나는데 수컷 중에는 검은색 점이 기부에 밀집된 개체(92e)가 간혹 있다.

암수 구별 / 암컷은 수컷에 비해 날개의 폭이 넓고, 날개의 외연이 둥근 모양이다.

×0.8

93. 큰표범나비 *Brenthis daphne* Bergsträsser, 1780

분포 / 도서 지방과 해안 지역을 제외한 전국 각지에 국지적으로 분포한다. 국외에는 유라시아 대륙 북부에 광범위하게 분포한다.

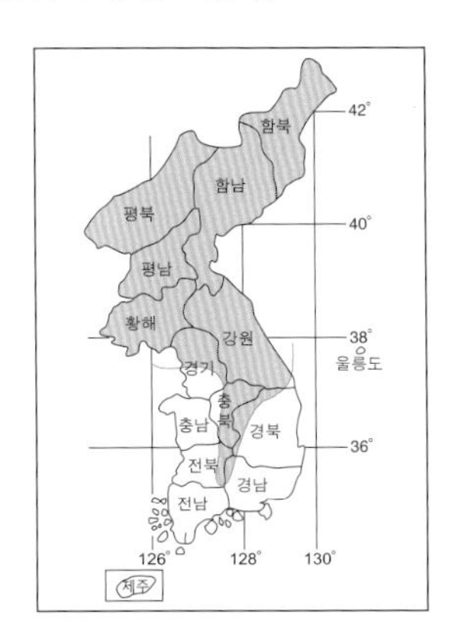

생태 / 저산 지대의 묘소, 산길 주변 등의 초지에 서식한다. 엉겅퀴, 조뱅이, 개망초 등의 꽃에서 날개를 펴고 앉아 흡밀한다. 수컷은 습기 있는 땅바닥에 잘 내려앉는다. 암컷은 식초 잎 아랫면에 한 개씩 산란한다. 애벌레로 마른 풀이나 바위틈 등에서 월동한다.

식초 / 터리풀, 오이풀(장미과)

출현 시기 / 6~8월 〈연 1회 발생〉

변이 / 개체 간에는 날개 윗면의 검은색 점의 크기와 배열에 따라 변이가 나타난다. 수컷의 뒷날개 아랫면 아외연부의 원형 무늬가 짙은 검은색인 개체(93d)가 간혹 있으며, 암컷의 날개 윗면이 약간 흑화된 개체(94f)가 있다.

암수 구별 / 암컷은 수컷에 비해 날개의 폭이 넓으며, 날개 외연이 둥근 모양이다.

94. 흰줄표범나비 *Argyronome laodice* (Pallas, 1771)

분포 / 제주도를 포함한 전국 각지에 널리 분포한다. 국외에는 유라시아 대륙에 광범위하게 분포한다.

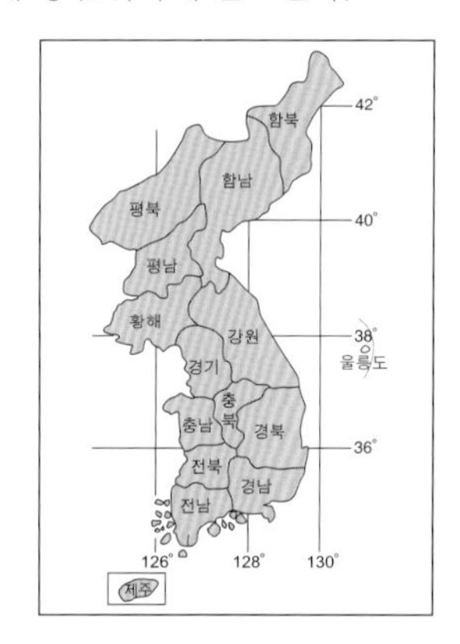

생태 / 산지의 숲 주변 초지에 서식한다. 짐승이나 새의 배설물에 잘 모이며, 엉겅퀴, 개망초, 큰까치수영, 메밀 등의 꽃에서 흡밀한다. 하면(夏眠)을 한 후에 암컷은 식초 주변의 마른 풀에 한 개씩 산란한다. 애벌레로 월동한다.

식초 / 각종 제비꽃(제비꽃과)

출현 시기 / 6월 중순~9월 〈연 1회 발생〉

변이 / 강원도 동 · 북부 지역산(94a, 94b)은 중부 지역산에 비해 소형이다. 제주도산(94g, 94h)은 뒷날개 아랫면 아외연부의 적갈색 색조가 타 지역산에 비해 짙으며, 앞날개 아랫면 중앙부에서 날개 끝 쪽으로 배열된 흰색 점도 크고 명료하게 발달한다. 개체 간에는 날개 윗면 검은색 점의 크기와 배열에 따라 변이가 나타난다.

암수 구별 / 수컷은 앞날개 윗면 제1, 2맥에 검은색 선으로 된 성표가 있다.

×0.7

95. 큰흰줄표범나비 *Argyronome ruslana* Motschulsky, 1886

×0.7

분포 / 도서 지방을 제외한 전국 각지에 분포한다. 국외에는 중국 동·북부, 아무르, 연해주, 사할린과 일본 지역에 분포한다.

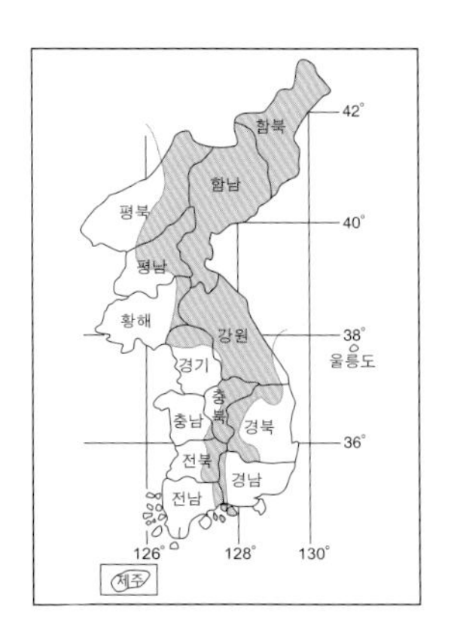

생태 / 산지의 능선 주변 초지에 서식한다. 활기차게 날아다니며 엉겅퀴, 쑥부쟁이, 큰까치수영 등의 꽃에서 흡밀한다. 수컷은 습기 있는 땅바닥에 앉아 물을 빨아먹는다. 하면을 한 후에 암컷은 식초 주변의 마른 풀에 한 개씩 산란한다. 애벌레로 월동한다.

식초 / 각종 제비꽃(제비꽃과)

출현 시기 / 6월 중순~9월 〈연 1회 발생〉

변이 / 개체 간에는 날개 윗면 검은색 점의 크기와 배열에 따라 변이가 나타나는데, 암컷 중에는 날개 윗면의 검은색 점이 크게 발달한 개체(95d)가 있다.

암수 구별 / 수컷은 앞날개 윗면의 제1b, 2, 3맥에 검은색 선으로 된 성표가 있으며, 암컷은 앞날개 날개 끝에 삼각형의 흰색 점이 있다.

*Brenthis*속 2종의 동정

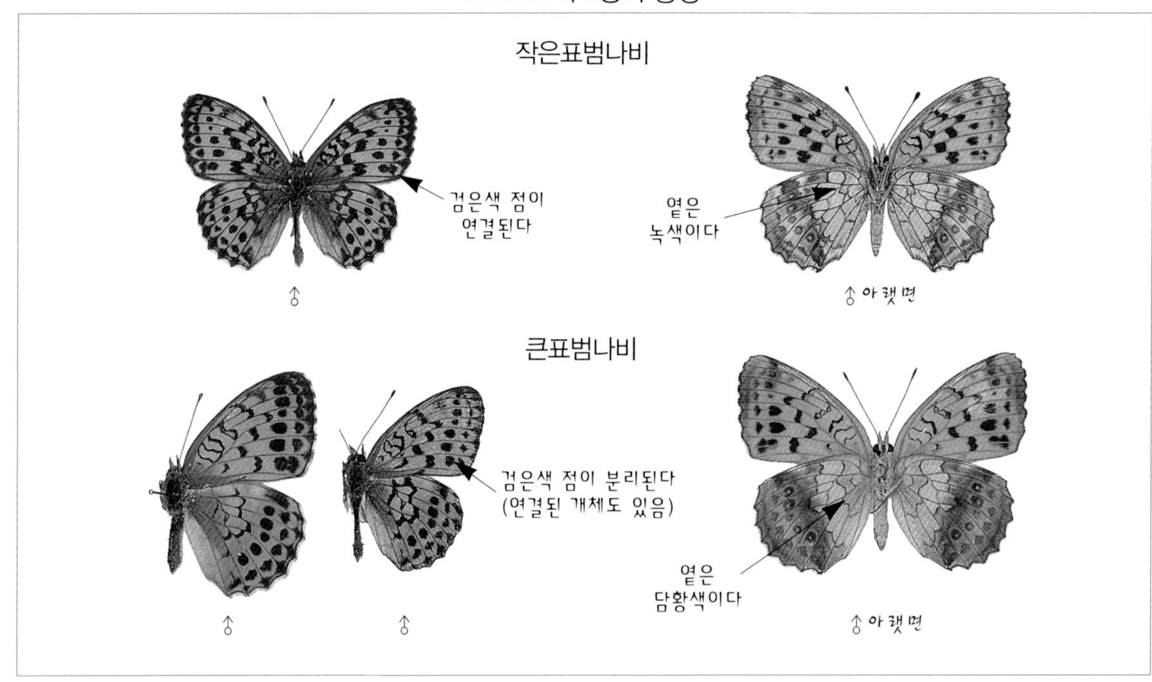

*Argyronome*속 2종의 동정

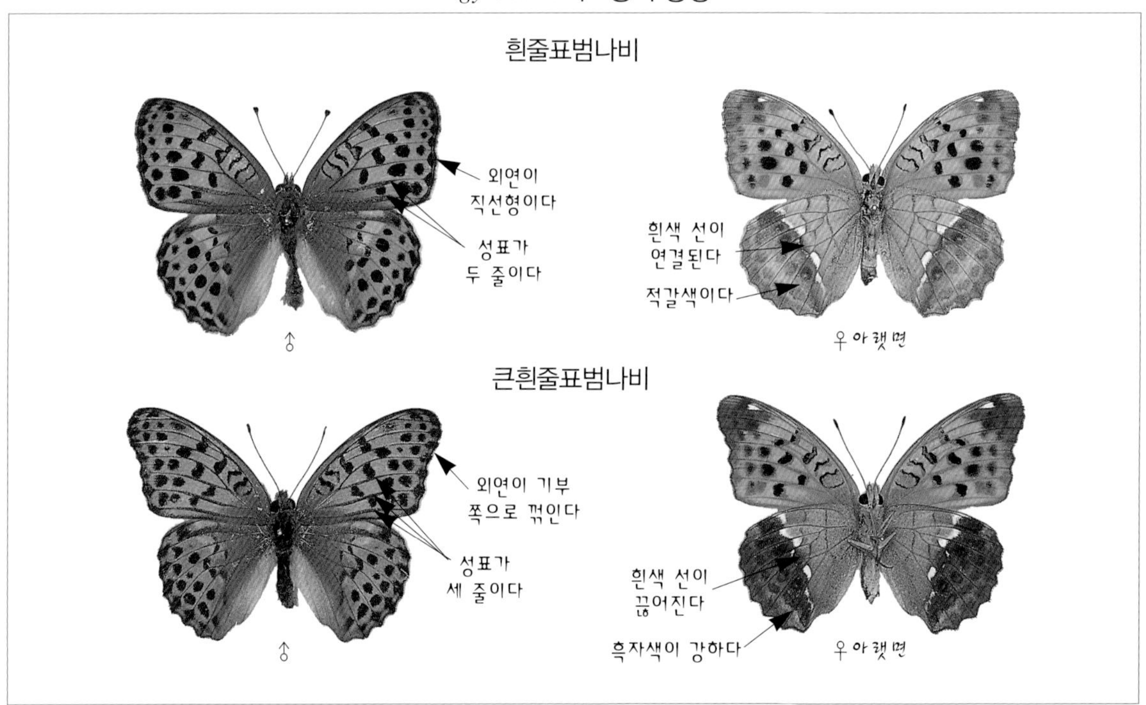

96. 구름표범나비 *Argynnis anadiomene* (C. & R. Felder, 1862)

×0.8

분포 / 제주도와 남부 해안 일부 지역을 제외한 전국 각지에 분포한다. 국외에는 중국, 아무르와 일본 지역에 분포한다.

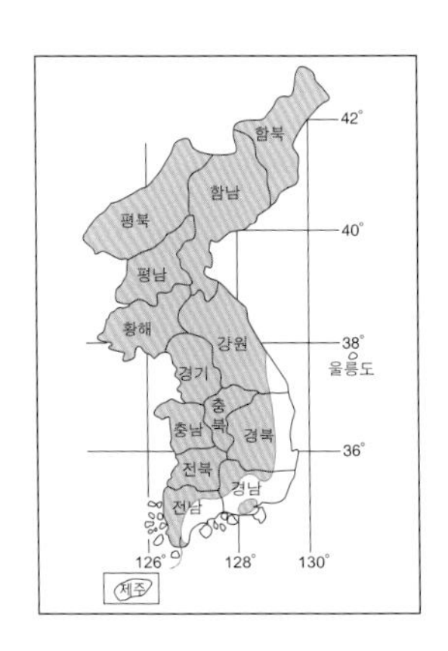

생태 / 산지의 숲 주변 채광이 좋은 초지에 서식한다. 엉겅퀴, 토끼풀, 개망초 등의 꽃에서 흡밀하며, 수컷은 습기 있는 땅바닥에 잘 앉는다. 한여름에 하면을 한 후 암컷은 식초나 주변의 물체에 한 개씩 산란한다. 애벌레로 월동한다.

식초 / 각종 제비꽃(제비꽃과)

출현 시기 / 5월 하순~9월 〈연 1회 발생〉

변이 / 개체 간에는 날개 윗면 검은색 점의 크기 차이로 약간의 변이가 나타난다.

암수 구별 / 수컷은 앞날개 윗면 제2맥에 검은색 선으로 된 성표가 있다.

97. 암검은표범나비 *Damora sagana* (Doubleday, 1847)

분포 / 제주도 등 도서 지방을 포함한 전국 각지에 널리 분포한다. 국외에는 히말라야, 서시베리아, 중국과 일본 지역에 분포한다.

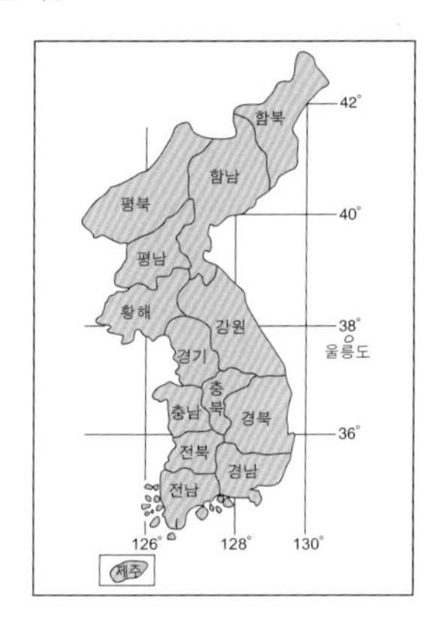

생태 / 산지와 주변의 초지에 서식한다. 활기차게 날아다니며 산초나무, 큰까치수영, 메밀 등의 꽃에서 흡밀한다. 한여름에 하면을 한 후 암컷은 식초 주변의 나무 줄기에 한 개씩 산란한다. 애벌레로 월동한다.

식초 / 각종 제비꽃(제비꽃과)

출현 시기 / 6월 중순~9월 〈연 1회 발생〉

변이 / 서해안 도서 지방산은 내륙 지역산과 제주도산에 비해 암컷 뒷날개 윗면 흰색 띠의 폭과 모양 차이로 현저한 지역적 변이가 나타난다. 수컷 간에는 날개 윗면의 검은색 점의 배열에 따라 다양하게 변이가 나타난다.

암수 구별 / 수컷의 날개 윗면은 황갈색이나 암컷은 흑갈색이다.

암검은표범나비의 지역 변이

	내륙 지역산	서해 도서 지방산	제주도산
암컷의 날개 윗면 색상	암갈색이다	암갈색이다	청람색을 띠는 암갈색이다
암컷의 뒷날개 윗면 아외연부의 흰색 점 모양	역삼각형 흰색 점이 작다	역삼각형 흰색 점이 작다	역삼각형 흰색 점이 크다
암컷 뒷날개의 흰색 띠 모양	좁고 굴곡이 없으며 폭이 일정하다	좁고 굴곡이 있으며 폭이 일정하다	넓고 굴곡이 없으며 내연 쪽에서 더 넓어진다 〈예외 있음〉

비고▶ 해안과 인접한 내륙 지역에는 서해 도서 지방산의 특징을 가진 개체가 드물게 나타나나, 서해 도서 지방산에는 내륙 지역산의 특징을 가진 개체가 거의 없다.

【변이 해설】 지역 변이

지역 변이는 동일종의 나비가 오랫동안 지리적으로 격리되어 나타난다. 위도, 고도의 차이가 큰 곳에 격리되어 분포하는 경우, 그 환경에서 특성화된 형질이 유전적으로 고정되어 나타난다. 분포지 차이에 따른 식초의 종류와 기후의 차이 등에 영향을 받는 것으로 알려져 있다. 우리 나라는 위도 차이가 크지 않아 지역 변이가 적은 편이다. 지역 변이는 나비의 크기, 날개의 무늬와 선의 크기와 폭, 색상 등의 차이로 나타난다.

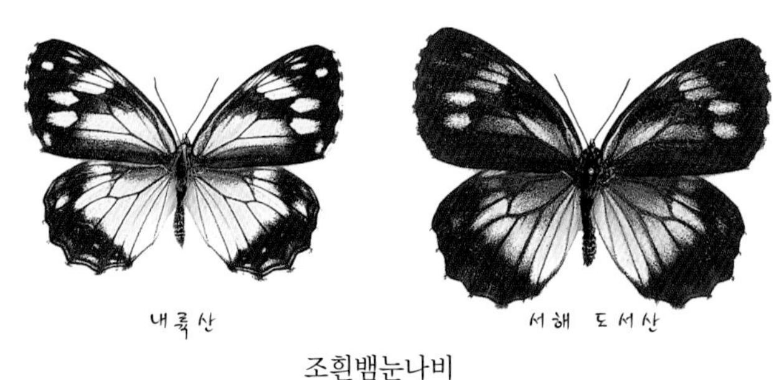

조흰뱀눈나비

암검은표범나비의 변이

내륙 지역산

97a.♂
경기 고령산

97b.♀
경기 고령산

97c.♀㉮
경기 고령산

서해 도서 지방산

97d.♂
경기 이작도

97e.♀
경기 이작도

97f.♀㉮
경기 이작도

제주도산

97g.♂㉮
제주 서귀포

97h.♀
제주 서귀포

97i.♀㉮
제주 서귀포

×0.8

98. 은줄표범나비 *Argynnis paphia* (Linnaeus, 1758)

ssp. *geisha* Hemming, 1906 (내륙 지역산)

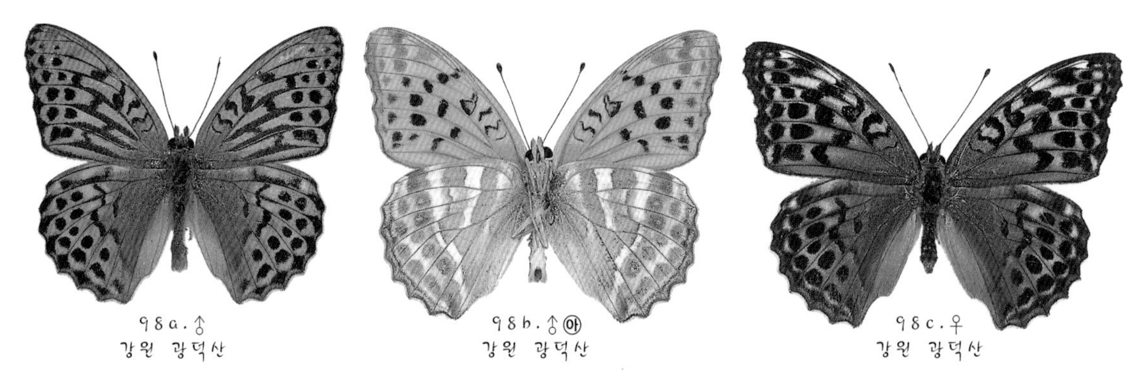

ssp. *jejudoensis* Okano et Pak, 1968 (제주도산)

×0.7

분포 / 도서 지방을 포함한 전국 각지에 널리 분포한다. 국외에는 북아프리카와 유라시아 대륙에 분포한다.

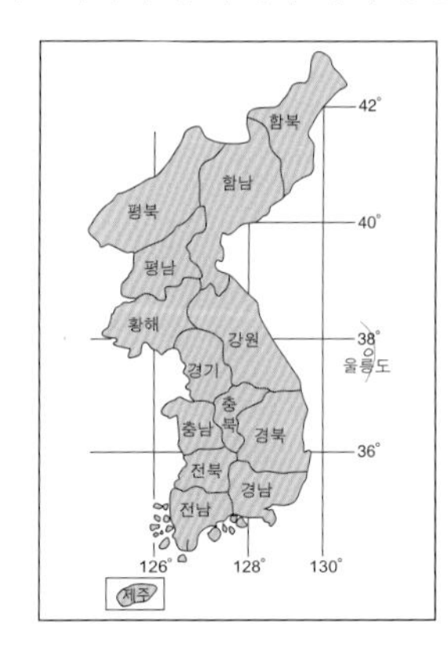

생태 / 산지와 주변의 초지에 서식한다. 빠르게 날아다니며 엉겅퀴, 큰까치수영 등의 꽃에서 흡밀한다. 수컷은 습기 있는 땅바닥에 잘 앉는다. 한여름에 하면을 한 후 암컷은 식초 주변의 나무 줄기에 한 개씩 산란한다. 애벌레로 월동한다.

식초 / 각종 제비꽃(제비꽃과)

출현 시기 / 6~9월 〈연 1회 발생〉

변이 / 제주도산 ssp. *jejudoensis* Okano et Pak, 1968 (98d~98f)의 수컷의 뒷날개 아랫면은 내륙 지역산에 비해 금속성 광택이 강하게 나타난다. 또, 암수 모두 흰색 선의 폭이 좁고 앞날개 아랫면 날개 끝의 암녹색이 짙게 나타난다. 내륙산 암컷 중에는 날개 윗면이 흑화된 개체(98c)가 간혹 나타난다.

암수 구별 / 수컷은 앞날개 윗면의 제1b~4맥에 검은색 선으로 된 성표가 있다.

99. 산은줄표범나비 *Childrena zenobia* (Leech, 1890)

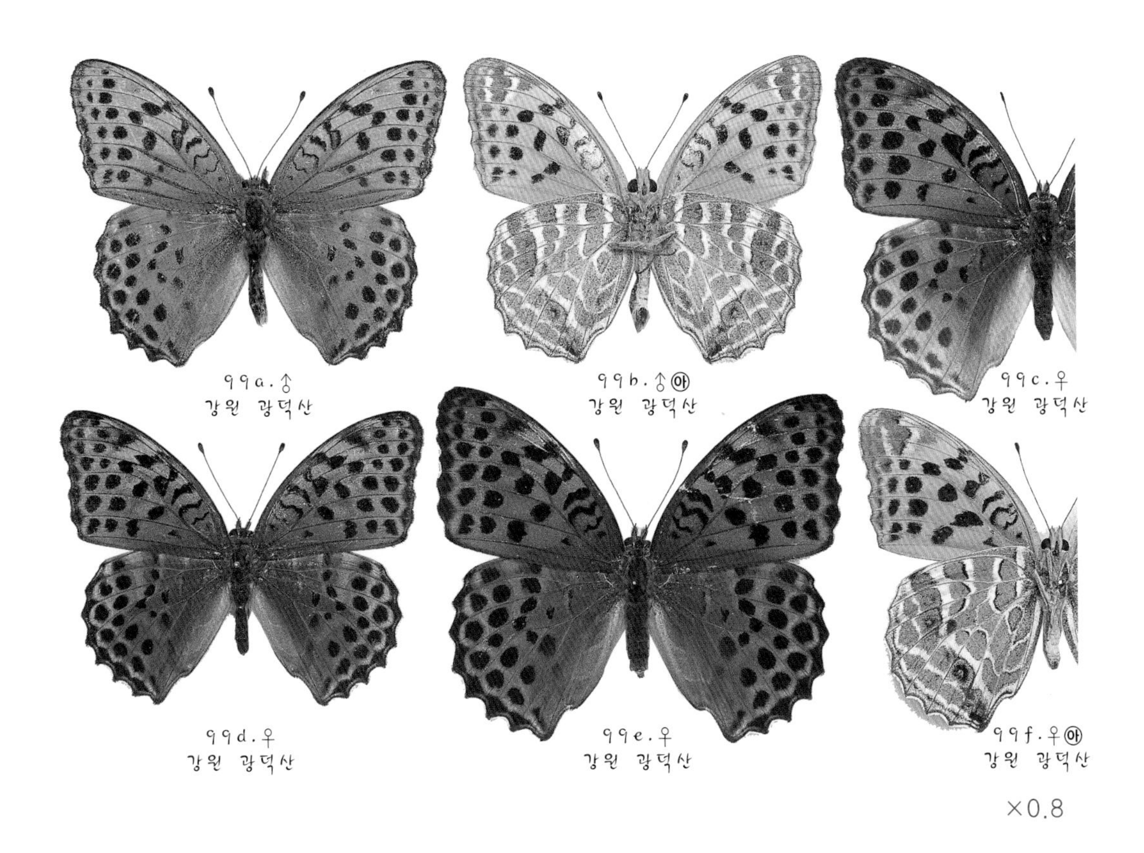

분포 / 경기도, 강원도, 충청 북도 일부에 국지적으로 분포한다. 국외에는 중국과 남연해주 지역에 분포한다.

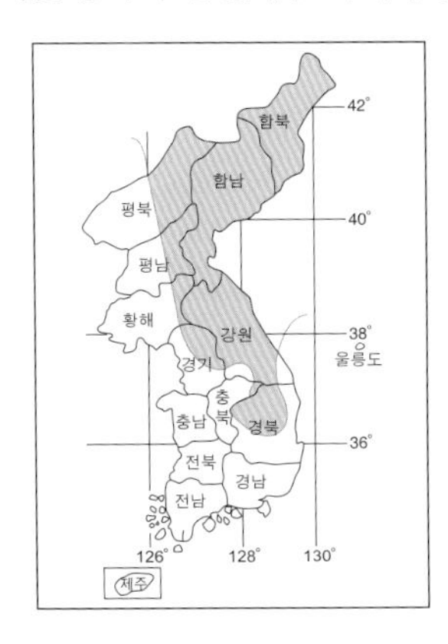

생태 / 산지의 능선과 정상 주변의 초지에 서식한다. 암컷은 그늘진 숲 속의 꽃에 잘 앉으며, 수컷은 습기 있는 땅바닥에 잘 앉는다. 암수 모두 큰까치수영, 참싸리, 큰금계국 등의 꽃에서 흡밀한다. 한여름에 하면을 한 후 암컷은 식초 주변의 물체에 한 개씩 산란한다. 애벌레로 월동한다.

식초 / 각종 제비꽃(제비꽃과)

출현 시기 / 6월 하순~8월 〈연 1회 발생〉

변이 / 암컷 간에는 날개 윗면의 흑화 정도(99c→99d→99e)로 변이가 나타난다.

암수 구별 / 수컷은 앞날개 윗면의 제1b, 2, 3맥에 검은색 선으로 된 성표가 있고, 암컷의 날개 윗면은 흑화되어 암녹색을 띤다.

100. 은점표범나비 *Argynnis niobe* (Linnaeus, 1758)

분포 / 제주도를 포함한 전국 각지에 널리 분포한다. 국외에는 유럽 중·남부, 아무르, 우수리, 일본과 러시아 지역에 분포한다.

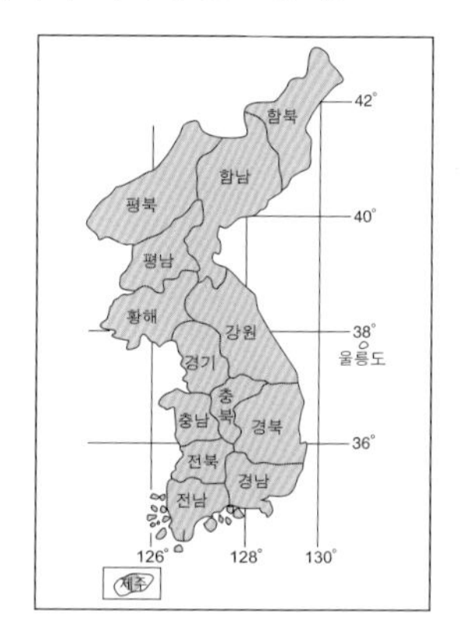

생태 / 내륙산은 평지에서 산지까지 서식 범위가 넓으나, 제주도산 *F. niobe* (Linnaeus) ssp.은 한라산 1400m 이상의 관목림 초지에 서식한다. 엉겅퀴, 쉬땅나무, 마타리 등의 꽃에서 흡밀하며, 수컷은 습기 있는 땅바닥에 잘 앉는다. 한여름에 하면을 한 후 암컷은 식초 주변의 마른 풀에 한 개씩 산란한다. 애벌레로 월동한다.

식초 / 각종 제비꽃(제비꽃과)

출현 시기 / 5월 하순~9월(내륙 지역산), 6월 중순~9월(한라산산) 〈연 1회 발생〉

ssp. *pallescens* (Butler, 1894) (내륙 지역산)

×0.7

F. niobe (Linnaeus) ssp.
(한라산산(産))

변이 / 내륙산에 비해 제주도산 *F. niobe* (Linnaeus) ssp.은 소형이고, 수컷의 뒷날개 아랫면의 중앙부에서 기부까지 녹색 인분이 퍼져 있다. 또, 제주도산 수컷에는 뒷날개 아랫면에 은점이 있는 개체가 없다. 암컷 중에는 은점이 있는 개체가 있으나, 흑화형은 나타나지 않는다. 내륙산 암수에는 은점이 있는 개체와 없는 개체가 있으며, 암컷에는 흑화형이 많이 나타난다. 개체 간에는 암수 날개 윗면의 검은색 점과 아랫면의 은색 점의 크기 차이로 변이가 나타나는데, 간혹 날개 윗면의 검은색 점이 크게 발달한 개체(100b, 100g, 100k)가 있다.

암수 구별 / 수컷은 앞날개 윗면의 제2, 3맥에 흑갈색 선으로 된 성표가 있다.

101. 긴은점표범나비 *Argynnis vorax* (Butler, 1871)

분포 / 도서 지방을 포함한 전국 각지에 분포한다. 국외에는 아프리카의 북 · 서부와 유라시아 대륙에 분포한다.

생태 / 산지의 숲 주변 초지에 서식한다. 활기차게 날아다니며 엉겅퀴, 큰까치수영, 개망초 등의 꽃에서 흡밀한다. 한여름에 하면을 한 후 암컷은 식초 주변의 물체에 한 개씩 산란한다. 애벌레로 월동한다.

식초 / 각종 제비꽃(제비꽃과)

출현 시기 / 6~10월 〈연 1회 발생〉

변이 / 제주도산(101e~101h) 개체는 현저히 크며, 날개 아랫면의 은점무늬도 크고 뚜렷하다. 개체 간에는 날개 아랫면의 색상 차이(101b→101c)와 은점무늬의 크기와 모양 차이로 변이가 나타난다.

암수 구별 / 수컷은 앞날개 윗면의 제 2, 3맥에 검은색 선으로 된 성표가 있다.

×0.7

102. 왕은점표범나비 *Argynnis nerippe* (C. & R. Felder, 1862)

분포 / 울릉도를 제외한 남한 각지에 분포한다. 국외에는 중국, 티베트와 일본에 분포한다.

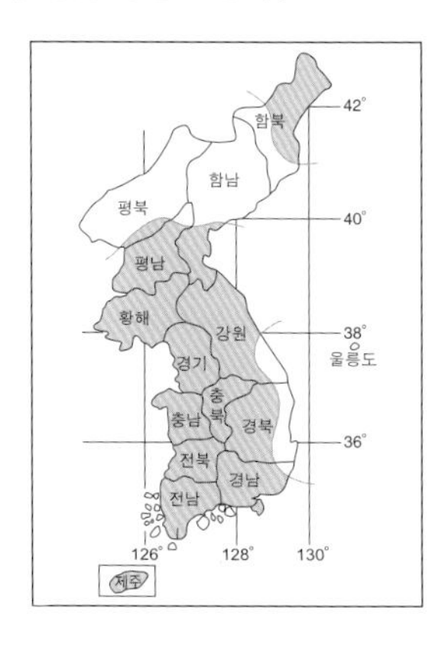

생태 / 산지의 숲 주변과 하천의 둑, 경작지 등의 초지에 서식한다. 활기차게 날아다니며 개망초, 큰까치수영, 엉겅퀴 등의 꽃에서 흡밀한다. 한여름에 하면을 한 후 초가을부터 다시 활동한다. 암컷은 식초의 잎이나 주변의 마른 풀에 한 개씩 산란한다. 애벌레로 월동한다.

식초 / 각종 제비꽃(제비꽃과)

출현 시기 / 6~9월 〈연 1회 발생〉

변이 / 개체 간에는 날개 윗면 검은색 점의 크기와 검은색 선의 폭 차이(102c→102d)로 변이가 나타난다.

암수 구별 / 수컷은 앞날개 윗면의 제2, 3맥에 검은색 선으로 된 성표가 있다.

103. 풀표범나비 *Speyeria aglaja* (Linnaeus, 1758)

분포 / 지리산과 36° 선 이북 지역에 분포한다. 국외에는 북부 아프리카와 유라시아 대륙에 분포한다.

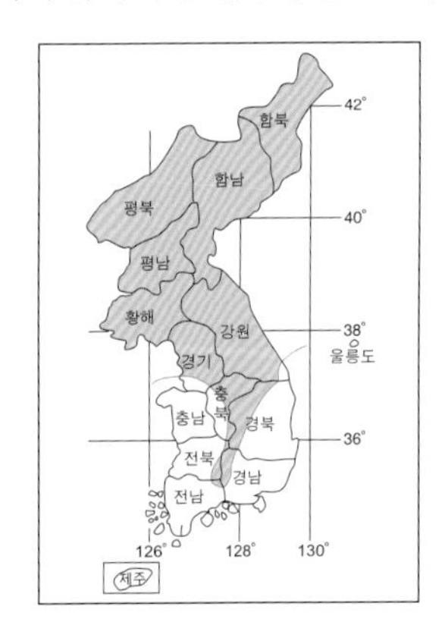

생태 / 산지의 숲 주변 초지에 서식한다. 엉겅퀴, 조뱅이, 꿀풀, 개망초 등의 꽃에서 흡밀하며, 산의 능선이나 정상으로 비상해 오르는 습성이 있다. 수컷은 습기 있는 땅바닥이나 짐승의 배설물에 잘 모인다. 암컷은 식초 부근의 나무나 돌 위에 한 개씩 산란한다. 애벌레로 월동한다.

식초 / 각종 제비꽃(제비꽃과)

출현 시기 / 6~9월 〈연 1회 발생〉

변이 / 개체 간에는 날개 윗면의 검은색 점 크기와 배열에 따라 변이가 나타난다. 암컷 중에는 날개 윗면의 색상이 약간 어둡게 보이는 개체가 있다.

암수 구별 / 수컷은 앞날개 윗면의 제1b, 2, 3맥에 검은색 선으로 된 성표가 있다.

*Fabriciana*속 3종과 *Speyeria*속 1종의 동정

은점표범나비

시맥 선이 굵다
(날개 윗면이
어둡게 보임)

♂

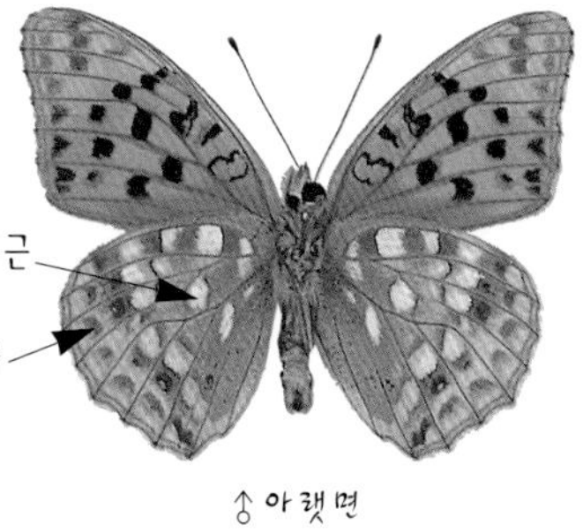

은점이 둥근
모양이다

C자 모양이다

♂ 아랫면

긴은점표범나비

시맥 선이 가늘다
(날개 윗면이
밝게 보임)

♂

은점이 길쭉한
모양이다

C자 모양이다

♂ 아랫면

왕은점표범나비

은점이 둥근
모양이다

M자 모양이다

♂ 아랫면

(*Speyeria*속) 풀표범나비

검은색 원형 무늬가
없고 황갈색
부위가 넓다

일자(一字)
모양이다

♂ 아랫면

104. 암끝검은표범나비 *Argyreus hyperbius* (Linnaeus, 1763)

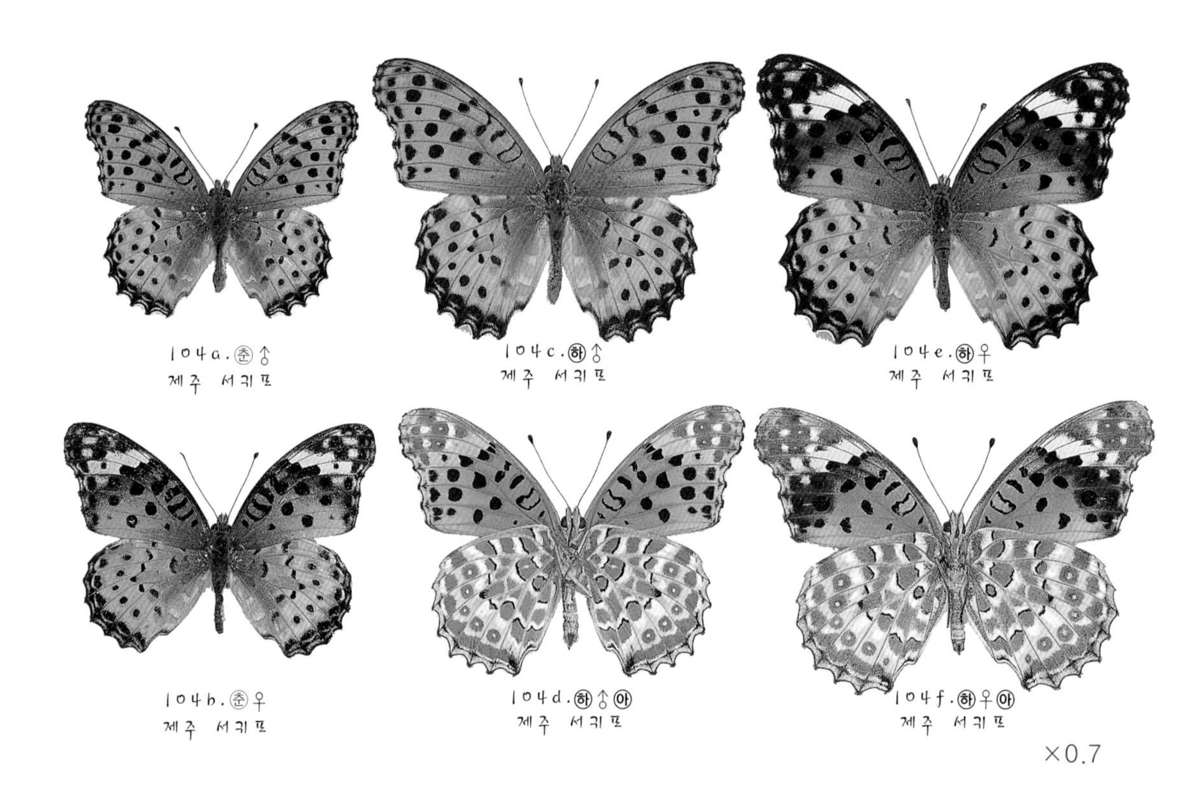

분포 / 제주도, 전라 남도와 경상 남북도의 남부 지역에 분포한다. 국외에는 아프리카 북 · 동부, 인도, 히말라야, 중국과 유라시아 대륙에 분포한다.

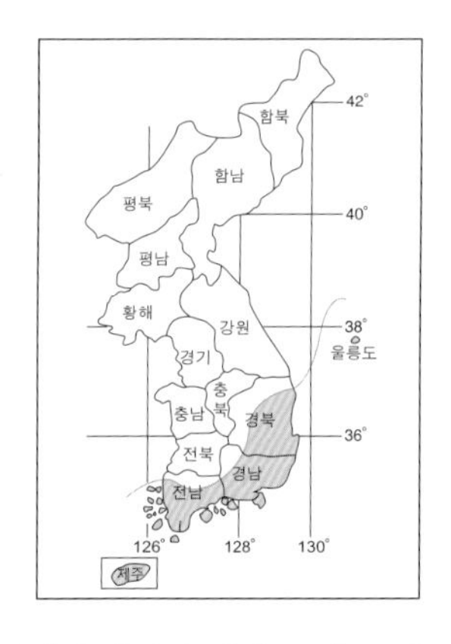

생태 / 남부 지역의 산지나 전답 주변 등의 초지에 서식하나, 이동성이 강해 중부 지역의 산 정상에서도 자주 관찰된다. 활기차게 날아다니며 엉겅퀴, 큰까치수영 등의 꽃에서 흡밀한다. 수컷은 습기 있는 땅바닥에 잘 앉으며, 산 정상에서 점유 행동을 한다. 암컷은 식초의 잎이나 주변의 풀에 한 개씩 산란한다. 애벌레로 월동한다.

식초 / 각종 제비꽃(제비꽃과)

출현 시기 / 3~5월(춘형), 6~11월(하형) 〈연 3~4회 발생〉

변이 / 춘 · 하형 간에는 크기 외에는 다른 차이점이 없으며, 개체 간에도 변이가 거의 없다.

암수 구별 / 암컷은 날개 끝 쪽에 자백색 무늬가 있으나, 수컷에는 없다.

105. 제일줄나비 *Limenitis helmanni* Lederer, 1853

×0.8

분포 / 제주도와 울릉도를 포함한 전국에 널리 분포한다. 국외에는 알타이, 중국, 아무르와 우수리 지역에 분포한다.

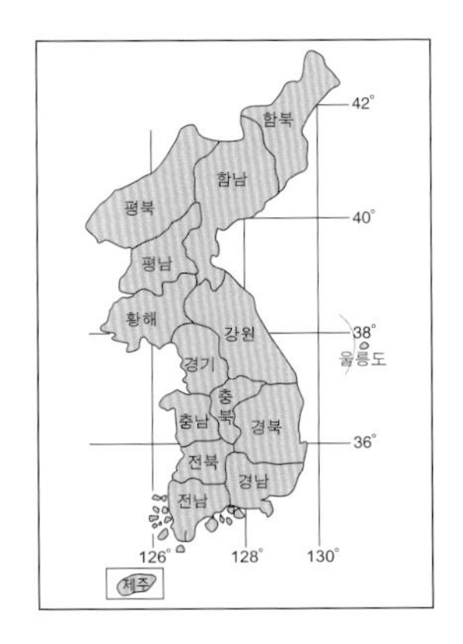

생태 / 저산 지대와 주변의 초지에 서식한다. 조팝나무, 산초나무 등의 꽃에서 흡밀하며, 수컷은 새의 배설물과 습기 있는 땅바닥에 잘 앉는다. 암컷은 식수의 잎 아랫면에 한 개씩 산란한다. 애벌레로 월동한다.

식수 / 올괴불나무, 인동구슬댕댕이, 각시괴불나무(인동과)

출현 시기 / 5~6월, 7월 하순~8월 〈연 2회 발생〉

변이 / 서해안의 도서 지방산은 내륙산에 비해 날개 윗면의 흰색 선과 점이 축소되고, 뒷날개 제2~3실의 흰색 점이 없어 제삼줄나비(*L. homeyeri* Tancré)의 형태와 흡사하다. 이러한 지역적 변이는 주변 지역에서 찾아볼 수 없는 독특한 변이로 판단되어 신아종으로 설정하였다.

전라 남도 고흥 등 남해안 지역의 개체는 뒷날개의 흰색 띠 폭이 타지역산보다 넓다. 제주도산은 앞날개 윗면 중실 밖의 세 줄의 흰색 선이 타지역산보다 현저히 길다. 개체 간에는 앞날개 중실의 흰색 삼각점의 모양과 뒷날개의 흰색 띠 폭의 차이로 다양하게 변이가 나타난다.

암수 구별 / 암컷은 수컷에 비해 날개의 폭이 넓고, 날개 외연이 둥근 모양이다.

ssp. *marinus* Kim et Kim, 2002 신아종의 변이
(서해 도서 지역산)

제일줄나비 지역 변이

	원명 아종		ssp. *marinus* Kim et kim, 2002 (서해 도서 지역산 신아종)
	내륙 지역산	제주도산	
뒷날개 흰색 띠의 폭과 모양			
뒷날개 윗면 제2, 3실의 흰색 점 유무	있다	있다	없다 (예외 있음)

106. 제이줄나비 *Limenitis doerriesi* Staudinger, 1892

분포 / 도서 지방을 제외한 전국 각지에 분포한다. 국외에는 중국 동·북부, 아무르와 우수리 지역에 분포한다.

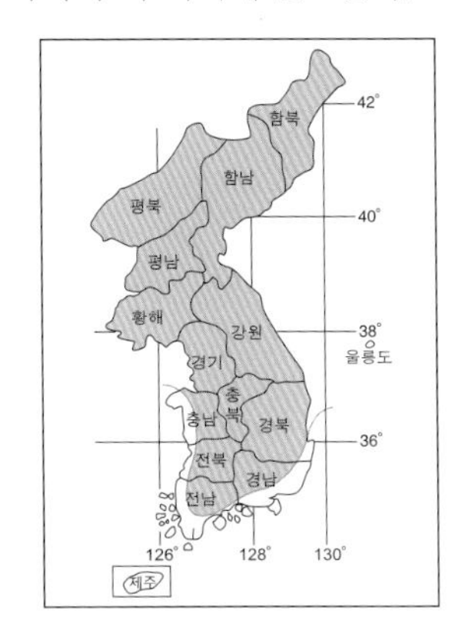

생태 / 산지 주변의 초지에 서식한다. 수컷은 습기 있는 땅바닥과 짐승의 배설물에 잘 모여든다. 암수 모두 산초나무, 조팝나무 등의 꽃에서 흡밀한다. 암컷은 식수의 잎 윗면과 아랫면에 한 개씩 산란한다. 애벌레로 월동한다.

식수 / 괴불나무, 올괴불나무(인동과), 작살나무(마편초과)

출현 시기 / 5월 하순~9월 〈연 2~3회 발생〉

변이 / 발생 시차(時差)에 따른 변이로 3화는 1~2화보다 현저히 작으며 뒷날개의 흰색 띠 폭이 좁고, 제3실의 흰색 점이 작아진 개체(106g, 106h)가 많다. 개체 간에는 뒷날개 윗면 흰색 띠의 폭 차이로 변이가 나타난다. 또, 앞날개 윗면 중실의 흰색 선 모양에 따라 변이가 나타나는데, 그 선이 소멸된 개체(106h)도 간혹 있다.

암수 구별 / 암컷은 수컷에 비해 날개 외연이 둥근 모양이나, 복부 끝을 비교하는 것이 정확하다.

×0.8

107. 제삼줄나비 *Limenitis homeyeri* Tancré, 1881

×0.8

분포 / 강원도 동 · 북부 지역에 국지적으로 분포한다. 국외에는 중국, 아무르와 우수리 지역에 분포한다.

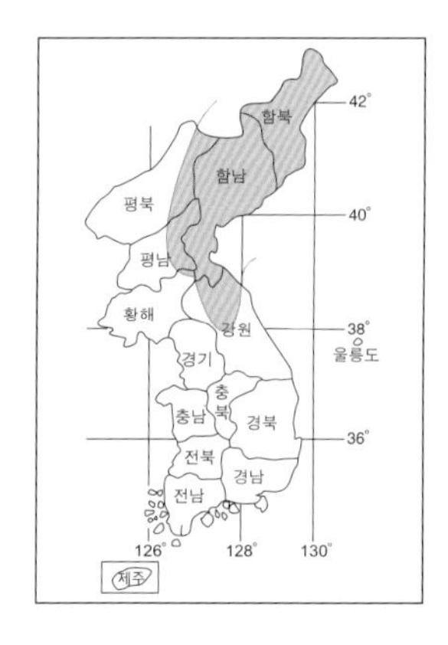

생태 / 산지의 계곡 주변 잡목림 숲에 서식한다. 수컷은 습기 있는 땅바닥이나 새의 배설물이 있는 돌 위에 잘 앉으며, 빠르게 짧은 거리를 날아서 다른 나뭇잎으로 옮겨 앉아 쉬곤 한다. 암컷은 관찰이 매우 어려운데, 뜨거운 한낮에 그늘진 땅바닥에서 옮겨 다니는 것을 목격하였다.

식수 / 괴불주머니, 올괴불주머니(인동과)

출현 시기 / 6월 하순~8월 〈연 1회 발생〉

변이 / 개체 중에는 뒷날개 윗면의 제2실과 3실 사이에 작은 흰색 점이 있는 개체(107c, 107d)가 간혹 있는데, 이런 개체는 뒷날개 흰색 띠의 폭도 다른 개체보다 약간 넓다.

암수 구별 / 암컷은 수컷에 비해 날개의 폭이 넓고 날개 외연이 둥근 모양이나, 복부 끝을 비교해 보는 것이 정확하다.

*Limenitis*속 3종의 동정

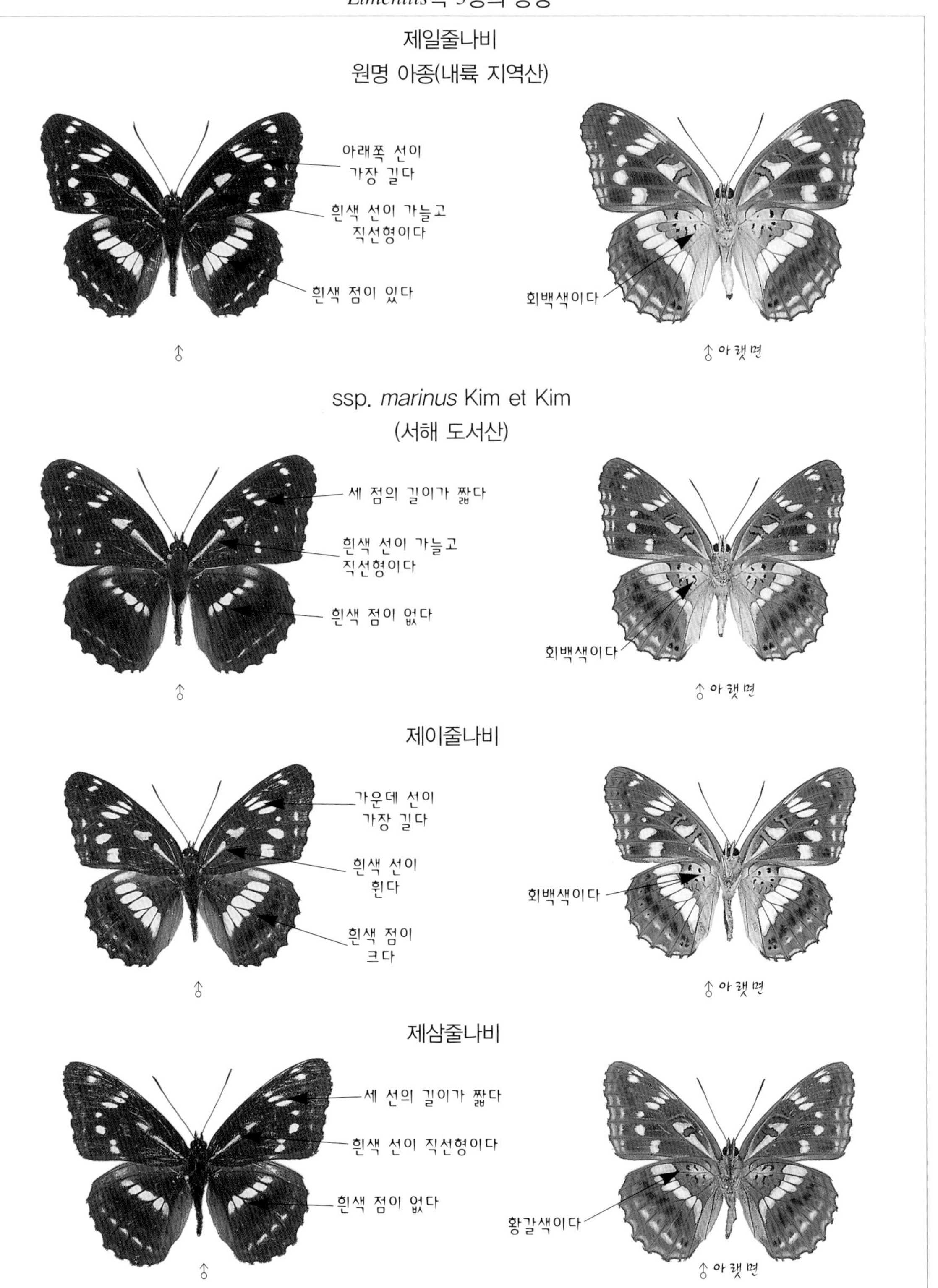

108. 줄나비 *Limenitis camilla* (Linnaeus, 1764)

×0.9

분포 / 제주도를 포함한 전국 각지에 널리 분포한다. 국외에는 유라시아 대륙에 광범위하게 분포한다.

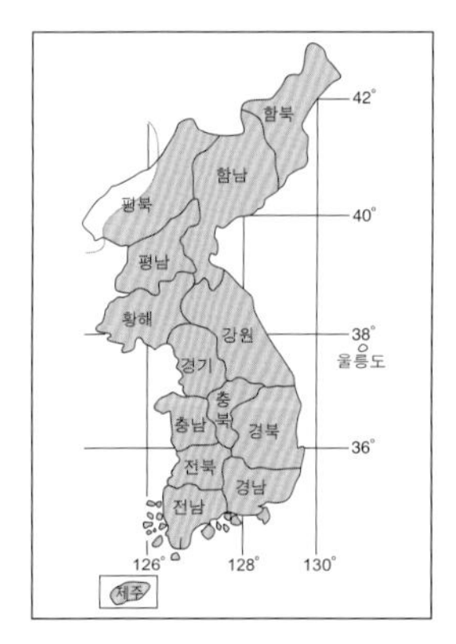

생태 / 산지의 계곡 주변 숲에 서식하나 산기슭에서 정상까지 활동 범위가 넓다. 수컷은 습기 있는 땅바닥과 새의 배설물이 있는 돌 위에 잘 모인다. 암수 모두 개망초, 산초, 큰까치수영 등의 꽃에서 흡밀하며, 암컷은 식수의 잎 끝 부분에 한 개씩 산란한다. 애벌레로 월동한다.

식수 / 올괴불나무, 각시괴불나무(인동과)

출현 시기 / 5~6월, 7~8월 초순, 9~10월 〈연 2~3회 발생〉

변이 / 개체 간에는 뒷날개 윗면의 흰색 띠의 폭 차이(108a→108b, 108d→108e)로 변이가 나타난다.

암수 구별 / 암컷은 수컷에 비해 날개의 폭이 넓고 외연이 둥글며, 뒷날개의 흰색 띠의 폭이 넓다.

109. 참줄나비 *Limenitis moltrechti* Kardakoff, 1928

×0.9

분포 / 경기도, 충청도 일부 지역과 강원도 동 · 북부 지역에 분포한다. 국외에는 중국 동 · 북부, 아무르와 우수리 지역에 분포한다.

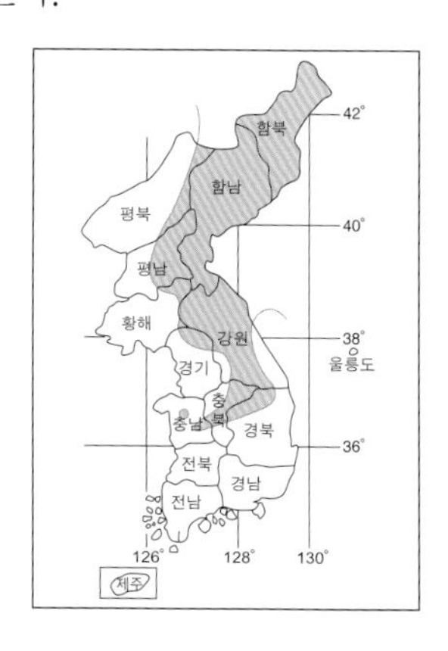

생태 / 산지의 계곡 주변 잡목림 숲에 서식하며, 채광이 좋은 공지에서 활동한다. 수컷은 습기 있는 땅바닥이나 짐승의 배설물에 잘 모이며, 활발하게 점유 행동을 한다. 암컷은 식수의 잎에 한 개씩 산란한다. 애벌레로 월동한다.

식수 / 올괴불나무(인동과)

출현 시기 / 6~8월 초순 〈연 1회 발생〉

변이 / 개체 간의 크기 차이 외에는 특별한 변이는 없다.

암수 구별 / 암컷은 날개 외연이 둥글고 날개의 폭이 현저히 넓으며, 날개 아랫면의 황적색 색감이 옅다.

110. 참줄사촌나비(개칭) *Limenitis amphyssa* Ménétriès, 1859

×1.0

분포 / 강원도 태백 산맥의 일부 지역에 국지적으로 분포한다. 국외에는 중국 북부, 아무르와 우수리 지역에 분포한다.

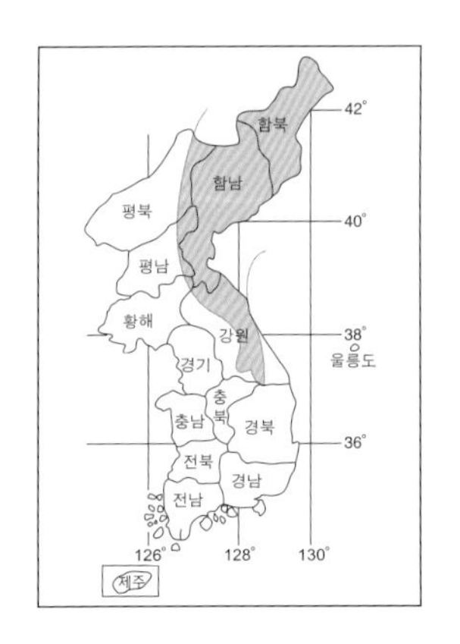

생태 / 산지의 계곡 주변 잡목림 숲에 서식한다. 수컷은 습기 있는 땅바닥이나 새의 배설물에 잘 모이며, 점유 행동을 한다. 암컷은 발효한 과일에 잘 모이며, 식수의 잎 아랫면에 한 개씩 산란한다. 애벌레로 월동한다.

식수 / 구슬댕댕이, 각시괴불나무, 올괴불나무(인동과)

출현 시기 / 6월 하순~8월 초순 〈연 1회 발생〉

변이 / 개체 간의 크기 차이 외에 특별한 변이는 없다.

암수 구별 / 암컷은 수컷에 비해 날개의 폭이 현저히 넓고, 날개 아랫면의 황적색 색감이 약하다.

111. 굵은줄나비 *Limenitis sydyi* Lederer, 1853

×0.7

분포 / 도서 지방과 해안 지역을 제외한 전국 각지에 분포한다. 국외에는 알타이, 중국 동 · 북부, 아무르와 우수리 등지에 분포한다.

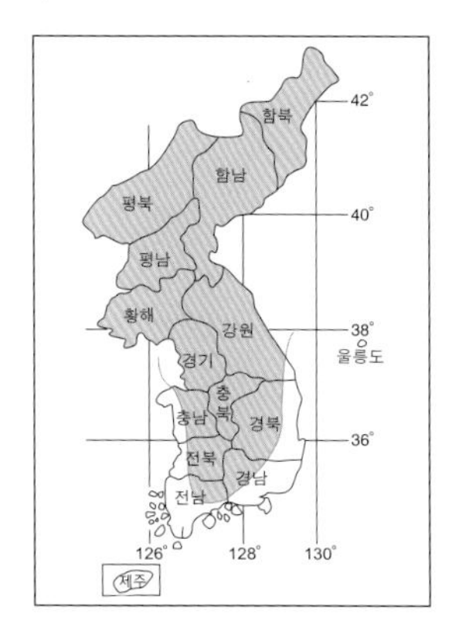

생태 / 산지의 숲과 경작지 주변 초지에 서식한다. 수컷은 습기 있는 땅바닥에 잘 모이며 암수 모두 싸리나무, 조팝나무 등의 꽃에서 흡밀한다. 수컷은 산 정상의 나뭇가지 끝에 앉아 활발한 점유 행동을 한다. 암컷은 식수의 잎 아랫면에 한 개씩 산란한다. 애벌레로 월동한다.

식수 / 조팝나무, 꼬리조팝나무(장미과)

출현 시기 / 6~8월 〈연 1~2회 발생〉

변이 / 암컷 간에는 앞날개 윗면 중실의 흰색 선 끝에 나타나는 스틱 모양 무늬의 발달 정도(111d→111e→111f)에 따라 변이가 나타난다. 수컷에서도 약하게 스틱 모양의 무늬가 나타나는 개체(111b)가 있다.

암수 구별 / 암컷은 수컷에 비해 앞날개 윗면 중실의 흰색 선이 뚜렷하며, 날개의 폭이 현저히 넓다.

112. 홍줄나비 *Seokia pratti* (Leech, 1890)

분포 / 강원도 동 · 북부의 일부 지역에 국지적으로 분포한다. 국외에는 중국 동 · 북부와 연해주 지역에 분포한다.
〈분포 특기〉 강원도 오대산과 설악산에 분포하는 국지종이다.

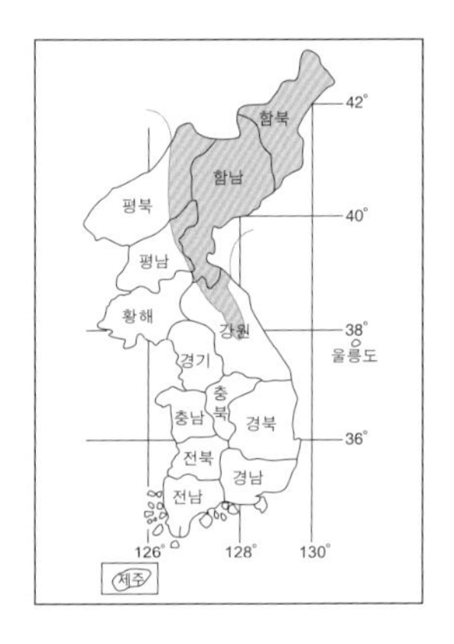

생태 / 산지의 일정 표고 이상의 침엽수 천연림에 서식한다. 암수 모두 채광이 좋은 날 산길이나 공지의 약간 그늘진 곳에서 움직이지 않고 오랫동안 앉아 쉬는 습성이 있다. 이 나비의 생활사는 아직 밝혀지지 않았다.

식수 / 잣나무(소나무과)

출현 시기 / 6월 하순~7월 하순 〈연 1회 발생〉

변이 / 수컷 간에는 날개 윗면과 아랫면의 흰색 띠가 암백색으로 타 개체들에 비해 선명하지 않게 보이는 개체(112c, 112d)가 간혹 있다.

암수 구별 / 암컷은 수컷에 비해 날개 윗면에 나타나는 흰색 띠의 폭이 현저하게 넓다.

113. 왕줄나비 *Limenitis populi* (Linnaeus, 1758)

분포 / 경기도 북부 지역과 강원도 태백 산맥에 국지적으로 분포한다. 국외에는 유라시아 대륙에 광범위하게 분포한다.

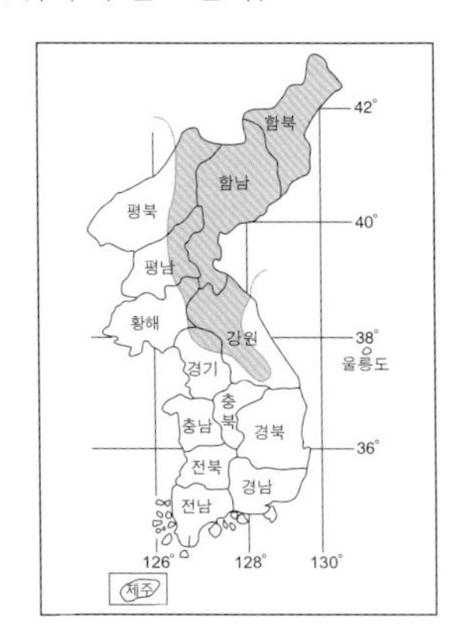

×0.8

생태 / 산지의 일정 표고 이상 잡목림 숲에 서식한다. 수컷은 습기 있는 땅바닥이나 새의 배설물이 있는 돌에 잘 앉으며, 산 능선으로 비상해 오르는 습성이 있다. 암컷은 활동을 안하고 나무에 앉아 쉬지만 간혹 돌 위에 내려앉으며, 식수의 잎에 1~2개씩 산란한다. 애벌레로 월동한다.

식수 / 황철나무(버드나무과)

출현 시기 / 6월 중순~8월 초순 〈연 1회 발생〉

변이 / 수컷 간에는 뒷날개 윗면의 흰색 띠의 폭 차이(113a→113b→113c)에 따라 변이가 나타난다.

암수 구별 / 암컷은 수컷에 비해 뒷날개 윗면 흰색 띠의 폭이 현저히 넓다.

114. 애기세줄나비 *Neptis sappho* (Pallas, 1771)

분포 / 제주도, 울릉도를 포함한 전국 각지에 널리 분포한다. 국외에는 유라시아 대륙에 광범위하게 분포한다.

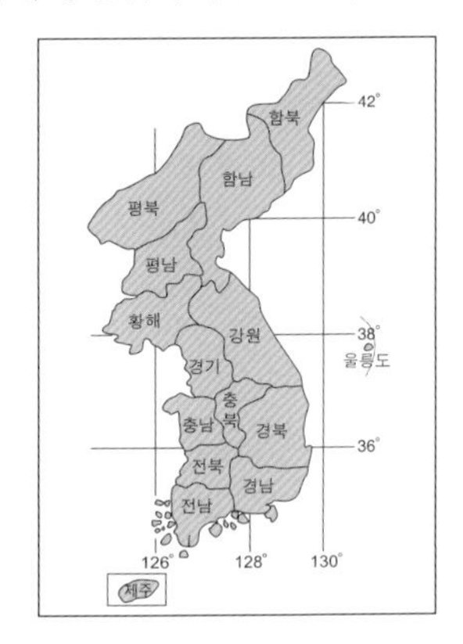

생태 / 저산 지대의 계곡 주변 숲에 서식한다. 수컷은 약하게 점유 행동을 하며, 습기 있는 땅바닥이나 바위에 잘 앉는다. 암수 모두 국수나무, 밤나무, 싸리 등의 꽃에서 흡밀한다. 암컷은 식초의 잎 끝에 한 개씩 산란한다. 애벌레로 월동한다.

식수 / 나비나물, 싸리, 아까시나무, 칡(콩과), 벽오동(벽오동과)

출현 시기 / 4월 중순~10월 〈연 2~3회 발생〉

변이 / 내륙산은 1화(114a, 114b)에 비해 2~3화(114c, 114d)는 날개의 흰색 띠가 현저히 좁아지나 제주도산(114e, 114f, 114g)과 울릉도산(114h)은 그 변화가 없다. 경기도 이천의 한 지역의 1화 개체는 다른 지역의 2~3화와 같이 흰색 띠가 좁다. 또 뒷날개 아랫면의 흰색 띠 사이의 흰 실선이 없거나 후각 부위에만 짧게 나타나는 등 특이한 지역적 변이를 나타낸다.

암수 구별 / 수컷은 뒷날개 전연부에 회백색의 성표가 있다.

×0.9

115. 별박이세줄나비 *Neptis pryeri* Butler, 1871

×0.9

분포 / 제주도를 제외한 전국 각지에 널리 분포한다. 국외에는 중국 동·북부, 아무르, 우수리, 타이완과 일본에 분포한다.

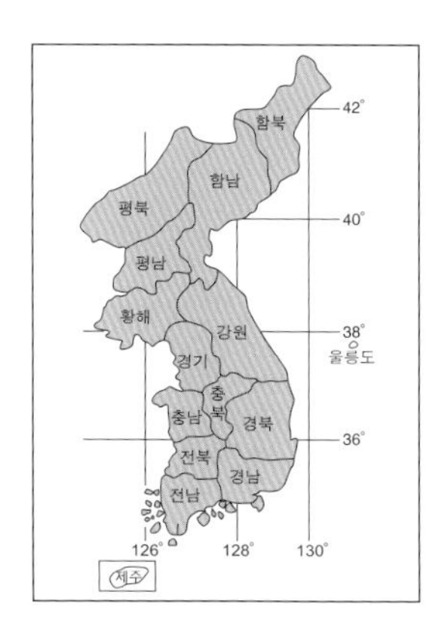

생태 / 산기슭과 주변의 길가, 전답 주변의 초지에 서식한다. 조팝나무, 국수나무, 산초나무 등의 꽃에서 흡밀하며, 수컷은 습기 있는 땅바닥과 새의 배설물이 있는 돌 위에 잘 앉는다. 암컷은 식수의 잎 윗면에 한 개씩 산란한다. 월동은 애벌레로 나뭇가지 틈에서 한다.

식수 / 조팝나무(장미과)

출현 시기 / 5월 하순~9월 〈연 2~3회 발생〉

변이 / 개체 간에는 뒷날개의 흰색 띠의 폭과 앞날개의 흰색 점 크기 차이로 변이가 나타난다.

암수 구별 / 암컷은 수컷에 비해 날개의 폭이 넓고 날개 외연이 둥글다.

116. 높은산세줄나비 *Neptis speyeri* Staudinger, 1887

분포 / 경기도, 강원도와 경상 남도 일부 지역에 국지적으로 분포한다. 국외에는 아무르와 우수리 지역에 분포한다.

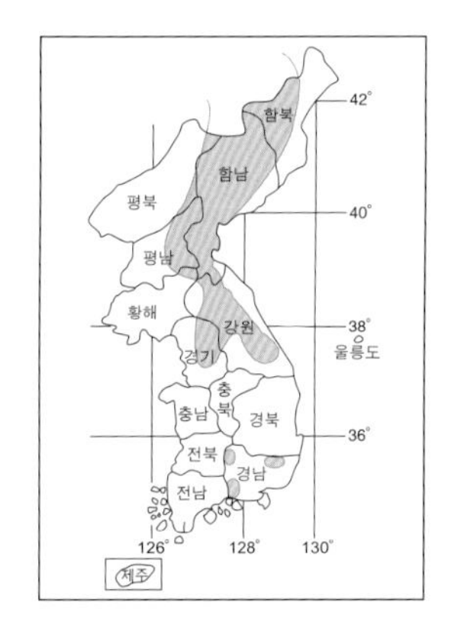

생태 / 산지의 계곡 주변 잡목림 숲에 서식한다. 수컷은 습기 있는 땅바닥과 새의 배설물에 잘 모여든다. 오후에 국수나물 등의 흰색 꽃에서 흡밀하며, 암컷은 식수의 잎에 한 개씩 산란한다. 애벌레로 월동한다.

식수 / 까치박달(자작나무과)

출현 시기 / 6~7월 〈연 1회 발생〉

변이 / 강원도 동 · 북부 지역산 중에는 날개 윗면의 흰색 띠의 폭이 좁고 흰색 점이 작은 개체(116d)가 간혹 나타난다. 개체 간에도 날개 윗면의 흰색 띠의 폭과 흰색 점의 크기 차이로 약간의 변이가 나타난다.

암수 구별 / 암컷은 수컷에 비해 날개의 폭이 넓고 날개 외연이 둥근 모양이나, 복부 끝을 비교해 보는 것이 정확하다.

117. 세줄나비 *Neptis philyra* Ménétriès, 1859

×0.9

분포 / 도서 지방을 제외한 전국 각지에 국지적으로 분포한다. 국외에는 중국 동 · 북부, 아무르, 우수리와 일본 지역에 분포한다.

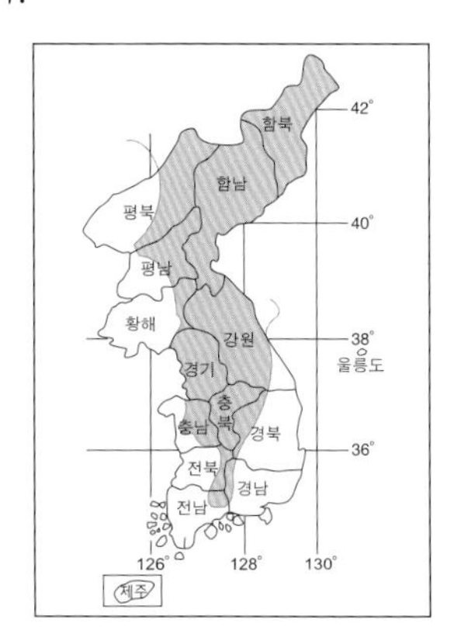

생태 / 산지의 계곡 주변 잡목림 숲에 서식하며, 채광이 좋은 산길에서 활동한다. 수컷은 오물이나 과일에 앉아 즙을 빨아먹으며, 습기 있는 땅바닥에 잘 앉는다. 암컷은 식수 잎 윗면에 한 개씩 산란한다. 애벌레는 토해 낸 실로 식수의 잎자루를 나무에 고정하여 그 잎에서 월동한다.

식수 / 단풍나무, 고로쇠나무(단풍나무과)

출현 시기 / 5월 하순~7월 초순 〈연 1회 발생〉

변이 / 개체 간에는 날개 윗면의 흰색 띠의 폭과 흰색 점의 크기 차이에 따라 변이가 나타난다.

암수 구별 / 암컷의 날개는 수컷보다 날개의 폭이 넓고 날개 외연이 둥근 모양이나, 복부 끝을 비교해 보는 것이 정확하다.

118. 참세줄나비 *Neptis philyroides* Staudinger, 1887

분포 / 해안 지역을 제외한 전국 각지에 분포한다. 국외에는 중국 동 · 북부, 아무르와 우수리 지역에 분포한다.

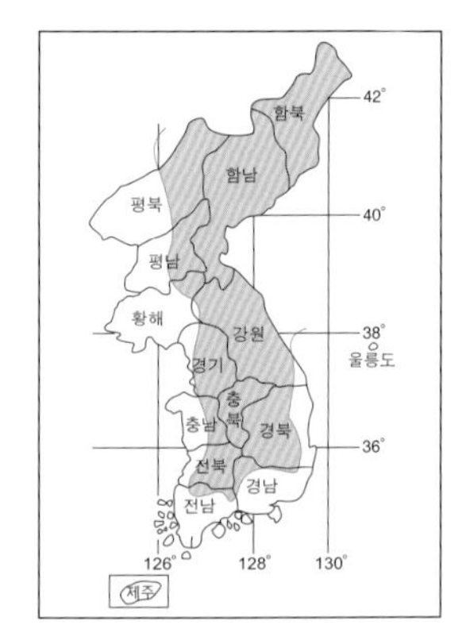

생태 / 산지의 계곡 주변 숲에 서식한다. 수컷은 습기 있는 땅바닥과 오물에 잘 앉으며, 간혹 나무 열매에서 즙을 빨아먹기도 한다. 암컷은 식수의 잎에 한 개씩 산란한다. 애벌레로 월동한다.

식수 / 까치박달, 서어나무, 참개암나무(자작나무과)

출현 시기 / 5월 하순~7월 중순 〈연 1회 발생〉

변이 / 경상 남도 고흥 등 남해안 지역산은 뒷날개의 흰색 띠 폭이 내륙 지역산보다 넓다. 개체 간에는 날개 윗면의 흰색 띠의 폭과 흰색 점의 크기 차이로 변이가 나타난다. 또, 뒷날개 윗면 아외연부의 흰색 선 모양 차이로도 다양하게 변이가 나타난다.

암수 구별 / 암컷은 수컷에 비해 날개의 폭이 넓고 날개 외연이 둥근 모양이나, 복부 끝을 비교해 보는 것이 정확하다.

×0.8

*Neptis*속 4종의 동정

119. 왕세줄나비 *Neptis alwina* (Bremer & Gray, 1853)

분포 / 제주도를 제외한 전국 각지에 널리 분포한다. 국외에는 몽고, 중국, 우수리와 일본 지역에 분포한다.

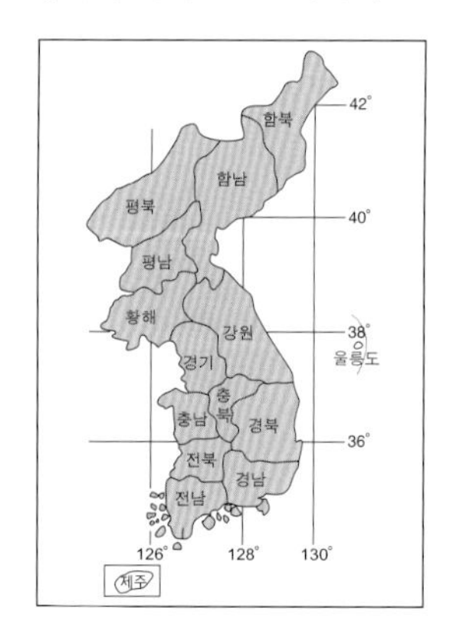

생태 / 저산 지대와 마을 주변에 서식한다. 식수가 대부분 과일 나무들이기 때문에 민가 주변에서도 관찰된다. 활기차게 날아다니며 쥐똥나무, 산초나무 등의 꽃에서 흡밀한다. 암컷은 식수의 잎에 한 개씩 산란한다. 월동은 애벌레로 식수의 겨울눈이나 가지에서 한다.

식수 / 복숭아나무, 자두나무, 매실나무, 산벚나무(장미과)

출현 시기 / 6월 중순~8월 〈연 1회 발생〉

변이 / 개체 간에는 뒷날개 윗면 흰색 띠의 폭 차이에 따라 변이가 나타난다.

암수 구별 / 수컷은 앞날개 윗면 날개 끝에 흰색 무늬가 있으나 암컷에는 없다.

120. 중국황세줄나비 *Aldania deliquata* (Stichel, 1908)

×0.8

분포 / 강원도의 동·북부 지역에 국지적으로 분포한다. 국외에는 중국과 연해주 지역에 분포한다.

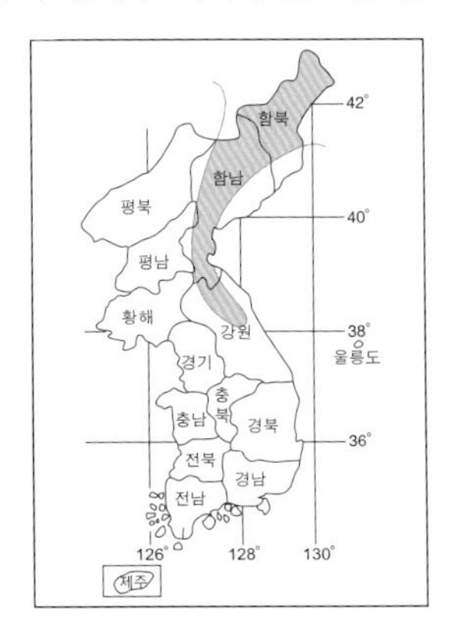

생태 / 산지의 계곡 주변 잡목림 숲에 서식한다. 수컷은 습기 있는 땅바닥이나 새의 배설물에 잘 모인다. 또, 높은 능선으로 비상해 올라와 그늘진 곳에 앉아 쉬는 습성이 있다. 암컷은 나무 사이를 유유히 날아다닐 때도 있으나 주로 나뭇잎 위에 앉아 잘 활동하지 않는다. 이 나비의 생활사는 아직 밝혀지지 않았다.

출현 시기 / 6월 중순~8월 〈연 1회 발생〉

변이 / 특별한 변이는 없다.

암수 구별 / 암컷은 수컷에 비해 날개의 폭이 넓고 날개 외연이 둥근 모양이다.

121. 황세줄나비 *Aldania thisbe* Ménétriès, 1859

분포 / 도서 지방을 제외한 전국 각지에 분포한다. 국외에는 중국 동·북부, 아무르와 우수리 지역에 분포한다.

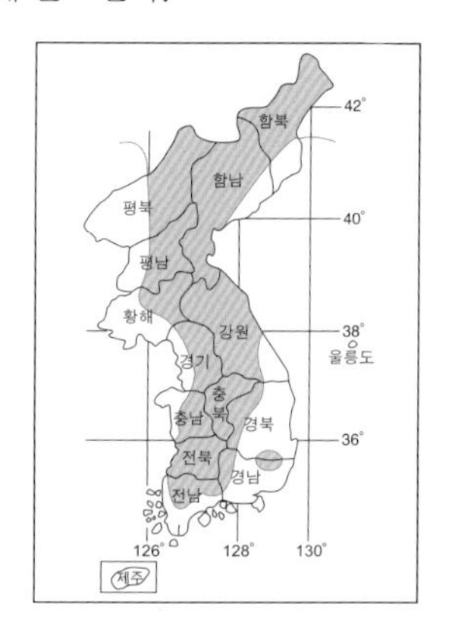

생태 / 산지의 계곡 주변 잡목림 숲에 서식한다. 수컷은 수목 사이를 날아다니다 습기 있는 땅바닥이나 짐승의 배설물이 있는 곳에 잘 앉는다. 암컷은 식수의 잎 끝에 한 개씩 산란한다. 애벌레로 월동한다.

식수 / 졸참나무(너도밤나무과)

출현 시기 / 6~8월 〈연 1회 발생〉

변이 / 강원도 동·북부 지역산 원명 아종(121a~121d)은 뒷날개 윗면의 흰색 띠가 황색으로, 중부 지역산 ssp. *deliquata* Stichel, 1909(121e, 121f)의 흰색과 구별된다. 개체 간에는 뒷날개의 흰색 띠의 폭과 색상 차이에 따라 변이가 나타난다.

암수 구별 / 암컷은 수컷에 비해 날개의 폭이 넓고 날개 외연이 둥근 모양이다.

원명 아종(동·북부 지역산)

121a.♂ 강원 계방산

121b.♀ 강원 계방산

121c.♂ 강원 광덕산

121d.♀ 강원 광덕산

ssp. *deliquata* Stichel, 1909
(중부 지역산)

121e.♂ 경기 주금산

121f.♀ 경기 주금산

×0.7

122. 산황세줄나비 *Aldania themis* (Leech, 1890)

분포 / 경기도 북부, 강원도 지역과 지리산에 국지적으로 분포한다. 국외에는 중국, 타이완, 아무르와 연해주 지역에 분포한다.

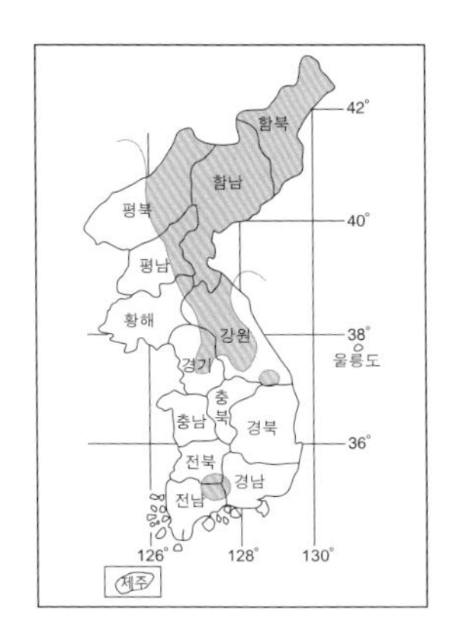

생태 / 산지의 계곡 주변 잡목림 숲에 서식한다. 수컷은 습기 있는 땅바닥이나 새의 배설물이 있는 바위에 잘 내려앉는다. 암컷은 나무 사이를 유유히 날아다닐 때도 있으나 나뭇잎에서 쉬고 있을 때가 많다. 애벌레로 월동한다.

출현 시기 / 6~7월 〈연 1회 발생〉

변이 / 중부 이남 지역산과 강원도 동 · 북부 지역산은 앞날개 윗면의 흰색 띠의 색상과 그 밑의 흰색 점의 모양 차이로 지역적 변이를 나타낸다. 수컷 간에는 앞날개와 뒷날개의 흰색 띠에 나타나는 황색감의 차이(122a→122b)로 변이가 나타난다.

암수 구별 / 암컷은 수컷에 비해 날개의 폭이 넓고 날개 외연이 둥글다.

산황세줄나비의 지역 변이

	중부 이남 지역산	동 · 북부 지역산
뒷날개 윗면 흰색 띠의 색상	흰색이다 (예외 있음)	황색이다
앞날개 윗면 흰색 선 밑의 흰색 점의 명료성	뚜렷하다	뚜렷하지 않다 (예외 있음)

【변이 해설】 종간 잡종

생물학적 종(Species)은 '생식 능력이 있는 자손을 생산하는 사이의 생물들'로 규정하고 있다. 타종 간에는 생식기의 구조 차이와 수정소의 특이성으로 인해 생식이 불가능하다. 그러나 예외적으로 근연종 간에 생식 능력이 없는 자손(F_1)이 태어나는 경우가 아주 드물게 있다. 필자는 제비나비와 산호랑나비의 교잡으로 나온 종간(種間) 잡종을 채집하여 국내 첫 기록(1992)을 하였다.
참고 문헌: 世界の昆蟲 6 (阪口浩乎 著)

산호랑나비와 제비나비의 종간 잡종

산황세줄나비의 변이

×0.9

황세줄나비류 3종의 동정

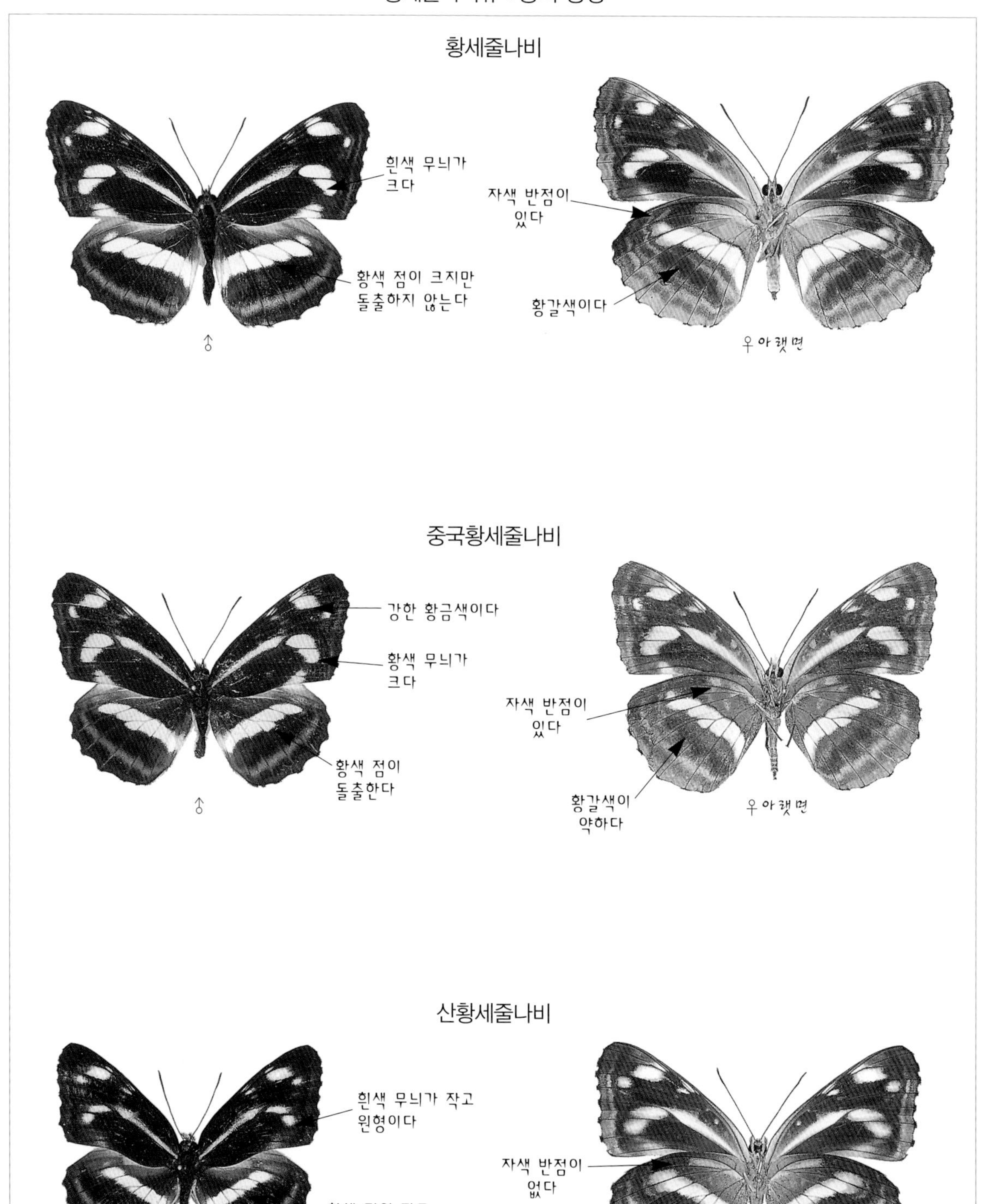

123. 두줄나비 *Neptis rivularis* (Scopoli, 1763)

×1.0

분포 / 도서 지방과 남부 지역을 제외한 전국 각지에 분포한다. 국외에는 유라시아 대륙에 광범위하게 분포한다.

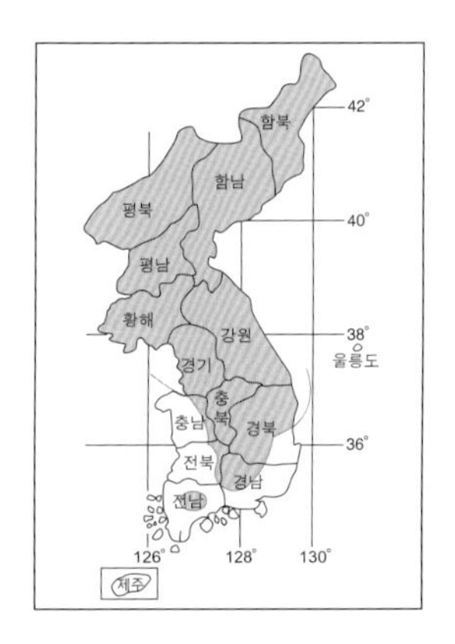

생태 / 저산 지대의 채광이 좋은 숲에 서식한다. 조팝나무, 풀싸리 등의 꽃에서 흡밀하며, 그 주변에서 날아다닌다. 수컷은 습기 있는 땅바닥이나 새의 배설물에 잘 모인다. 암컷은 식수의 잎에 한 개씩 산란한다. 부화하여 나온 애벌레는 나뭇잎을 말아 그 속에서 성장한 후 월동한다.

식수 / 조팝나무(장미과)

출현 시기 / 5월 하순~8월 〈연 1~2회 발생〉

변이 / 개체 중에는 앞날개 아랫면의 내연과 외연이 만나는 부위가 흑갈색으로 어둡게 보이는 개체(123b)와 반대로 회백색으로 밝게 보이는 개체(123e)가 있다. 또, 개체 간에는 뒷날개의 흰색 띠 폭의 차이로 변이가 나타난다.

암수 구별 / 암컷은 수컷에 비해 날개의 폭이 넓고 날개 외연이 둥근 모양이다.

124. 어리세줄나비 *Aldania raddei* (Bremer, 1861)

분포 / 중부 이북 지역에 국지적으로 분포한다. 국외에는 중국 동·북부, 아무르, 우수리와 연해주 지역에 분포한다.

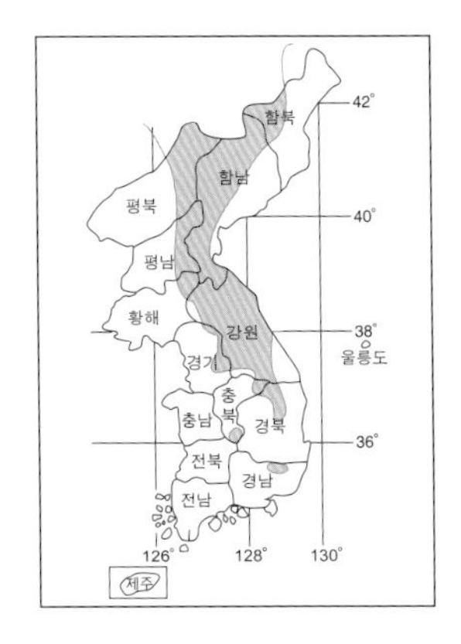

생태 / 산지의 계곡 주변 잡목림 숲에 서식한다. 수컷은 습기 있는 땅바닥이나 새의 배설물에 잘 모이며, 나뭇재에도 잘 앉는다. 암컷은 숲 사이를 유유히 날아다니며, 간혹 저녁 나절에 쉬땅나무 등의 꽃에서 흡밀한다. 아직 이 나비의 생활사는 밝혀지지 않았다.

식수 / 느릅나무(느릅나무과)

출현 시기 / 5~6월 〈연 1회 발생〉

변이 / 암수에는 날개가 흑화되어 약간 어둡게 보이는 개체(123c, 123f)가 있다. 또, 수컷 간에는 앞날개 기부의 검은색 인분의 발달 정도(124a→124b)에 따라 변이가 나타난다.

암수 구별 / 암컷은 수컷에 비해 날개의 폭이 현저히 넓고 날개 외연이 둥글다.

×0.7

125. 거꾸로여덟팔나비 *Araschnia burejana* Bremer, 1861

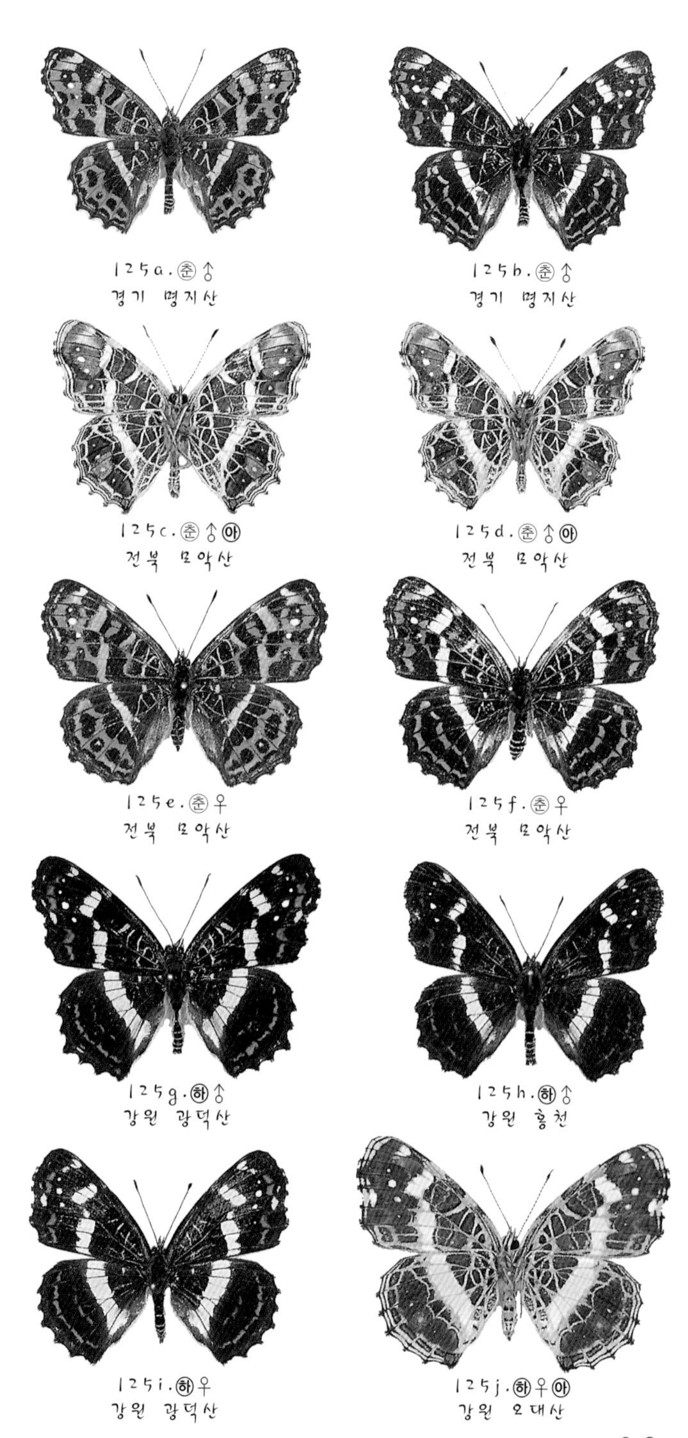

×0.8

분포 / 도서 지방과 일부 해안 지역을 제외한 남한 각지에 분포한다. 국외에는 중국, 아무르, 사할린과 일본 지역에 분포한다.

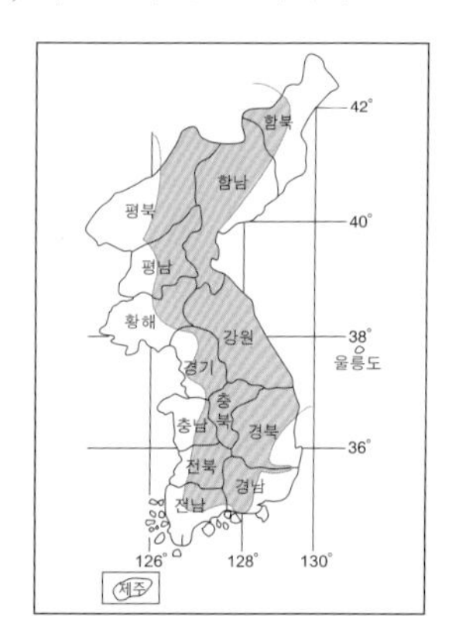

생태 / 저산 지대의 계곡 주변 숲에 서식한다. 큰까치수영, 쉬땅나무, 고추나무 등의 꽃에서 흡밀하며, 수컷은 습기 있는 땅바닥이나 돌 위에 잘 앉는다. 암컷은 식초의 잎 아랫면에 여러 개씩 산란하는데, 알을 염주 모양으로 붙여서 난주(卵柱)를 형성한다. 번데기로 월동한다.

식초 / 거북꼬리(쐐기풀과)

출현 시기 / 5~6월(춘형), 7~8월(하형) 〈연 2회 발생〉

변이 / 춘형의 날개 윗면은 황적색이나 하형은 흑갈색이다. 춘형 중에는 날개가 흑황색이고 황백색 띠가 앞날개까지 나타나는 등 하형의 특징이 나타나는 개체(125b, 125f)가 있다. 개체 간에는 날개 윗면의 황백색 띠 폭의 차이에 따라 변이가 나타난다.

암수 구별 / 춘형은 수컷의 날개 윗면에 검은색 무늬가 발달하고, 하형은 암컷이 수컷에 비해 날개 윗면의 흰색 띠의 폭이 넓다.

126. 북방거꾸로여덟팔나비 *Araschnia levana* (Linnaeus, 1758)

분포 / 경기도, 강원도와 지리산에 분포한다. 국외에는 유라시아 대륙에 분포한다.

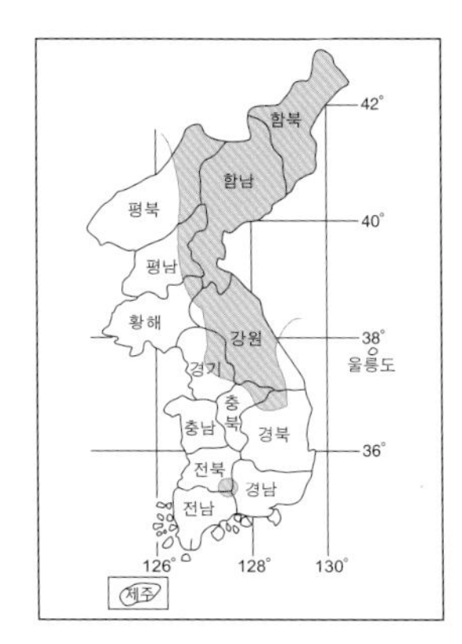

생태 / 산지의 잡목림 숲에 서식한다. 민들레, 개망초, 큰까치수영, 쉬땅나무 등의 꽃에서 흡밀한다. 수컷은 습기 있는 땅바닥에 잘 앉으며, 산 정상에서 활발하게 점유 행동을 한다. 암컷은 식초의 잎 아랫면에 몇 개씩 산란하는데, 알을 염주 모양으로 붙여 난주(卵柱)를 형성한다. 번데기로 월동한다.

식초 / 쐐기풀(쐐기풀과)

출현 시기 / 5~6월(춘형), 7~8월(하형) 〈연 2회 발생〉

변이 / 춘형의 날개 윗면은 황적색이나 하형은 흑갈색이다. 개체 간에는 뒷날개 윗면의 흰색 띠 폭의 차이로 변이가 나타난다.

암수 구별 / 춘형의 수컷은 암컷에 비해 날개 윗면에 검은색 점이 조밀하게 배열되어 있다. 하형 수컷은 암컷에 비해 뒷날개 윗면의 흰색 띠의 폭이 현저히 좁다.

127. 산네발나비 *Polygonia c-album* (Linnaeus, 1758)

분포 / 도서 지방을 제외한 전국 각지에 국지적으로 분포한다. 국외에는 아프리카와 유라시아 대륙에 광범위하게 분포한다.

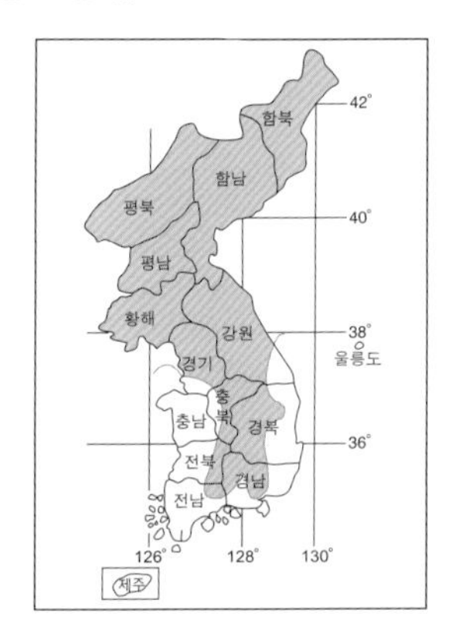

생태 / 산지의 잡목림 숲에 서식한다. 암수 모두 큰까치수영, 구절초, 쑥부쟁이 등의 꽃에서 흡밀한다. 수컷은 산길이나 절벽면에 잘 앉으며, 오후에 활발한 점유 행동을 한다. 암컷은 식수의 잎에 한 개씩 산란한다. 성충으로 월동한다.

식수 / 느릅나무(느릅나무과)

출현 시기 / 6~7월(하형), 8월~이듬해 5월(추형) 〈연 2~3회 발생〉

변이 / 추형은 하형에 비해 날개 외연의 굴곡이 깊게 나타난다. 또, 하형의 날개 아랫면은 황갈색이나 추형은 흑갈색이다. 수컷 중에는 날개 아랫면의 색상이 흑갈색인 개체(127c)와 황갈색인 개체(127d)가 있다.

암수 구별 / 암컷은 수컷에 비해 날개의 폭이 넓고 날개의 외연이 둥글며, 날개 아랫면에 검은색 선이 약하게 나타난다.

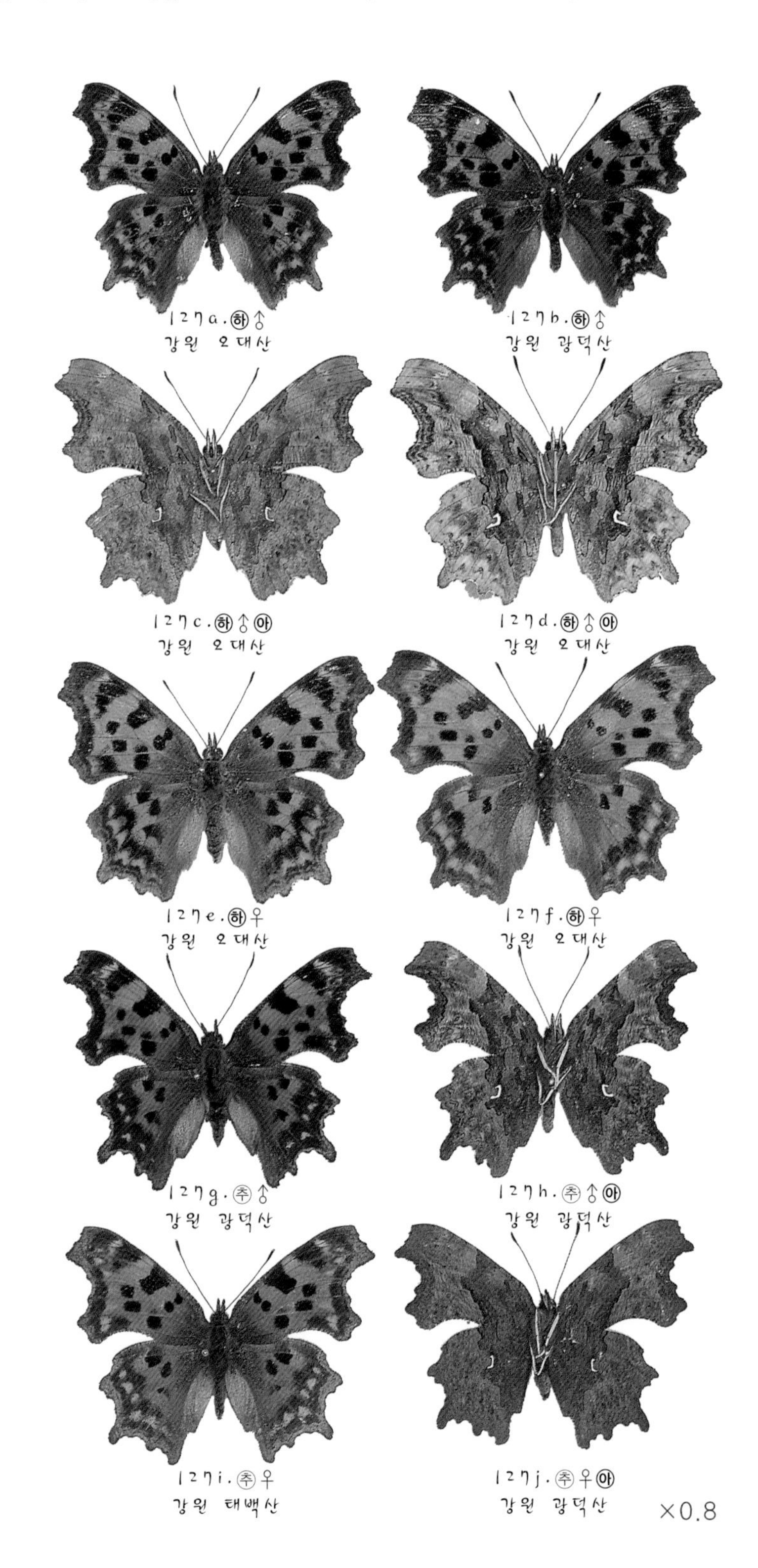

128. 네발나비 *Polygonia c-aureum* (Linnaeus, 1758)

분포 / 도서 지방을 포함한 전국 각지에 널리 분포한다. 국외에는 인도네시아, 중국, 타이완, 아무르와 일본 지역에 분포한다.

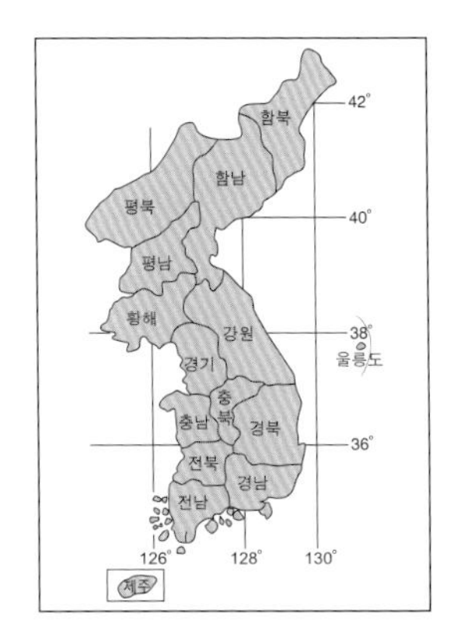

×0.9

생태 / 산지와 전답, 민가 주변의 초지에 서식한다. 여러 마리가 무리지어 구절초, 산국, 개망초 등의 꽃에서 흡밀한다. 암컷은 식초의 잎 윗면에 한 개씩 산란한다. 성충으로 월동한다.

식초 / 환삼덩굴(뽕나무과)

출현 시기 / 6~8월(하형), 8월~이듬해 5월(추형) 〈연 2~4회 발생〉

변이 / 제주도산과 서해 도서 지방산의 하형(128c, 128d)은 내륙 지역산보다 다소 흑화되어 어둡게 보인다. 하형에 비해 추형은 날개 윗면 색상이 황적색으로 밝으며, 날개 외연의 굴곡이 깊게 나타난다.

암수 구별 / 암컷은 수컷에 비해 날개 외연이 둥글며, 하형은 날개 아랫면의 황색 색상이 짙고, 추형은 적갈색 색상이 짙다.

*Araschnia*속 2종의 동정

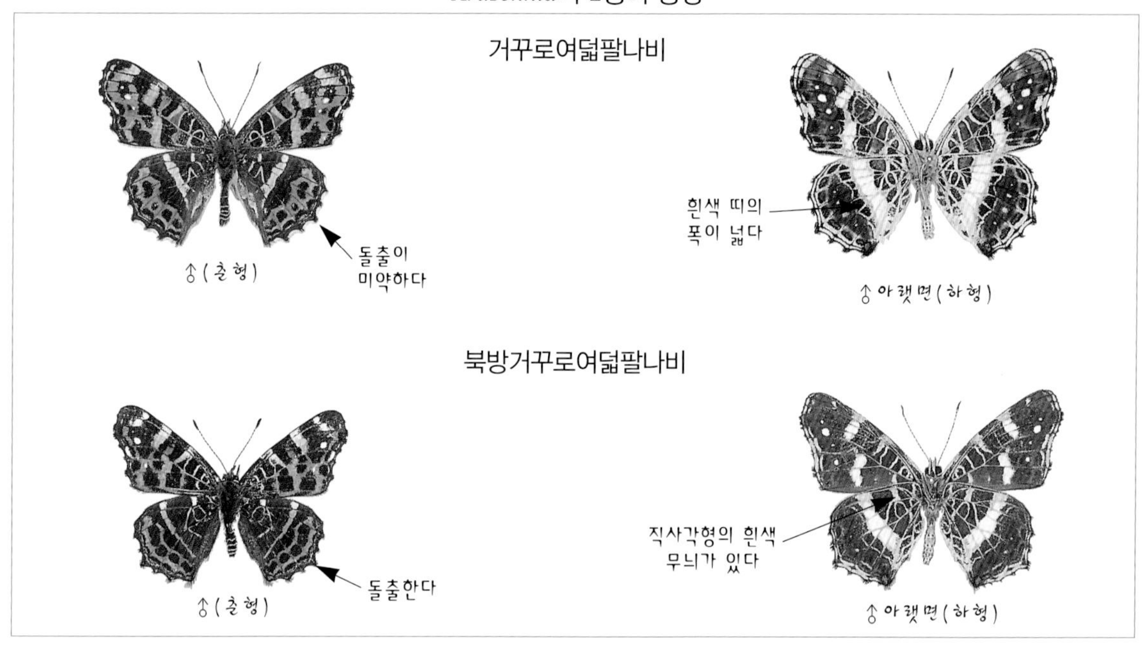

*Polygonia*속 2종의 동정

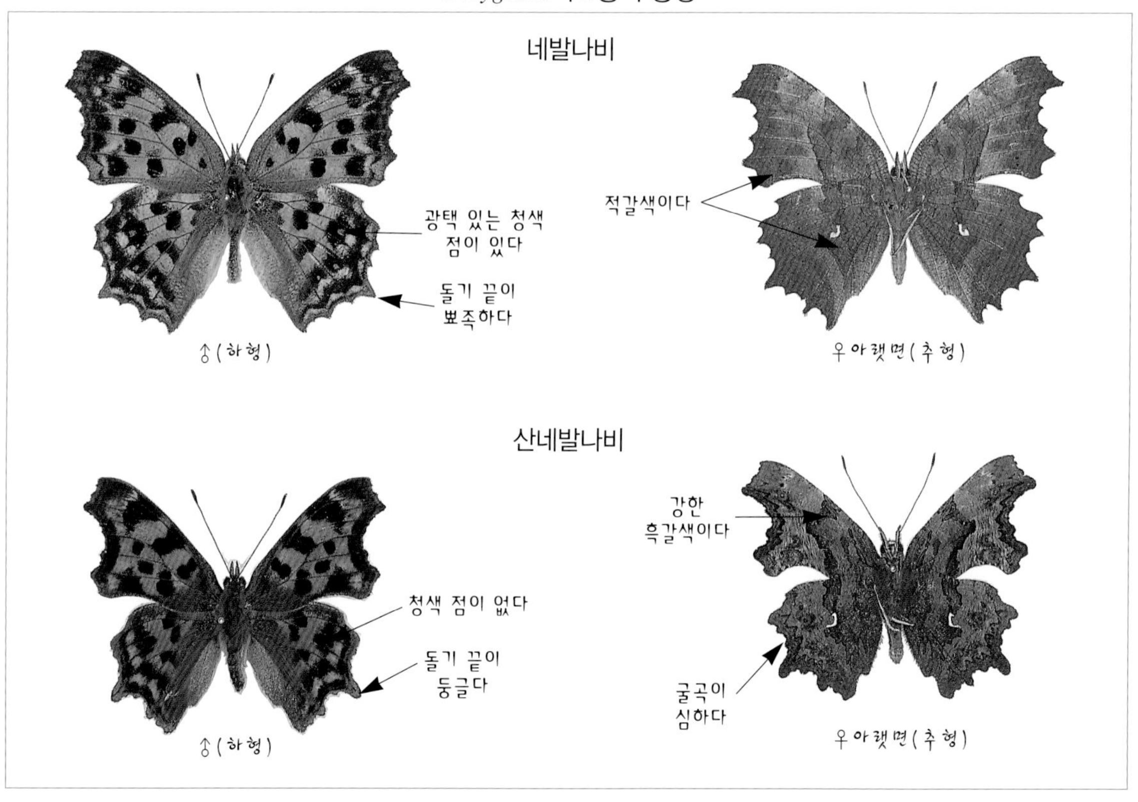

129. 갈구리신선나비 *Nymphalis l-album* (Esper, 1785)

×0.7

분포 / 38°선 이북 지역에 국지적으로 분포한다. 국외에는 유라시아 대륙과 북아메리카 일부 지역에 분포한다.

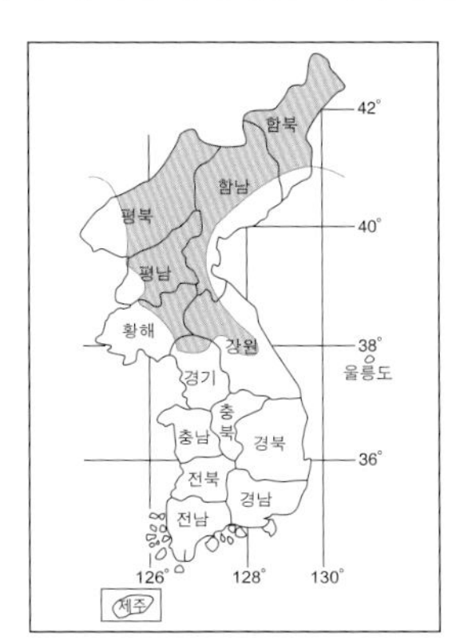

생태 / 산지의 일정 표고 이상의 잡목림 숲에 서식한다. 땅바닥이나 암벽에 잘 앉으며, 참나무, 느릅나무 등의 수액에 잘 모여든다. 암컷은 식수의 새싹이나 가는 가지에 여러 개씩 산란한다. 성충으로 월동한다.

식수 / 느릅나무(느릅나무과)

출현 시기 / 7월~이듬해 5월 〈연 1회 발생〉

변이 / 수컷의 날개 아랫면은 흑갈색인 개체와 황갈색인 개체(129c)가 있다. 암컷의 날개 아랫면도 흑갈색인 개체가 많으나, 드물게 황갈색(129f)인 개체가 있다. 개체 간에는 날개 윗면 흰색 점의 크기 차이에 따라 약간의 변이가 나타난다.

암수 구별 / 암컷은 날개 아랫면의 색상이 수컷보다 옅으나, 복부 끝을 비교해 보는 것이 정확하다.

130. 들신선나비 *Nymphalis xanthomelas* (Denis & Schiffermüller, 1775)

분포 / 일부 해안 지역을 제외한 전국 각지에 분포한다. 국외에는 유라시아 대륙과 타이완에 분포한다.

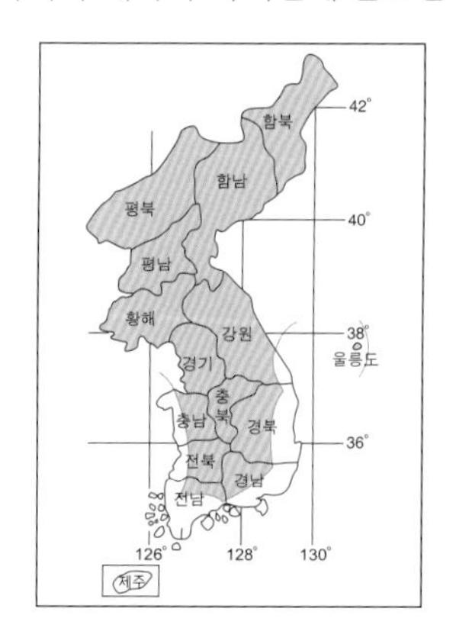

생태 / 산지의 잡목림 숲에 서식하며, 계곡 주변의 공지나 산길에서 활동한다. 습기 있는 땅바닥이나 바위에 날개를 펴고 잘 앉는다. 암수 모두 참나무 수액에 잘 모여들며 수컷은 점유 행동을 한다. 암컷은 식수의 잎눈 부근에 여러 개씩 산란한다. 성충으로 월동한다.

식수 / 갯버들(버드나무과)

출현 시기 / 6월~이듬해 4월 〈연 1회 발생〉

변이 / 개체 간에는 날개 윗면 검은색 점의 배열과 크기 차이에 따라 변이가 나타난다.

암수 구별 / 암컷은 수컷에 비해 날개의 폭이 넓고 날개 외연이 둥그나, 복부 끝을 비교해 보는 것이 정확하다.

131. 청띠신선나비 ***Kaniska canace*** **(Linnaeus, 1763)**

분포 / 제주도 등 도서 지방을 포함한 전국 각지에 널리 분포한다. 국외에는 인도, 히말라야, 미얀마, 중국과 일본 지역에 분포한다.

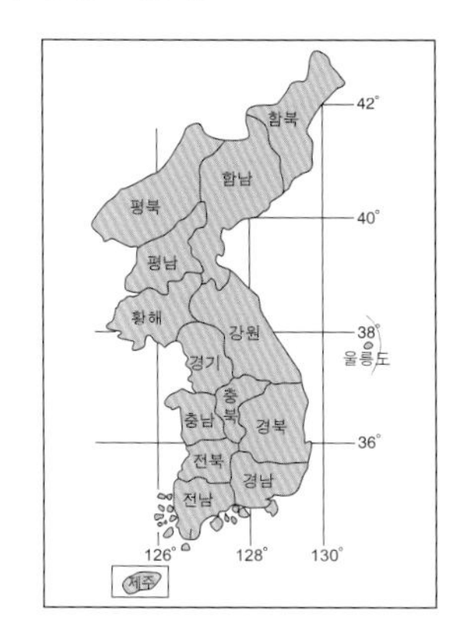

생태 / 산지의 잡목림 숲에 서식한다. 수컷은 습기 있는 땅바닥에 잘 앉으며, 활발한 점유 행동을 한다. 참나무 등의 수액과 복숭아 등의 발효된 과일에 잘 모여든다. 암컷은 식수의 잎 윗면이나 줄기에 한 개씩 산란한다. 성충으로 월동한다.

식수 / 청미래덩굴, 청가시덩굴(장미과)

출현 시기 / 6월~이듬해 5월 〈연 2회 발생〉

변이 / 하형의 날개 아랫면은 황갈색이나 추형은 짙은 흑갈색이다. 개체 간에는 앞날개 윗면 중실 끝 부분의 무늬가 흰색인 개체와 청람색인 개체가 있다. 또, 앞날개와 뒷날개 아외연부의 청자색 띠의 폭과 색상에 따라 변이가 나타난다.

암수 구별 / 암컷은 수컷에 비해 날개의 폭이 넓고 날개 외연이 둥근 모양이나, 복부 끝을 비교해 보는 것이 정확하다.

132. 신선나비 *Nymphalis antiopa* (Linnaeus, 1758)

×0.9

분포 / 강원도 동 · 북부의 일부 지역에 국지적으로 분포한다. 국외에는 유라시아 대륙과 북아메리카 대륙에 분포한다.

〈분포 특기〉 1958년에 설악산에서 채집된 후 추가 채집 기록이 없다가 근래에 강원도 해산과 광덕산에서 각각 수컷 한 개체씩이 채집된 희귀종이다.

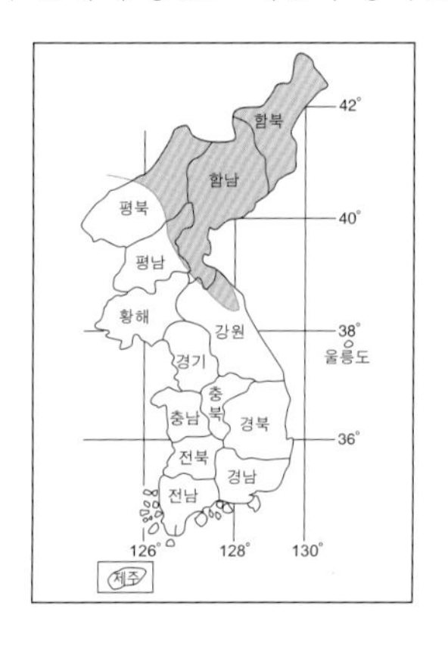

생태 / 산지의 잡목림 숲에 서식한다. 산길의 절벽면 바위와 오물에 잘 앉으며, 나무의 수액에서 영양을 취한다. 암컷은 식수의 가는 가지에 여러 개씩 산란한다. 성충으로 월동한다.

식초 / 황철나무(버드나무과)

출현 시기 / 7월 초~이듬해 5월 〈연 1회 발생〉

변이 / 계절적 변이로 하절기 이후에는 날개 외연의 황색 테의 색상이 차츰 흰색으로 변한다.

암수 구별 / 암컷은 수컷에 비해 날개의 폭이 넓고 날개 외연이 둥근 모양이나, 복부 끝을 비교해 보는 것이 정확하다.

133. 공작나비 *Aglais io* (Linnaeus, 1758)

×0.8

분포 / 강원도 일부 지역에 국지적으로 분포한다. 국외에는 유럽 서부, 중국, 아무르와 일본 지역에 분포한다.
〈분포 특기〉 강원도 광덕산, 태백산, 해산 등에서 드물게 채집되는 희귀종이다.

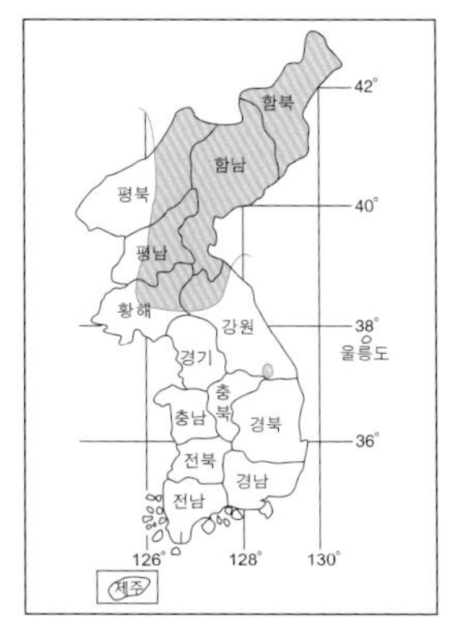

생태 / 산 능선이나 정상 부근의 숲에 서식한다. 큰까치수영, 쉬땅나무, 싸리와 외래종인 큰금계국 등의 꽃에서 흡밀하며, 수컷은 습기 있는 그늘진 땅바닥에 잘 앉는다. 암컷은 식초의 잎 아랫면에 여러 개씩 산란한다. 성충으로 월동한다.

식초 / 쐐기풀, 가는잎쐐기풀(쐐기풀과)

출현 시기 / 6월 중순~이듬해 5월 〈연 1회 발생〉

변이 / 개체 간의 크기 차이 외에는 특별한 변이가 없다.

암수 구별 / 암컷은 수컷에 비해 날개 외연이 둥근 모양이나, 복부 끝을 비교해 보는 것이 정확하다.

134. 쐐기풀나비 *Aglais urticae* (Linnaeus, 1758)

134a. ♂
강원 해산

134b. ♀
강원 광덕산

×1.0

분포 / 강원도의 일부 지역에 국지적으로 분포한다. 국외에는 유럽, 중국, 우수리와 일본 지역에 분포한다.
〈분포 특기〉 강원도 설악산, 광덕산, 해산 등에서 한 개체씩 채집된 희귀종이다.

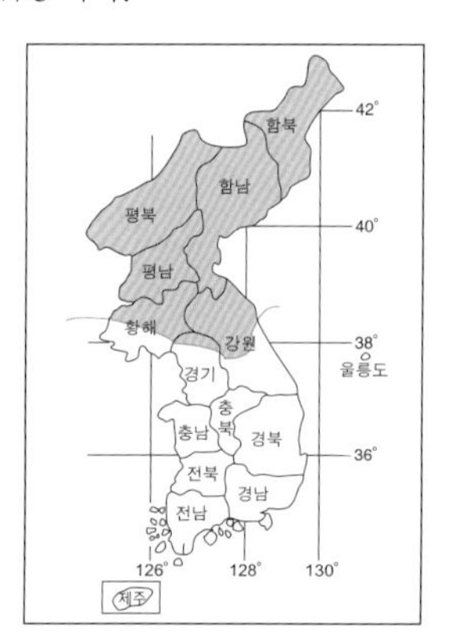

생태 / 산지의 숲에 서식하며, 산 능선과 정상 주변에서 활동한다. 암수 모두 큰까치수영, 엉겅퀴 등의 꽃에서 흡밀한다. 수컷은 습기 있는 땅바닥과 절벽의 바위에 잘 앉으며, 점유 행동을 한다. 암컷은 식초의 잎에 여러 개씩 산란한다. 성충으로 월동한다.

식초 / 쐐기풀(쐐기풀과)

출현 시기 / 6월 중순~이듬해 5월 〈연 1회 발생〉

변이 / 특별한 변이는 없다.

암수 구별 / 암컷은 수컷에 비해 날개 외연이 둥근 모양이나, 복부의 모양을 비교해 보는 것이 정확하다.

135. 작은멋쟁이나비 *Vanessa cardui* (Linnaeus, 1758)

×0.9

분포 / 전국 각지에 널리 분포한다. 국외에는 남아메리카와 오스트레일리아, 뉴질랜드 등을 제외한 세계 각지에 광범위하게 분포한다.

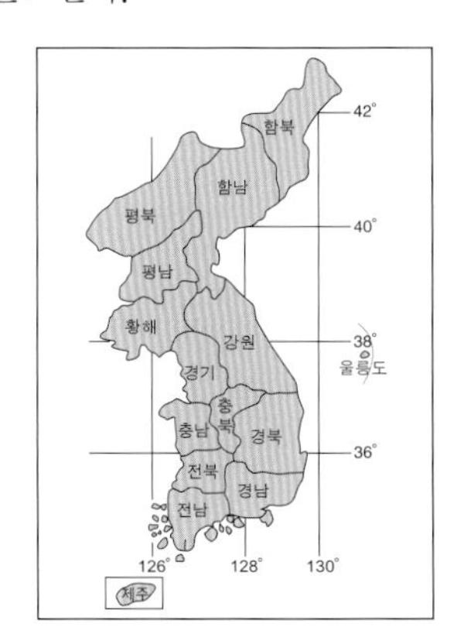

생태 / 산지나 민가, 전답 주변의 초지에 서식한다. 활기차게 날아다니며 코스모스, 국화, 엉겅퀴 등에서 흡밀한다. 암컷은 식초의 잎 윗면에 한 개씩 산란한다. 성충으로 월동한다.

식초 / 떡쑥(국화과)

출현 시기 / 5월~이듬해 5월 〈연 수 회 발생〉

변이 / 제주도, 거제도 등 도서 지방산(135d~135f)은 내륙 지역산에 비해 날개 윗면에 붉은색감이 강하여 밝게 보이는 개체가 많다. 발생 시차에 따른 변이는 거의 없다.

암수 구별 / 암컷은 수컷에 비해 날개의 폭이 넓고 날개 외연이 둥근 모양이다.

136. 큰멋쟁이나비 *Vanessa indica* (Herbst, 1794)

×1.0

분포 / 도서 지방을 포함한 전국 각지에 널리 분포한다. 국외에는 인도, 중국과 극동 아시아 지역에 분포한다.

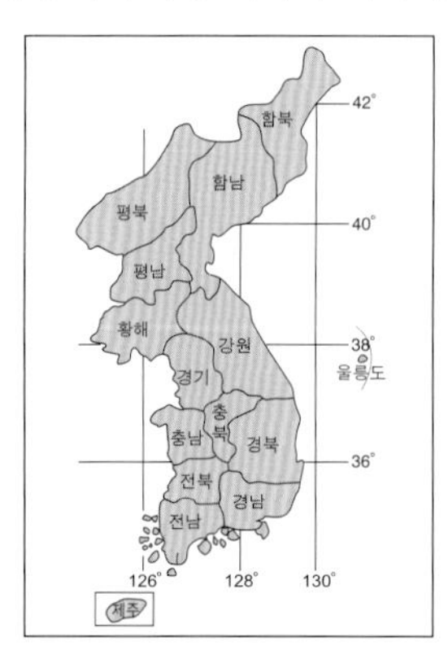

생태 / 산지의 숲과 전답, 마을 주변의 초지에 서식하나, 비상력이 강해 산 정상에서도 자주 관찰된다. 활기차게 날아다니며 국화, 엉겅퀴 등의 꽃에서 흡밀하고, 참나무 수액에도 잘 모여든다. 암컷은 식초의 어린 잎에 한 개씩 산란한다. 부화하여 나온 애벌레는 토해 낸 실로 식초의 잎을 둘러쳐서 집을 만들어 그 속에서 성장한다. 성충으로 월동한다.

식초 / 거북꼬리, 가는잎쐐기풀(쐐기풀과), 느릅나무(느릅나무과)

출현 시기 / 5~11월, 이듬해 5월 〈연 2~4회 발생〉

변이 / 발생 시차에 따른 변이와 개체 간의 변이가 거의 없다.

암수 구별 / 수컷은 암컷보다 날개 윗면의 붉은색감이 강하나, 복부 끝의 모양을 비교해 보는 것이 정확하다.

137. 유리창나비 *Dilipa fenestra* (Leech, 1891)

×0.8

분포 / 도서 지방과 해안 지역을 제외한 남한 각지에 분포한다. 국외에는 중국 동·북부와 티베트 지역에 분포한다.

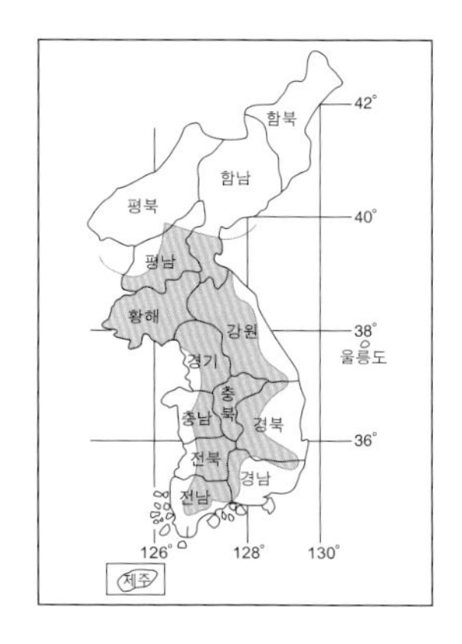

생태 / 저산 지대의 계곡 주변 잡목림 숲에 서식한다. 수컷은 계곡 주변의 땅바닥이나 바위에 잘 앉으며, 나무 끝에 앉아 점유 행동을 한다. 암수 모두 다래나무, 설탕단풍, 단풍나무의 즙을 빨아먹으며, 간혹 암컷이 물가에서 물을 빨아먹는 것이 목격된다. 암컷은 식수의 잎 아랫면에 한 개씩 산란한다. 부화하여 나온 애벌레는 토해 낸 실로 잎을 붙여 집을 만들어 그 속에서 성장한다. 번데기로 월동한다.

식수 / 팽나무, 풍게나무(느릅나무과)

출현 시기 / 4월 중순~6월 초 〈연 1회 발생〉

변이 / 수컷은 뒷날개 윗면 아외연부에 나타나는 검은색 무늬의 발달 정도(137a→137b)로 변이가 나타난다. 암컷은 날개 윗면에 나타나는 황백색 무늬의 발달 정도(137d→137e)로 약간의 변이가 나타난다.

암수 구별 / 수컷은 황갈색으로 밝게 보이나 암컷은 흑갈색으로 어둡게 보인다.

138. 먹그림나비 *Dichorragia nesimachus* (Doyère, 1840)

×0.7

분포 / 제주도와 36° 이남 지역, 서해안의 태안 반도와 경기도의 일부 해안 지역에 분포한다. 국외에는 히말라야, 미얀마, 중국, 타이완과 일본 지역에 분포한다.

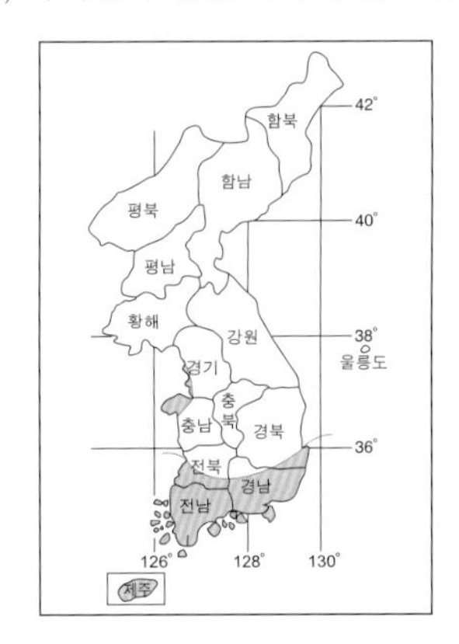

생태 / 산지의 계곡 주변 잡목림 숲에 서식한다. 수컷은 그늘진 땅바닥이나 오물에 잘 내려앉으며, 오후에는 계곡 주변이나 산 정상의 나뭇가지 끝에 앉아 점유 행동을 한다. 암수 모두 참나무, 밤나무 등의 수액에 모여들며, 암컷은 식수의 잎에 한 개씩 산란한다. 부화하여 나온 애벌레는 잎맥에 자리잡고 양쪽 잎살을 먹으며 성장한다. 번데기로 월동한다.

식수 / 나도밤나무(나도밤나무과)

출현 시기 / 5월 중순~6월 중순(춘형), 7월 하순~8월(하형) 〈연 2회 발생〉

변이 / 춘형은 약간 작으며 앞날개의 윗면 날개 끝에서 아외연부의 흰색 고리 무늬가 이중으로 나타나나, 하형은 2실의 고리 무늬가 이중으로 되어있지 않다. 제주도산 ssp. *jejuensis* Shimagami, 2000은 크기와 날개 윗면의 점과 무늬가 내륙산과 큰 차이가 없다.

암수 구별 / 암컷은 수컷에 비해 날개의 폭이 넓고 날개 외연이 둥근 모양이나, 복부 끝의 모양을 비교해 보는 것이 정확하다.

139. 오색나비 *Apatura ilia* (Denis & Schiffermüller, 1775)

분포 / 강원도 태백 산맥에 국지적으로 분포한다. 국외에는 유라시아 대륙에 분포한다.

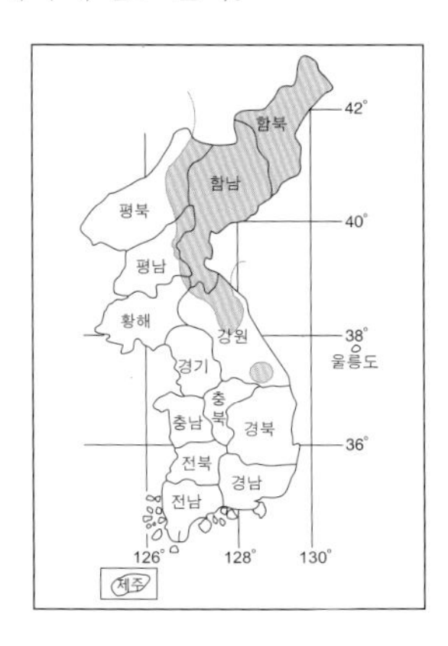

생태 / 산지의 잡목림 숲에 서식한다. 수컷은 계곡 주변의 바위와 땅바닥의 오물에 잘 모이며, 점유 행동을 한다. 암수 모두 참나무 등의 수액에 모여들어 양분을 취한다. 암컷은 식수의 잎과 가지에 몇 개씩 산란한다. 이 나비의 생활사는 아직 밝혀지지 않았다.

식수 / 황철나무(버드나무과)

출현 시기 / 7~8월 〈연 1회 발생〉

변이 / 날개의 색에 의해 자색형과 황색형으로 나눈다. 다양한 변이 중 뒷날개 윗면 흰색 띠의 폭과 굴곡 정도에 따라 세 가지 형으로 구별하였다. 강원도 오대산, 가리왕산 등 오색나비와 황오색나비가 같이 서식하는 지역에는 두 종의 종간 잡종(hybridoma)으로 보이는 개체(139d, 139u)가 많이 나타난다.

비고▶ 이 종(種)은 李(1992)에 의해 그간의 다양한 기록이 재정리되어 발표되었다. 그는 그간의 기록이 황오색나비(*A. metis* Freyer)와 혼돈되어 발표되었고, 같은 형도 자색형과 황색형이 별 아종으로 기록되는 등 많은 문제점이 있음을 지적하였다. 필자는 李(1992)와 森, 土居, 趙(1934)의 도판 그림을 검토한 결과 다음과 같은 결론을 얻게 되었다. 필자가 나눈 세 가지 형 중 '굴곡형'은 ssp. *ilia* Schiffermüller와 일치하며, '직선형'은 ssp. *clytie* Schiffermüller와, '돌출형'은 ssp. *clytie* ab *kangkeensis* Seok과 일치한다. 그 밖의 ssp. *substituta* Butler와 ssp. *mikuni* Wileman은 도판상에 나타난 특징과 기록된 분포지를 감안할 때 황오색나비로 판단된다.

암수 구별 / 수컷의 날개 윗면은 광택이 나는 청람색이나 암컷은 광택이 없는 황갈색이다.

오색나비의 세 가지 형(型)

	굴곡형	직선형	돌출형
흰색 띠의 모양			

① 오색나비 '굴곡형'의 변이

×0.8

② 오색나비 '직선형'의 변이

×0.8

③ 오색나비 '돌출형'의 변이

×0.8

140. 황오색나비 *Apatura metis* Freyer, 1829

분포 / 제주도를 제외한 전국에 분포한다. 국외에는 유라시아 대륙에 분포한다.

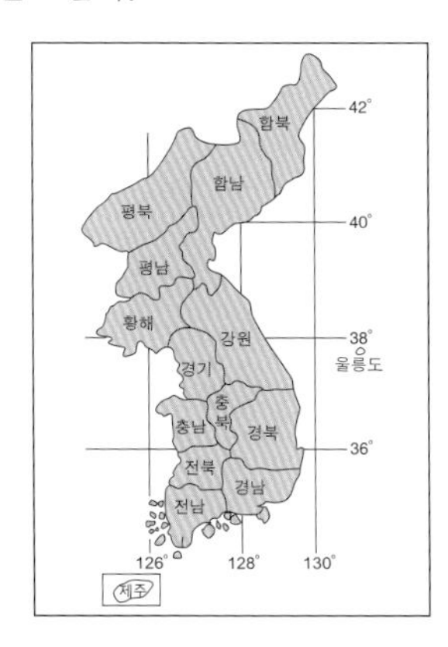

생태 / 산지와 평지, 도심지에 서식한다. 수컷은 습기 있는 땅바닥과 오물에 잘 모이며, 점유 행동을 한다. 암수 모두 참나무 등의 수액에 잘 모이며, 암컷은 잎 윗면에 한 개씩 산란한다. 2~4령 애벌레 상태로 식수 줄기의 갈라진 틈에서 월동한다.

식수 / 수양버들, 갯버들, 호랑버들(버드나무과)

출현 시기 / 6~10월 〈연 1~3회 발생〉

변이 / 오색나비와 마찬가지로 자색형과 황색형이 있다. 뒷날개 윗면의 흰색 대의 폭과 굴곡 정도에 따라 세 가지 형으로 구별하였다.

비고▶ 그간에 발표된 내용과 森, 土居, 趙(1934)의 도판 그림을 검토한 결과 필자가 나눈 세 가지 형 중 '굴곡형'의 황색형은 Nakayama(1932)가 발표한 *A. ilia substituta* Butler에, 자색형은 *A. ilia mikuni* Wileman에 해당된다. '중폭형'은 *A. ilia heijona* Masumura(1928)와 유사하며, '광폭형'은 중폭형보다 흰색 띠의 폭이 넓은 개체들을 구별하기 위해 설정한 것이다.

암수 구별 / 수컷의 날개는 광택이 있는 청람색이나 암컷은 광택이 없는 흑갈색이다.

황오색나비의 세 가지 형(型)

	굴곡형	중폭형	광폭형
흰색 띠의 모양			

① 황오색나비 '굴곡형'의 변이

140a. ♂ 강원 오대산

140b. ♀ 강원 오대산

140c. ♂ 강원 계방산

140d. ♂ 강원 계방산

140e. ♂ 강원 오대산

140f. ♂㉵ 강원 오대산

140g. ♂ 강원 오대산

140h. ♀ 강원 오대산

×0.8

② 황오색나비 '중폭형'의 변이

③ 황오색나비 '광폭형'의 변이

×0.9

*Apatura*속의 오색나비와 황오색나비의 동정

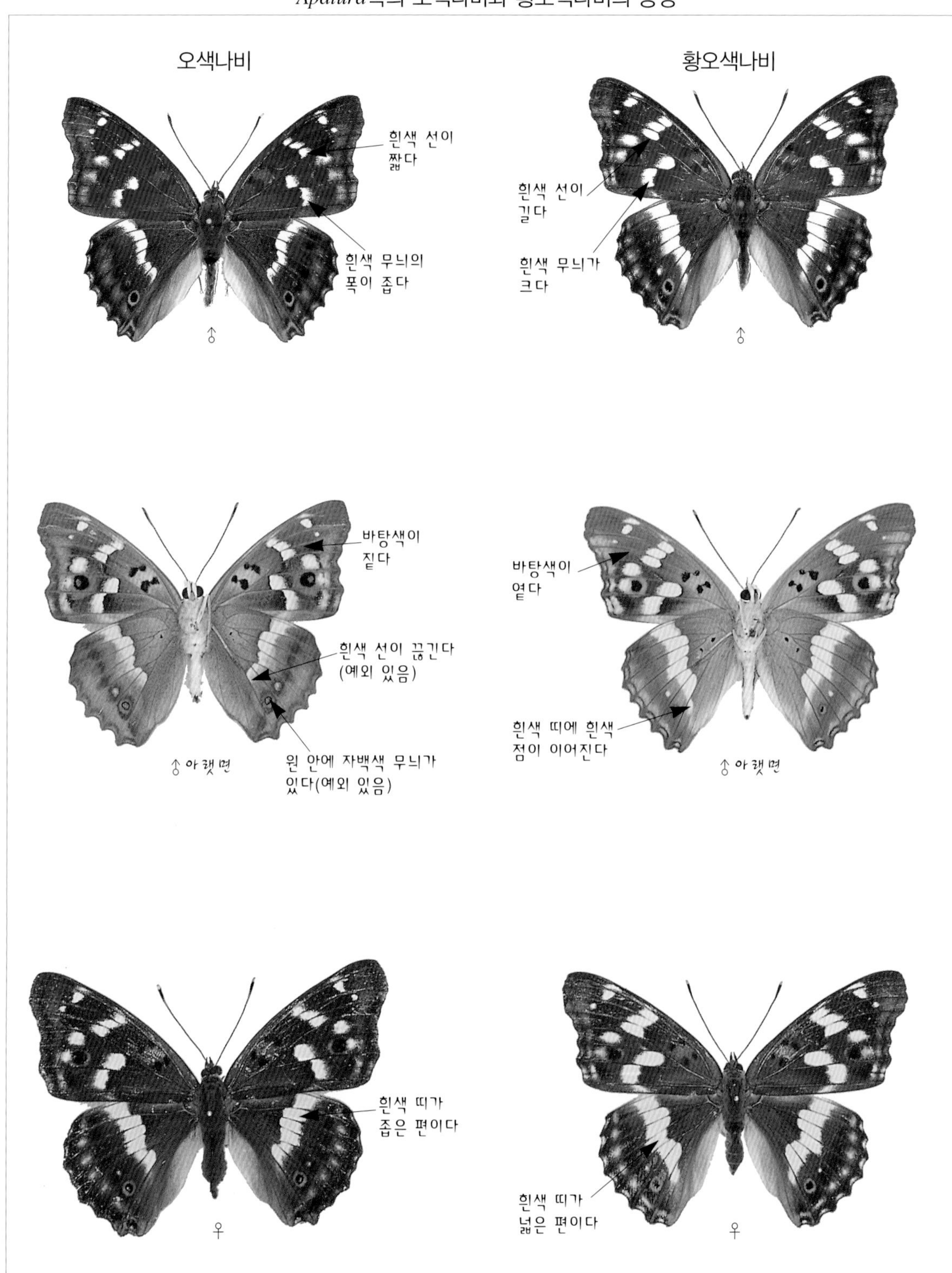

141. 번개오색나비 *Apatura iris* (Linnaeus, 1758)

분포 / 지리산 이북의 동 · 북부 지역에 국지적으로 분포한다. 국외에는 유라시아 대륙 북부 지역에 분포한다.

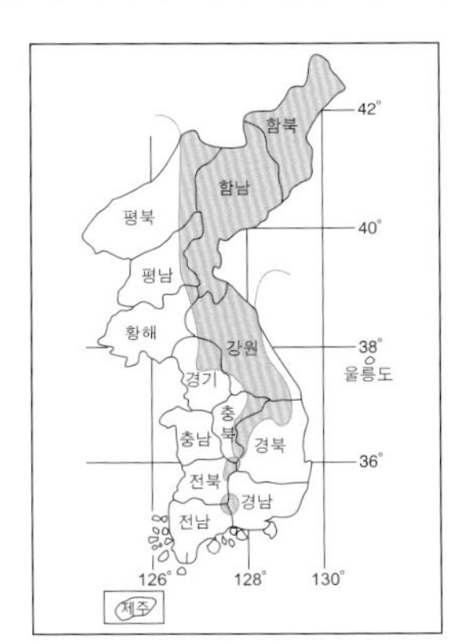

생태 / 산지의 능선과 정상 부근의 잡목림 숲에 서식한다. 수컷은 습기 있는 땅바닥과 오물에 잘 앉으며, 오후에는 산 능선에서 활발하게 점유 행동을 한다. 암수 모두 참나무 등의 수액에 모여 영양을 취한다. 암컷은 식수의 잎 윗면에 한 개씩 산란한다. 월동은 애벌레로 나뭇가지의 틈에서 한다.

식수 / 호랑버들, 버드나무(버드나무과)

출현 시기 / 6월 하순~8월 〈연 1회 발생〉

변이 / 동 · 북부 지역산은 ssp. *amurensis* Stichel, 1909로, 중 · 남부 지역산은 ssp. *peninsularis* Takakura et Lee, 1980으로 분류되어 있다. 암컷 중에는 날개 윗면의 흰색 띠 옆에 갈색 무늬가 있는 개체(141d)와 뒷날개의 흰색 띠에 황색을 띠는 개체(141f)가 드물게 나타난다.

암수 구별 / 수컷은 날개 윗면이 광택이 있는 청람색이나 암컷은 광택이 없는 흑갈색이다.

142. 밤오색나비 *Mimathyma nycteis* (Ménétriès, 1859)

×0.8

분포 / 강원도와 충청 북도 일부 지역에 국지적으로 분포한다. 국외에는 중국, 아무르와 우수리 지역에 분포한다.

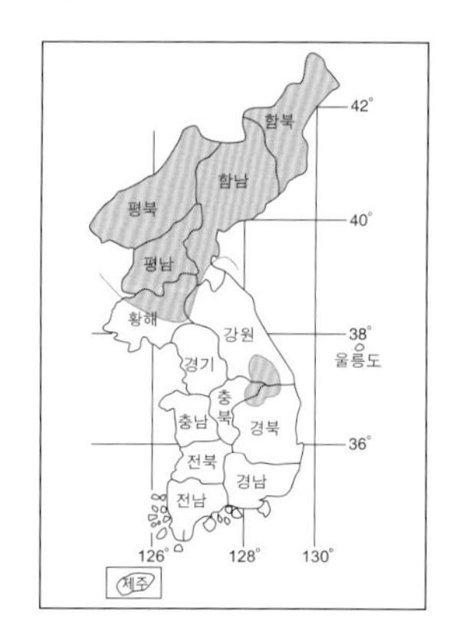

생태 / 산지의 잡목림 숲에 서식한다. 수컷은 공터의 습기 있는 땅바닥과 새와 짐승의 배설물에 잘 앉는다. 암수 모두 느릅나무 수액에 잘 모이며, 수컷은 오후에 산 능선에서 점유 행동을 한다. 암컷은 식수의 잎 윗면에 한 개씩 산란한다. 애벌레로 월동한다.

식수 / 느릅나무(느릅나무과)

출현 시기 / 6월 중순~8월 〈연 1회 발생〉

변이 / 개체 간의 크기 차이 외에 특별한 변이는 없다.

암수 구별 / 암컷은 수컷에 비해 날개 외연이 둥글며, 날개 아랫면의 황갈색이 옅다.

143. 은판나비 *Mimathyma schrenckii* (Ménétriès, 1859)

×0.8

분포 / 도서 지방을 제외한 전국 각지에 분포한다. 국외에는 중국 동·북부, 우수리와 아무르 지역에 분포한다.

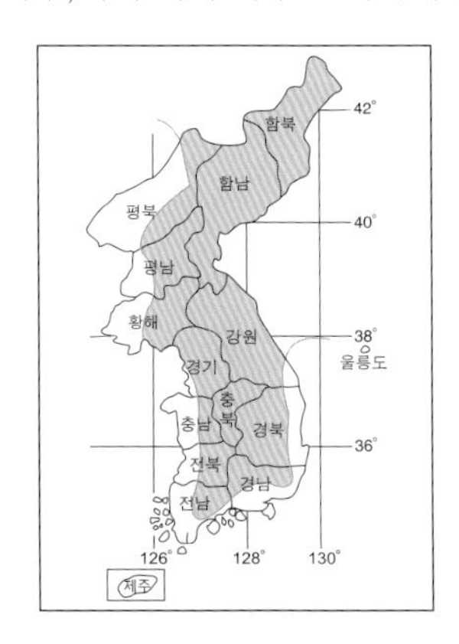

생태 / 산기슭이나 계곡 주변의 잡목림 숲에 서식한다. 수컷은 습기 있는 땅바닥과 오물에 잘 모이는데, 수십 마리가 무리지어 있을 때도 있다. 수컷은 암컷을 찾아 식수 주변을 선회하여 날지만 점유 행동은 하지 않는다. 암컷은 참나무 수액에 모여들며, 식수의 잎 윗면에 한 개씩 산란한다. 월동은 애벌레로 식수의 줄기 틈에서 한다.

식수 / 느릅나무, 참느릅나무, 느티나무(느릅나무과)

출현 시기 / 6월 중순~8월 〈연 1회 발생〉

변이 / 수컷 간에는 앞날개 윗면의 주황색 무늬의 발달 정도에 따라 변이가 나타난다. 주황색 무늬가 없는 개체와 크게 발달한 개체(143b)가 있다.

암수 구별 / 암컷은 수컷에 비해 날개의 폭이 넓고, 날개 외연이 둥근 모양이며, 앞날개 윗면의 주황색 무늬가 발달한다.

144. 왕오색나비 *Sasakia charonda* (Hewitson, 1862)

분포 / 제주도를 포함한 남한 각지에 분포한다. 국외에는 중국 서부와 동·북부, 타이완과 일본 지역에 분포한다.

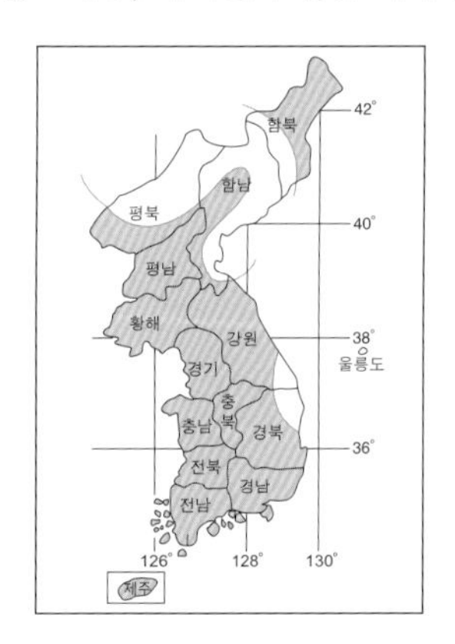

생태 / 산지의 계곡 주변 잡목림 숲에 서식한다. 암수 모두 참나무 수액에 모여들어 영양을 취한다. 수컷은 바위나 오물에 잘 앉으며, 오후에 산 정상에서 활기차게 점유행동을 한다. 암컷은 식수의 작은 가지에 여러 개씩 산란한다. 3령 애벌레로 식수 주변의 나뭇잎 아랫면에 붙어서 월동한다.

식수 / 팽나무, 풍게나무(느릅나무과)

출현 시기 / 6월 중순~8월 〈연 1회 발생〉

변이 / 개체 간에는 색상의 뚜렷한 차이를 나타내는 두 가지 형이 있다. 암수에서 뒷날개 아랫면에 검은색 선과 무늬가 발달한 개체(144c)와 검은색 무늬가 없고 바탕이 연두색인 개체(144b)가 있다. 또, 암컷 날개 윗면의 흰색 점에 황색감이 강하게 드는 개체가 있다.

암수 구별 / 수컷의 날개 윗면은 광택이 있는 청람색이나 암컷은 광택이 없는 흑갈색이다.

145. 흑백알락나비 *Hestina japonica* (C. Felder & R. Felder, 1862)

분포 / 울릉도와 제주도, 동해안 지역을 제외한 남해안 도서 지방과 전국에 국지적으로 분포한다. 국외에는 히말라야, 중국 서·남부와 일본 지역에 분포한다.

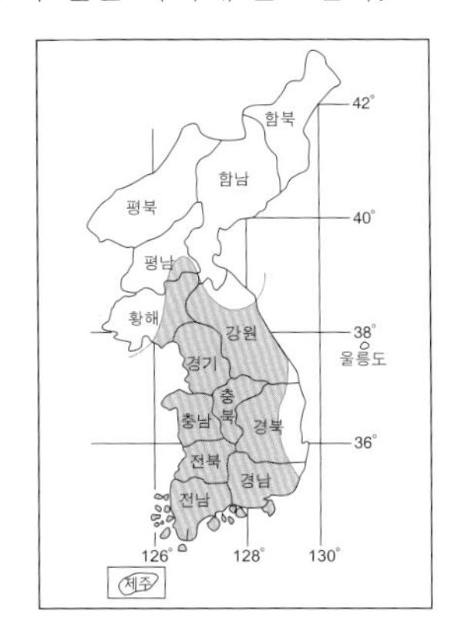

145a. ㊤♂ 경기 명지산

145b. ㊤♀ 경기 광릉

145c. ㊤♂ 경기 고령산

145d. ㊤♀ 경기 고양

145e. ㊤♂ 경기 화야산

145f. ㊤♀ 경기 광릉

145g. ㊦♂ 경기 화야산

145h. ㊦♀ 서울 관악산

×0.7

생태 / 산지의 잡목림 숲에 서식한다. 수컷은 습기 있는 땅바닥이나 짐승의 배설물에 잘 모여들며, 오후에는 산 정상에서 점유 행동을 한다. 암컷은 나뭇가지나 잎에 한 개 내지 수십 개씩 산란한다. 애벌레로 식수 주변의 낙엽 아랫면에 붙어서 월동한다.

식수 / 팽나무, 풍게나무(느릅나무과)

출현 시기 / 5~6월(춘형), 7월 하순~8월(하형) 〈연 2~3회 발생〉

변이 / 춘형은 하형에 비해 날개 윗면의 색상이 옅으며, 시맥에 검은색 선이 나타난다. 하형의 날개는 검은색이며, 흰색 무늬가 나타난다. 춘형에서 늦게 출현하는 개체 중에 앞날개와 뒷날개의 아외연부에 옅은 검은색 인분이 나타나는 등 하형의 특징을 가진 중간형 개체(145e, 145f)가 간혹 나타난다. 또, 춘형은 앞날개와 뒷날개 윗면에 나타나는 옅은 검은색 인분의 발달 정도에 따라 다양하게 변이가 나타난다.

암수 구별 / 암컷은 수컷에 비해 날개의 폭이 넓고 날개 외연이 둥근 모양이다.

146. 홍점알락나비 *Hestina assimilis* (Linnaeus, 1758)

분포 / 제주도를 포함한 전국에 널리 분포한다. 국외에는 중국, 티베트, 타이완과 일본에 분포한다.

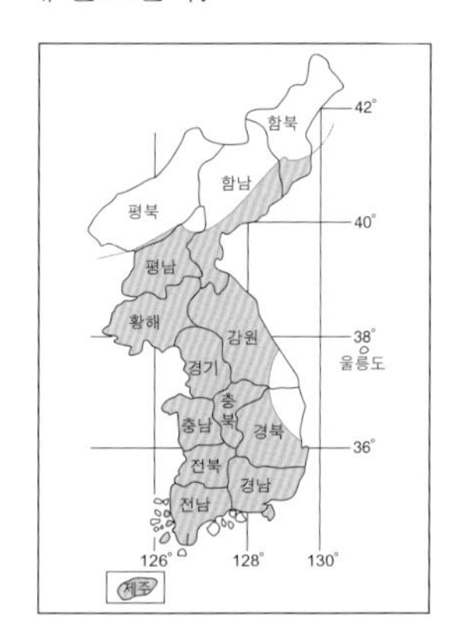

생태 / 산기슭과 주변의 잡목림 숲에 서식한다. 수컷은 오후에 산 능선이나 정상에서 활발하게 점유 행동을 한다. 암수 모두 참나무의 수액에 잘 모이며, 암컷은 식수의 잎 윗면에 한 개씩 산란한다. 애벌레로 식수 근처의 낙엽 아랫면에 붙어서 월동한다.

식수 / 팽나무, 풍게나무(느릅나무과)

출현 시기 / 5월 하순~6월 하순(춘형), 7월 하순~9월(하형) 〈연 3회 발생〉

변이 / 제주도산(146g, 146h)은 뒷날개 윗면 아외연부의 붉은색 점이 내륙 지역산에 비해 크게 발달하여, 수컷은 그 점들끼리 연결된 느낌을 준다. 춘형이 하형보다 현저히 크고, 하형 중 8월 중순에 출현하는 3화는 2화 보다 작다. 개체 간에는 날개 윗면에 나타나는 유백색 무늬의 모양 차이에 따라 다양하게 변이가 나타난다.

암수 구별 / 암컷은 수컷에 비해 날개의 폭이 넓고 날개 외연이 둥근 모양이다.

147. 수노랑나비 *Dravira ulupi* (Doherty, 1889)

×0.8

분포 / 제주도와 해안 지역을 제외한 전국에 분포한다. 국외에는 방글라데시, 중국과 타이완 지역에 분포한다.

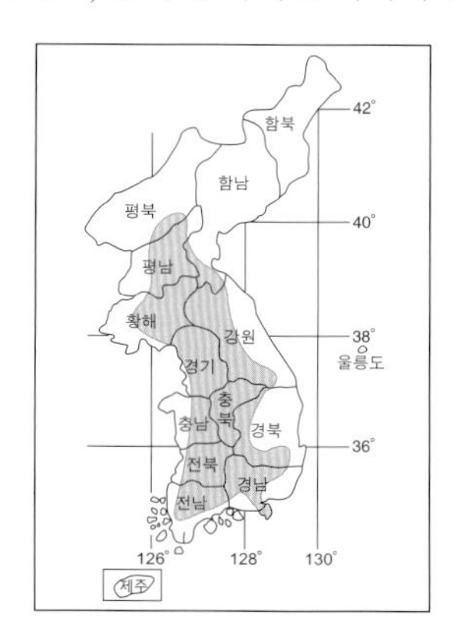

생태 / 저산 지대의 잡목림 숲에 서식한다. 참나무 수액에 잘 모이며, 수컷은 나무 사이를 민첩하게 날아다니며 점유 행동을 한다. 암컷은 식수의 잎 아랫면에 몇십 개씩 산란한다. 애벌레로 월동하는데, 낙엽 아랫면에 여러 마리가 붙어서 집단으로 한다.

식수 / 팽나무, 풍게나무(느릅나무과)

출현 시기 / 6월 중순~8월 〈연 1회 발생〉

변이 / 수컷 간에는 날개 윗면 검은색 점의 발달 정도로 변이가 나타나며, 암컷 간에는 뒷날개 윗면 흰색 띠의 폭 차이(147c→147d)로 변이가 나타난다.

암수 구별 / 수컷의 날개 윗면은 밝은 황갈색이나 암컷은 흑갈색이다.

148. 대왕나비 *Sephisa princeps* (Fixsen, 1887)

×0.7

분포 / 제주도를 제외한 전국 각지에 국지적으로 분포한다. 국외에는 인도, 중국과 연해주 지역에 분포한다.

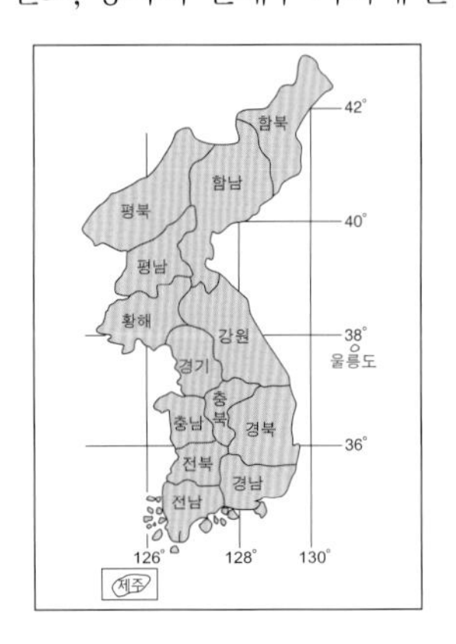

생태 / 산지의 잡목림 숲에 서식한다. 수컷은 습기 있는 땅바닥에 잘 앉으며, 산 능선이나 정상에서 점유 행동을 한다. 암컷은 참나무 수액에 잘 모이며, 식수의 잎에 백여 개씩 산란한다. 애벌레로 월동하는데, 잎을 말아서 그 속에서 여러 마리가 집단으로 한다.

식수 / 굴참나무, 상수리나무, 신갈나무(너도밤나무과)

출현 시기 / 6월 하순~8월 〈연 1회 발생〉

변이 / 수컷 중에는 날개 윗면의 검은색 점이 미약하여 황색 부위가 널리 나타나는 개체(148b)가 드물게 있다.

암수 구별 / 수컷의 날개 윗면은 황적색에 검은색 선과 점이 있고, 암컷은 흑갈색에 흰색 선과 점이 배열되어 있다.

149. 왕나비 *Parantica sita* (Kollar, 1844)

×0.7

분포 / 제주도에 분포한다. 국외에는 아프가니스탄, 히말라야, 동남 아시아, 중국 남부와 일본 지역에 분포한다.

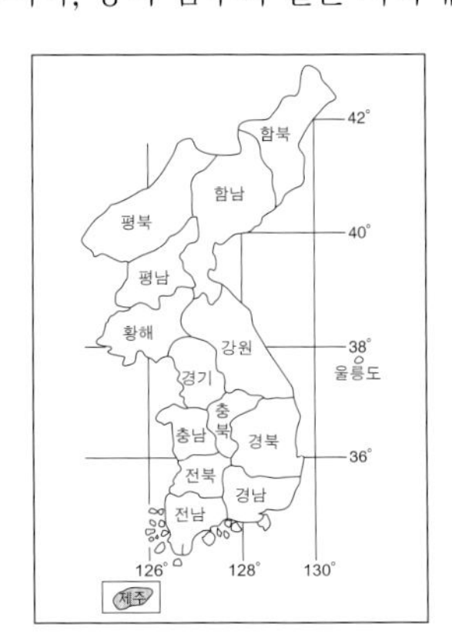

생태 / 산 능선이나 정상의 숲에서 서식하며, 곰취나물, 엉겅퀴, 큰까치수영 등의 꽃에서 흡밀한다. 제주도에서 발생한 1화들이 태백 산맥을 따라 각지로 이동한다. 이로부터 발생한 2화 개체가 7월 중순 이후에 여러 산의 능선에서 관찰된다. 암컷은 식수의 잎 아랫면에 한 개씩 산란한다. 애벌레로 월동한다.

식초 / 박주가리(박주가리과)

출현 시기 / 5~6월(춘형), 7~9월(하형) 〈연 2~3회 발생〉

변이 / 춘 · 하형 간에는 크기 외에 다른 차이점이 없으며, 개체 간에도 변이가 거의 없다.

암수 구별 / 수컷은 뒷날개 후각 부근에 흑갈색 반점으로 된 성표가 있다.

150. 애물결나비 *Ypthima argus* Butler, 1866

분포 / 제주도를 포함한 전국에 널리 분포한다. 국외에는 중국 동·북부와 우수리에 분포한다.

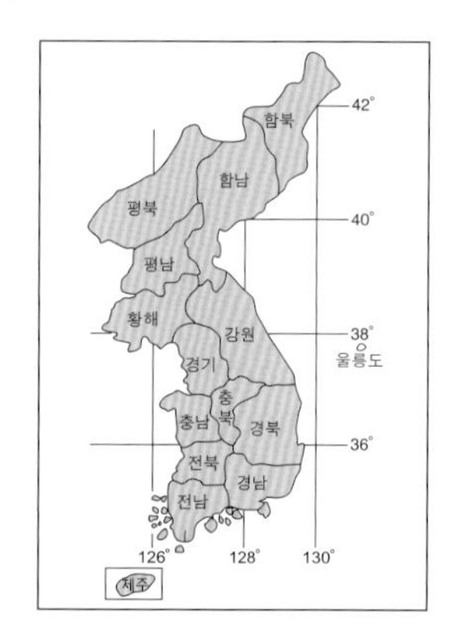

생태 / 저산 지대와 주변의 초지에 서식한다. 풀밭 사이를 연약하게 날아다니며, 날개를 펴고 나뭇잎에서 햇볕을 쬐거나, 엉겅퀴, 토끼풀 등의 꽃에서 흡밀한다. 암컷은 식초의 잎이나 줄기에 한 개씩 산란한다. 애벌레로 나뭇잎 아래에서 월동한다.

식초 / 잔디, 벼, 바랭이(화본과)

출현 시기 / 5월 초순~9월 〈연 2~3회 발생〉

변이 / 발생 시차에 따른 변이로 2화(化)는 1화 보다 소형이다. 또, 1화의 날개 아랫면은 황색감이 있는 흑갈색이나 2화는 흑갈색이고, 뱀눈 무늬는 약간 커진다. 1화 간에는 뱀눈 무늬의 크기 차이(150b→150c)로 변이가 나타난다.

암수 구별 / 암컷은 수컷에 비해 날개 외연이 둥근 모양이고, 날개 윗면의 흑갈색 색상이 옅다.

150a. 1화♂ 경기 고령산
150b. 1화♂ⓐ 경기 고령산
150c. 1화♂ⓐ 강원 계방산
150d. 1화♀ⓐ 강원 계방산
150e. 2화♂ⓐ 충남 도고
150f. 2화♀ 강원 방태산
150g. 2화♂ⓐ 경기 천마산
150h. 2화♀ⓐ 강원 쌍룡

×1.0

151. 물결나비 *Ypthima multistriata* Butler, 1883

분포 / 제주도를 포함한 전국 각지에 분포한다. 국외에는 중국 북부와 일본 지역에 분포한다.

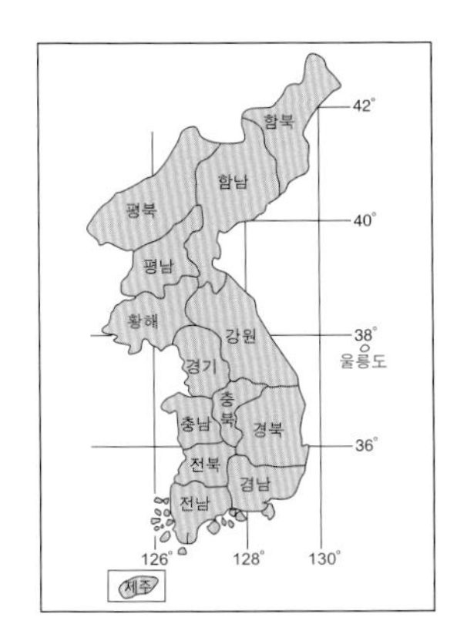

생태 / 저산 지대의 묘소, 산길 주변 등의 초지에 서식한다. 멈칫멈칫 날아다니며 풀잎에 앉아 햇볕을 쬐거나, 개망초, 토끼풀 등의 꽃에서 흡밀한다. 수컷은 여러 마리가 습기 있는 땅바닥에 무리지어 앉아 물을 빨아먹으며, 부패한 과일에서 즙을 빨아먹기도 한다. 암컷은 식초의 잎에 한 개씩 산란한다. 애벌레로 월동한다.

식초 / 벼, 바랭이, 참억새(화본과)

출현 시기 / 5월 중순~9월 〈연 2~3회 발생〉

변이 / 발생 시차에 따른 변이로 2~3화는 1화 보다 소형이다. 경상 남도 욕지도(151g)와 제주도(151h) 등 남부 지역의 2~3화들은 날개 아랫면의 색상이 내륙 지역산보다 흰색감이 강해서 밝게 보인다. 개체 간에는 날개 아랫면의 뱀눈 무늬 주위에 나타나는 암갈색 부위의 발달 정도에 따라 변이가 나타난다.

암수 구별 / 암컷은 수컷에 비해 날개 외연이 둥근 모양이고, 날개 윗면의 검은색감이 약하다.

×1.0

152. 석물결나비 *Ypthima motshulskyi* (Bremer & Grey, 1853)

분포 / 제주도를 포함한 남한 각지에 국지적으로 분포한다. 국외에는 중국 동 · 북부, 아무르와 연해주 지역에 분포한다.

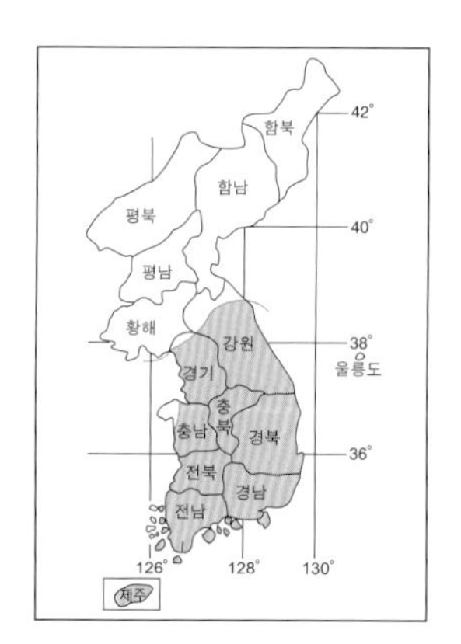

생태 / 저산 지대와 주변의 초지에 서식한다. 멈칫멈칫 날아서 가까운 거리를 옮겨 다니며 풀잎에 앉아 쉬거나, 개망초, 토끼풀, 엉겅퀴 등의 꽃에서 흡밀한다. 수컷은 습기 있는 땅바닥에 잘 앉는다. 암컷은 식초 잎의 윗면에 한 개씩 산란한다. 애벌레로 월동한다.

식초 / 실새풀, 벼, 참억새(화본과)

출현 시기 / 6월 중순~8월 〈연 1~2회 발생〉

변이 / 발생 시차에 따른 변이로 2화는 1화 보다 작으며, 날개 아랫면의 암갈색 색감이 강하다. 개체 간에는 앞날개 아랫면 뱀눈 무늬 주변의 암갈색 부위의 발달 정도에 따라 변이가 나타난다.

암수 구별 / 암컷은 수컷에 비해 날개 외연이 둥그나, 복부 끝의 모양을 비교해 보는 것이 정확하다.

153. 부처나비 *Mycalesis gotama* Moore, 1857

분포 / 제주도를 제외한 남한 각지에 널리 분포한다. 국외에는 아삼, 미얀마, 북부 인도차이나, 중국 중 · 남부, 일본 지역에 분포한다.

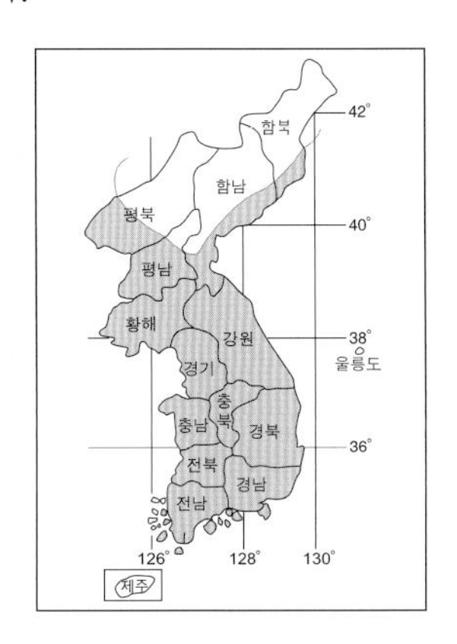

생태 / 저산 지대와 전답 주변의 초지에 서식한다. 느리게 날아다니다 나뭇잎에 앉아 햇볕을 쬐거나, 느릅나무 등의 수액에서 양분을 취한다. 암컷은 식초의 잎 아랫면에 한 개씩 산란한다. 애벌레로 월동한다.

식초 / 주름조개풀, 참억새(화본과)

출현 시기 / 4월 중순~10월 〈연 2~3회 발생〉

변이 / 발생 시차에 따른 변이로 1화 보다 2화가 약간 소형이다. 개체 간에는 날개 아랫면의 회백색 선의 폭 차이로 변이가 나타나는데, 비교적 폭이 넓은 개체(153f, 153h)가 드물게 나타난다.

암수 구별 / 수컷은 뒷날개 전연부에 가는 흰 털이 모인 성표가 있다.

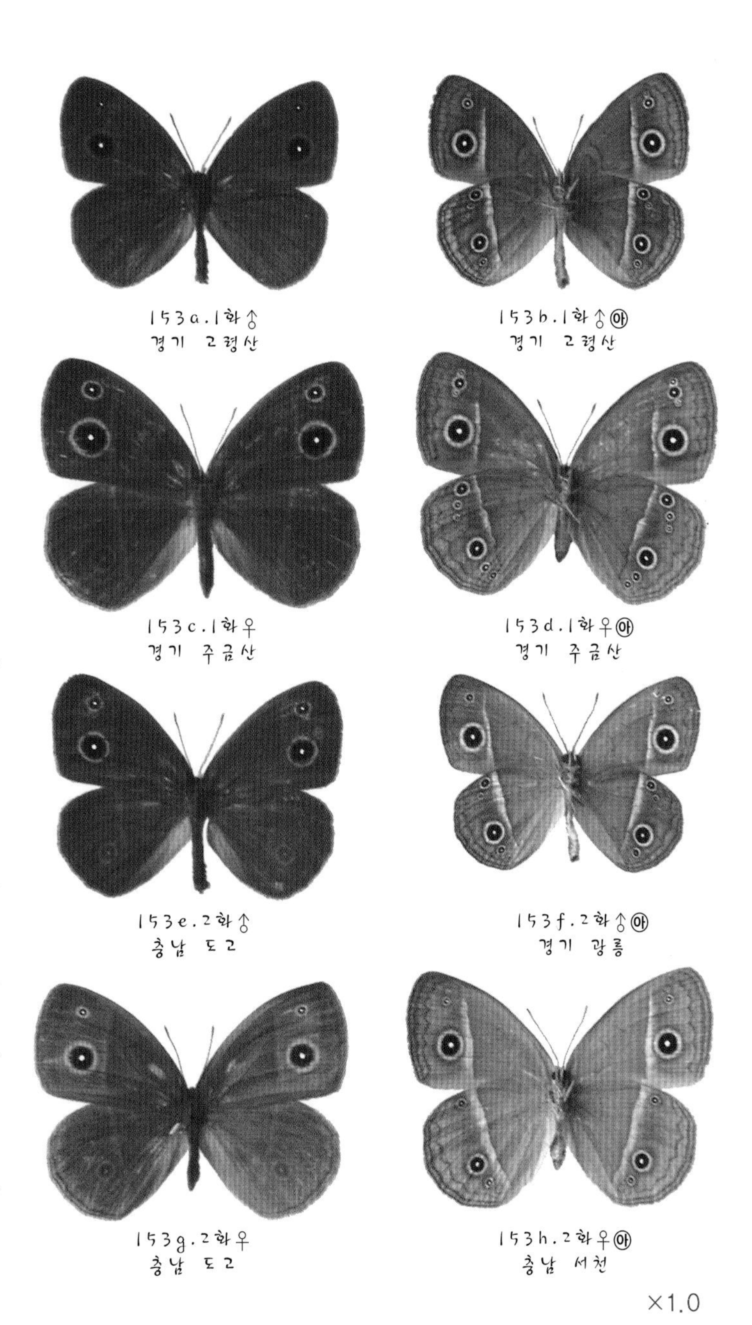

×1.0

154. 부처사촌나비 *Mycalesis francisca* (Stoll, 1780)

분포 / 제주도를 포함한 남한 각지에 널리 분포한다. 국외에는 히말라야, 아삼, 미얀마, 인도차이나, 중국, 타이완과 일본 지역에 분포한다.

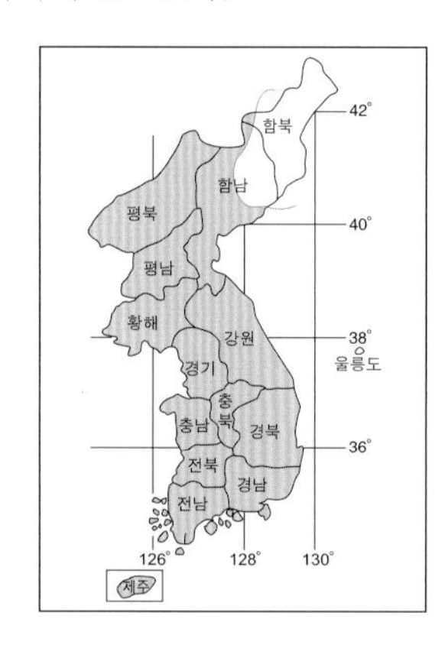

생태 / 저산 지대와 주변의 초지에 서식한다. 숲 사이를 낮게 날아다니다 어두운 숲 속으로 날아 들어가거나 나무 줄기에 잘 앉는다. 암컷은 식초의 잎 아랫면에 한 개씩 산란한다. 애벌레로 월동한다.

식초 / 실새풀, 참억새(화본과)

출현 시기 / 4~10월 〈연 2~3회 발생〉

변이 / 발생 시차에 따른 변이가 나타난다. 1화는 날개 아랫면의 색상이 회백색 선 안쪽은 암갈색이 짙고 밖은 옅으나, 2화 암컷은 그 색상의 차이가 미약하다. 개체 간에는 날개 아랫면의 회백색 선의 폭 차이로 변이가 나타난다. 간혹 그 폭이 넓은 개체(154f)가 나타나는데 제주도와 남부 지역에서 그 빈도가 높다.

암수 구별 / 수컷은 앞날개 윗면 후연 제1맥과 뒷날개 윗면 기부에 가는 흰 털이 뭉쳐진 성표가 있다.

154a.1화♂
강원 방태산

154b.1화♂(야)
경기 화야산

154c.1화♂(야)
강원 방태산

154d.1화♀
경기 정개산

154e.1화♀(야)
인천 영종도

154f.1화♀(야)
경남 거제도

154g.2화♂(야)
제주 서귀포

154h.2화♀(야)
제주 서귀포

×0.9

*Ypthima*속 3종의 동정

*Mycalesis*속 2종의 동정

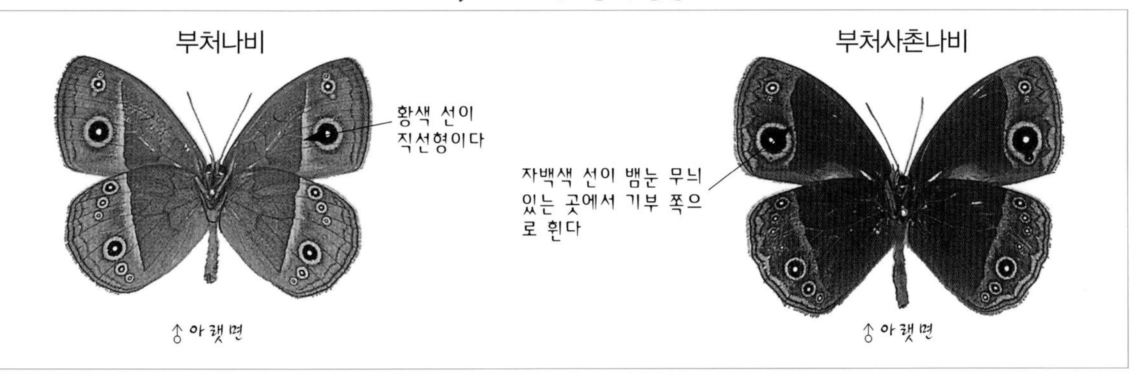

155. 외눈이지옥나비 *Erebia cyclopius* (Eversmann, 1844)

×1.0

분포 / 강원도 동 · 북부 지역에 국지적으로 분포한다. 국외에는 유라시아 대륙에 분포한다.

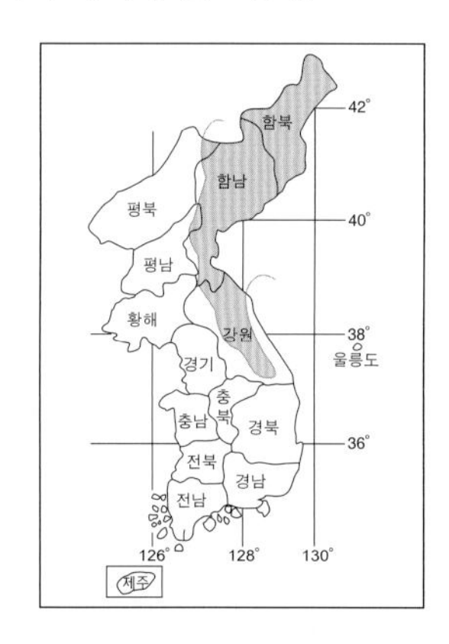

생태 / 산지의 일정 표고 이상의 잡목림 숲에 서식한다. 숲 속의 채광이 좋은 공지에서 날개를 펴고 햇볕을 쬐거나 고추나무, 고광나무, 붉은병꽃나무 등의 꽃에서 흡밀한다. 수컷은 습기 있는 땅바닥에 잘 앉는다. 이 나비의 생활사는 아직 밝혀지지 않았다.

식초 / 김의털(화본과)

출현 시기 / 5월 하순~6월 〈연 1회 발생〉

변이 / 개체 간에는 뒷날개 아랫면 흰색 테의 발달 정도(155c→155d)로 변이가 나타나는데, 그 흰색 테가 전혀 나타나지 않는 개체(155b)도 있다. 또, 앞날개 윗면의 뱀눈 무늬를 둘러싼 주황색 테의 모양 차이에 따라서도 변이가 나타난다.

암수 구별 / 암컷은 수컷에 비해 날개 외연이 둥글고, 날개 윗면의 흑갈색 색상이 옅다.

156. 외눈이지옥사촌나비 *Erebia wanga* Bremer, 1864

×1.0

분포 / 도서 지방을 제외한 지리산 이북 지역에 분포한다. 국외에는 중국 동·북부, 아무르와 연해주 지역에 분포한다.

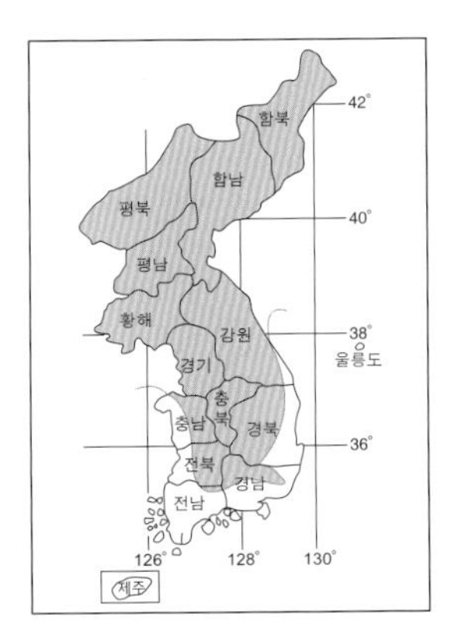

생태 / 산지의 관목림 숲에 서식한다. 채광이 좋은 공지의 마른 풀 위나 산길의 절벽면에 잘 앉는다. 암수 모두 조팝나무, 얇은잎고광나무 등의 꽃에서 흡밀한다. 이 나비의 생활사는 아직 밝혀지지 않았다.

식초 / 김의털(화본과)

출현 시기 / 5월 중순~6월 〈연 1회 발생〉

변이 / 수컷 간에는 앞날개 아랫면의 뱀눈 무늬를 둘러싼 주황색 테의 발달 정도(156b→156c→156d)로 변이가 나타난다. 암컷 간에는 앞날개 윗면의 주황색 테의 발달 정도에 따라 변이가 나타난다.

암수 구별 / 암컷은 수컷에 비해 날개 외연이 둥글고, 날개 윗면의 흑갈색 색상이 옅다.

157. 가락지나비 *Aphantopus hyperantus* Linnaeus, 1758

×1.0

분포 / 남한에는 제주도 한라산에 분포한다. 국외에는 유럽 중부에서 중국 동 · 북부, 러시아까지 유라시아 대륙에 분포한다.

〈분포 특기〉 제주도 한라산에만 분포하는 국지종이다.

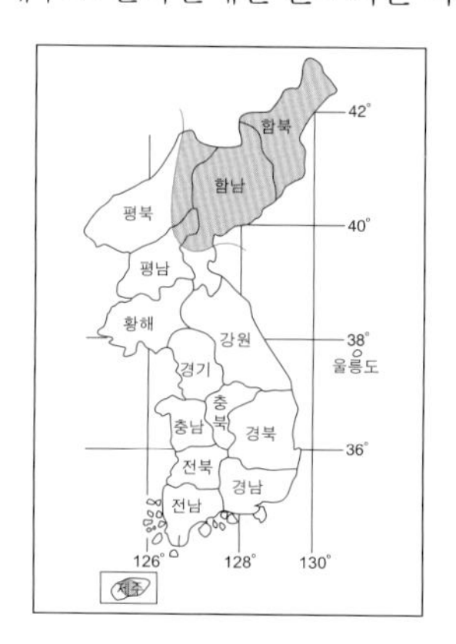

생태 / 제주도 한라산의 1200m 이상의 관목림 초지에 서식한다. 분주하게 날아다니며 곰취, 금방망이, 엉겅퀴 등의 꽃에서 흡밀한다. 이 나비의 생활사는 아직 밝혀지지 않았다.

식초 / 김의털(화본과)

출현 시기 / 7월 하순~8월 〈연 1회 발생〉

변이 / 개체 간에는 날개 아랫면의 뱀눈 무늬 수와 크기 차이에 따라 변이가 나타난다. 간혹 암컷의 앞날개와 뒷날개의 아랫면에 뱀눈 무늬를 둘러싼 주황색 테가 크게 발달한 개체(157e)가 있다.

암수 구별 / 암컷은 수컷에 비해 날개의 폭이 넓고, 날개 아랫면 뱀눈 무늬의 주황색 테가 밝게 보인다.

158. 함경산뱀눈나비 *Oeneis urda* (Eversmann, 1847)

분포 / 강원도 동 · 북부 지역과 제주도의 한라산에 국지적으로 분포한다. 국외에는 알타이, 중국 동 · 북부, 아무르와 우수리 지역에 분포한다.

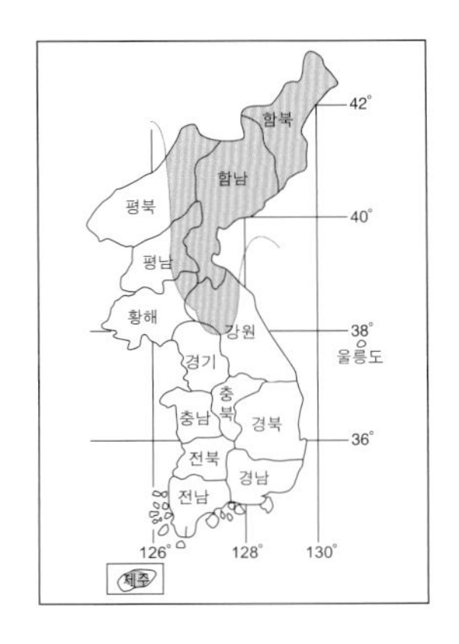

생태 / 내륙 산지와 한라산의 1500m 이상 관목림 숲에 서식한다. 수컷은 점유 행동으로 엉켜 날아다니다 툭 떨어지듯 풀잎에 내려앉아 햇볕을 쬔다. 이 나비의 생활사는 아직 밝혀지지 않았다.

식초 / 그늘사초(사초과)

출현 시기 / 6월 초순~6월 하순(강원도 동 · 북부 지역), 5월 초순~6월 중순(제주도 한라산) 〈연 1회 발생〉

변이 / 원명 아종(내륙 지역산)은 암수에서 흑색형과 황색형이 나타나며, 날개의 뱀눈 무늬 수와 크기 차이로 다양하게 변이가 나타난다. ssp. *hallasanensis* Murayama(한라산산)는 전부 황색형이며 내륙산에 비해 뱀눈 무늬의 변이가 적게 나타난다.

암수 구별 / 암컷은 수컷에 비해 날개 외연이 둥그나, 복부 끝의 모양을 비교해 보는 것이 정확하다.

원명 아종(내륙 지역산)

ssp. *hallasanensis* Murayama, 1991
(제주 한라산산)

×1.0

159. 참산뱀눈나비 *Oeneis mongolica* Oberthür, 1876

분포 / 제주도를 제외한 남한 각지에 널리 분포한다. 국외에는 중국 동 · 북부 지역에 분포한다.

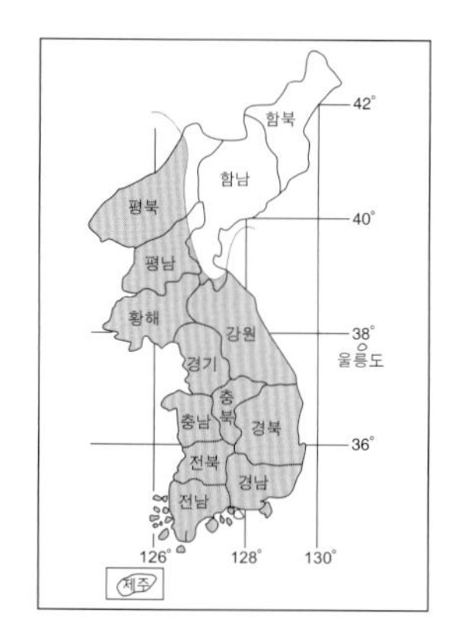

생태 / 산지의 경사면과 정상 주변의 잡목림 숲에 서식한다. 숲 사이를 연약하게 날아다니다 마른 풀잎에 앉아 햇볕을 쬐거나, 국수나무 등의 꽃에서 흡밀한다. 이 나비의 생활사는 아직 밝혀지지 않았다.

식초 / 김의털(화본과)

출현 시기 / 4~5월 〈연 1회 발생〉

변이 / 경기도, 강원도 등의 중 · 북부 지역산은 날개 윗면이 황갈색인 개체가 대부분이나, 중부 이남 지역산(159g~159j)은 흑갈색 개체가 대부분이고, 황갈색에 흑갈색이 섞인 개체가 드물게 나타난다. 개체 간에는 날개 윗면의 뱀눈 무늬 수와 뒷날개 아랫면의 역삼각형 흑갈색 무늬의 발달 정도로 다양하게 변이가 나타난다.

암수 구별 / 암컷은 수컷에 비해 날개의 폭이 넓고 날개 외연이 둥글며, 뱀눈 무늬가 크다.

×0.9

160. 시골처녀나비 *Coenonympha amaryllis* (Stoll, 1782)

×1.0

분포 / 제주도와 강원도 동 · 북부 지역을 제외한 전국 각지에 국지적으로 분포한다. 국외에는 알타이, 몽고, 중국과 아무르 지역에 분포한다.

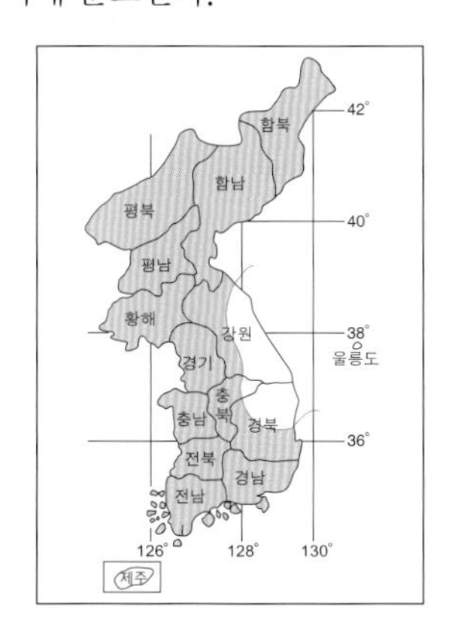

생태 / 저산 지대의 묘소 주변 등 채광이 좋은 초지에 서식한다. 수풀 사이를 낮게 날아다니며 기린초, 민들레 등의 꽃에서 흡밀한다. 이 나비의 생활사는 아직 밝혀지지 않았다.

식초 / 잔디, 바랭이(화본과)

출현 시기 / 5~9월 〈연 2회 발생〉

변이 / 발생 시차에 따른 변이가 거의 없다. 개체 간에는 앞날개와 뒷날개의 뱀눈 무늬 수와 날개 아랫면의 뱀눈 무늬 위쪽 황백색 선의 발달 정도(160b→160c→160d→160e)에 따라 변이가 나타난다.

암수 구별 / 암컷은 수컷에 비해 날개 외연이 둥근 모양이나, 복부 끝을 비교해 보는 것이 정확하다.

161. 봄처녀나비 *Coenonympha oedippus* (Fabricius, 1787)

×0.8

분포 / 제주도와 동 · 남 해안 지역을 제외한 전국 각지에 널리 분포한다. 국외에는 유라시아 대륙에 분포한다.
〈분포 특기〉 근래에 개체 수가 감소하고 있는 종이다.

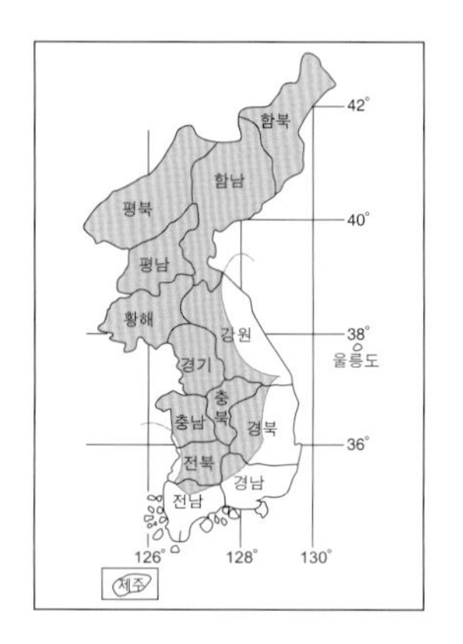

생태 / 산기슭과 전답 주변의 초지에 서식한다. 풀밭 사이를 천천히 날아다니며 개망초, 엉겅퀴, 토끼풀 등의 꽃에서 흡밀한다. 암컷은 식초의 잎에 한 개씩 산란한다. 애벌레로 월동한다.

식초 / 괭이사초(사초과), 참억새(화본과) 〔추정〕

출현 시기 / 6~7월 〈연 1회 발생〉

변이 / 수컷 간에는 앞날개 아랫면의 뱀눈 무늬 수가 0~3개, 암컷 간에는 3~5개로 나타나는 변이가 있다. 또, 암컷의 뒷날개 아랫면 뱀눈 무늬 위쪽으로 회백색 선이 나타나는 개체(161g)가 간혹 있다.

암수 구별 / 암컷은 수컷에 비해 날개 외연이 둥글고, 앞날개 아랫면의 뱀눈 무늬가 발달한다.

162. 도시처녀나비 *Coenonympha hero* Linnaeus, 1761

×0.9

분포 / 제주도를 포함한 전국에 널리 분포한다. 국외에는 유라시아 대륙에 분포한다.

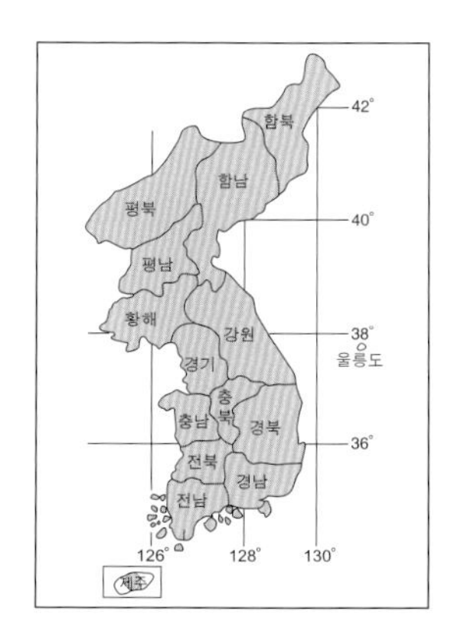

생태 / 산기슭이나 전답 주변의 초지에 서식한다. 제주도 한라산에서는 1100m 이상의 관목림 초지에 서식한다. 멈칫멈칫 날아서 나뭇잎에 앉아 햇볕을 쬐거나, 나무딸기, 개망초 등의 꽃에서 흡밀한다. 암컷은 식초의 잎에 한 개씩 산란한다. 애벌레로 월동한다.

식초 / 김의털, 검정겨이삭(화본과)

출현 시기 / 5월 초순~6월 〈연 1회 발생〉

변이 / 개체 간에는 앞날개 아랫면의 뱀눈 무늬 수가 0~3개로 나타나는 변이가 있으며, 날개 아랫면 아외연부의 흰색 띠의 발달 정도로도 변이가 나타난다. 제주도 한라산산(162g, 162h)은 내륙산에 비해 약간 작다는 점 외에는 특별한 차이점이 없다.

암수 구별 / 암컷은 수컷에 비해 날개 외연이 둥근 모양이며, 날개 윗면의 암갈색 색감이 약하다.

163. 산굴뚝나비 *Hipparchia autonoe* (Esper, 1783)

×0.8

분포 / 남한에서는 제주도 한라산에 분포한다. 국외에는 유라시아 동부 지역에 분포한다.
〈분포 특기〉 제주도 한라산에만 분포하는 국지종이다.

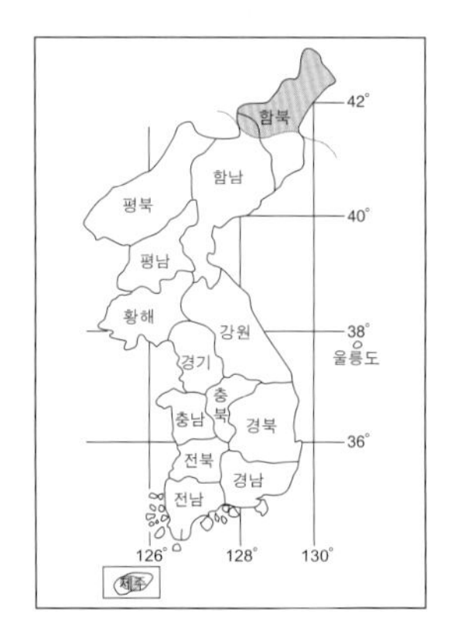

생태 / 한라산 1300m 이상의 관목림 초지에 서식한다. 바람에 날리듯 날아서 꿀풀, 솔체꽃, 금방망이 등의 꽃에서 흡밀한다. 수컷은 땅바닥이나 바위에 잘 앉는다.

식초 / 김의털(화본과)

출현 시기 / 7~8월 〈연 1회 발생〉

변이 / 개체 간에는 날개 윗면과 아랫면 황백색 띠의 폭 차이로 변이가 나타난다. 또, 암컷의 앞날개 아랫면의 뱀눈 무늬 수에 따라 변이가 나타나는데, 간혹 뱀눈 무늬가 발달한 개체(163f)가 있다.

암수 구별 / 암컷은 수컷에 비해 날개의 폭이 넓고 날개 외연이 둥글며, 날개의 흑갈색 색감이 약하다.

164. 굴뚝나비 *Minois dryas* (Scopoli, 1763)

분포 / 제주도 등 도서 지방을 포함한 전국에 널리 분포한다. 국외에는 유라시아 대륙에 분포한다.

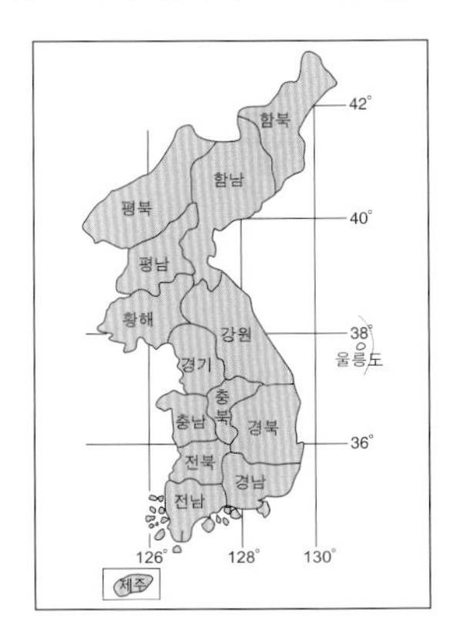

생태 / 산지와 전답 주변의 초지에 서식한다. 날갯짓을 크게 하며 쉬땅나무, 마타리, 솔체꽃 등의 꽃에서 흡밀한다. 암컷은 식초의 잎에 한 개씩 산란한다. 가을에 부화하여 나온 애벌레는 한 번 탈피한 후 월동한다.

식초 / 참억새, 새포아풀(화본과)

출현 시기 / 6월 하순~9월 〈연 1회 발생〉

변이 / 수컷 간에는 뒷날개 아랫면 아외연부의 회백색 선의 발달 정도(164b→164c)로 변이가 나타난다. 암컷 중에는 뒷날개 아랫면 기부 쪽에 세로로 나타나는 회백색 선이 발달한 개체(164d)가 간혹 있다.

암수 구별 / 암컷은 수컷에 비해 날개의 폭이 넓고, 날개 윗면의 흑갈색 색조가 약하다.

165. 황알락그늘나비 *Kirinia epaminondas* (Staudinger, 1887)

분포 / 해안 지역을 제외한 전국 각지에 분포한다. 국외에는 유라시아 대륙에 분포한다.

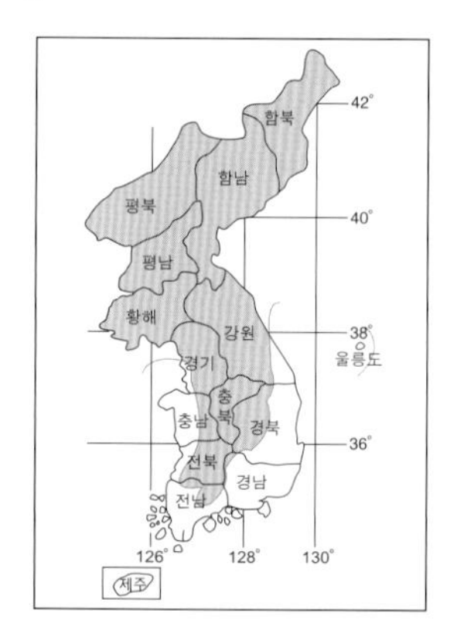

생태 / 산지의 잡목림 숲에 서식한다. 능선의 그늘진 숲 사이를 날아다니다 나무줄기에 잘 앉는다. 참나무, 느릅나무 등의 수액에 잘 모여든다. 애벌레로 월동한다.

식초 / 참억새, 바랭이(화본과)

출현 시기 / 6월 하순~9월 〈연 1회 발생〉

변이 / 암컷 간에는 날개 윗면의 황색 무늬의 발달 정도(165d→165e→165f)로 약간의 변이가 나타난다. 또, 날개 아랫면이 회백색으로 밝게 보이는 개체(165g)와 암자색으로 어둡게 보이는 개체(165h)가 있다.

암수 구별 / 암컷은 앞날개에 황갈색 무늬가 나타나나 수컷은 날개 전체가 흑갈색이다.

×0.8

166. 알락그늘나비 *Kirinia epimenides* (Ménétriès, 1859)

분포 / 지리산 이북 지역에 국지적으로 분포한다. 국외에는 중국, 아무르와 우수리 지역에 분포한다.

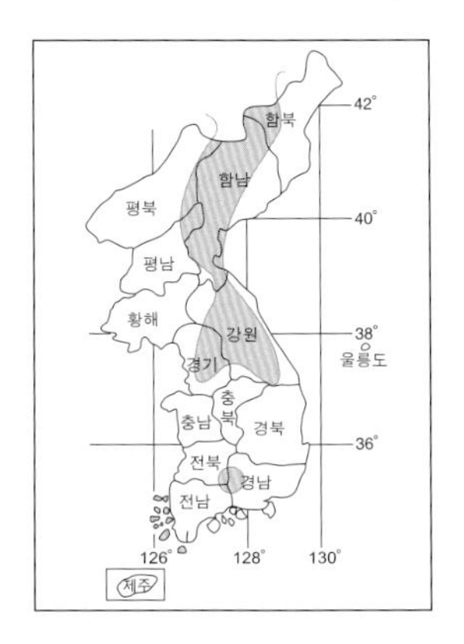

생태 / 산지의 잡목림 숲에 서식한다. 숲 사이를 낮게 날아다니다가 산길의 절벽면이나 나무 줄기에 잘 앉는다. 암수 모두 참나무 등의 수액에 잘 모인다. 수컷은 해가 진 후부터 어두워질 때까지 활발한 점유 행동을 한다. 애벌레로 월동한다.

식초 / 괭이사초(사초과), 참억새(화본과) 〔추정〕

출현 시기 / 6월 하순~9월 〈연 1회 발생〉

변이 / 암컷 간에는 앞날개 윗면의 황갈색 점과 선의 발달 정도에 따라 변이가 나타난다.

암수 구별 / 수컷은 날개 윗면이 흑갈색이나 암컷은 흑갈색에 황갈색 무늬가 있다.

*Oeneis*속 2종의 동정

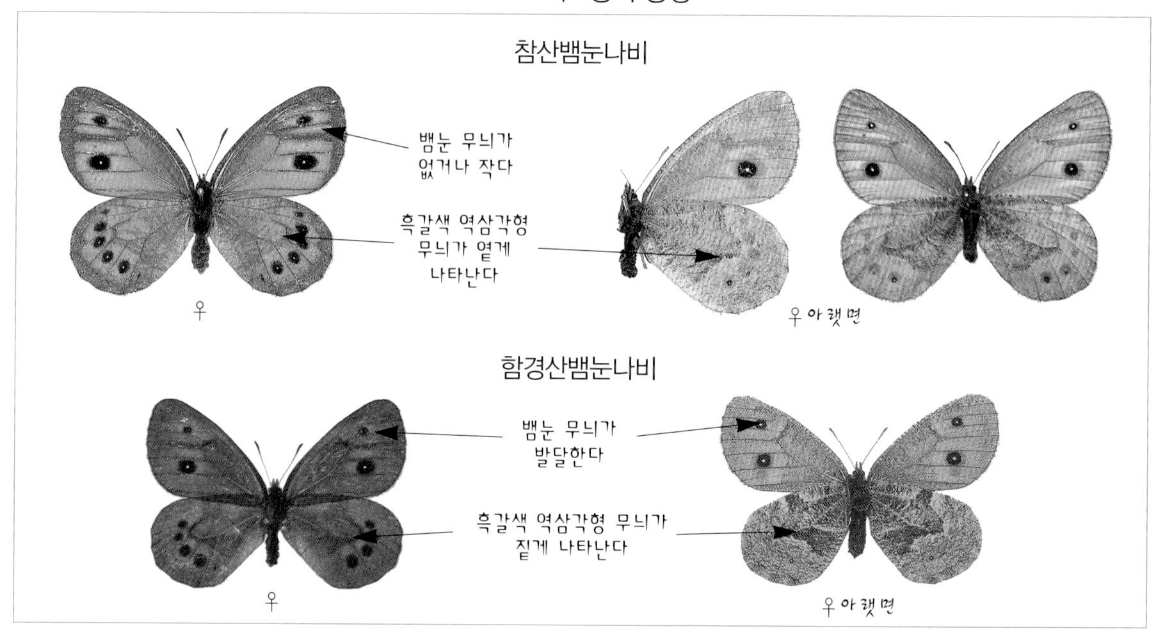

*Kirinia*속 2종의 동정

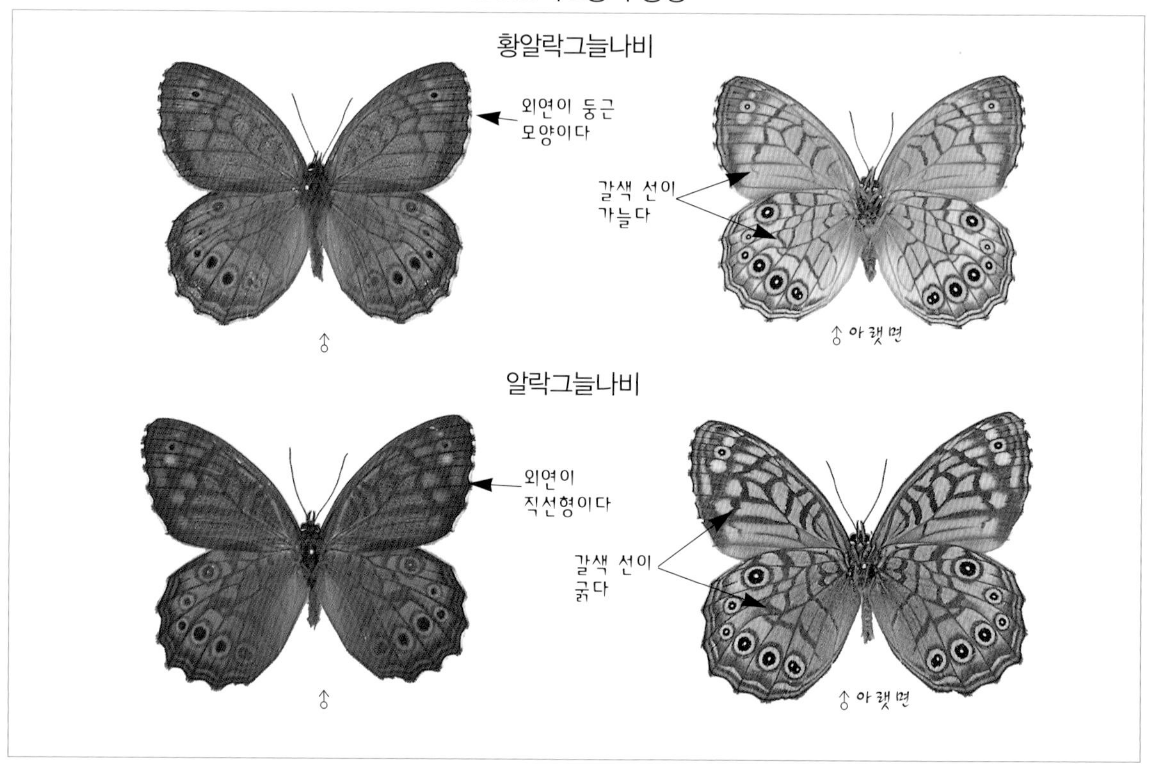

167. 뱀눈그늘나비 *Lopinga deidamia* (Eversmann, 1851)

분포 / 제주도를 제외한 전국 각지에 분포한다. 국외에는 우랄, 알타이, 티베트, 중국 북부, 아무르와 우수리 지역에 분포한다.

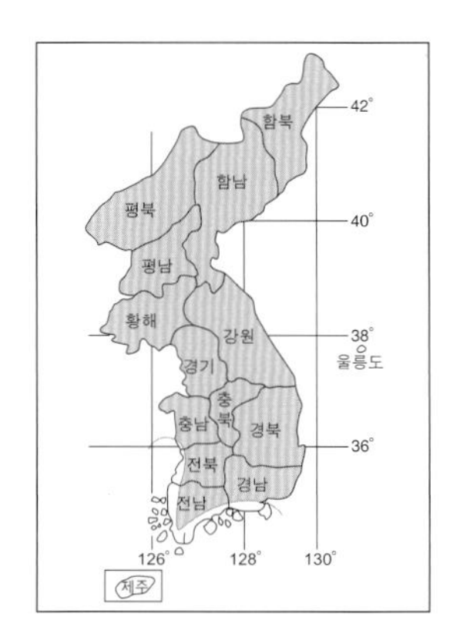

생태 / 산지의 잡목림 숲에 서식하며, 낮은 곳에서 정상까지 넓은 지대에서 활동한다. 습기 있는 땅바닥이나 바위에 잘 앉으며, 참나리, 개망초, 씀바귀 등의 꽃에서 흡밀한다. 암컷은 식초의 잎에 한 개씩 산란한다. 애벌레로 월동한다.

식초 / 참억새, 띠(화본과)

출현 시기 / 6~8월(중부 지역), 5월 하순~9월(남부 지역) 〈연 1~2회 발생〉

변이 / 발생 시차에 따른 변이로 2화는 1화에 비해 현저히 작다. 암컷 간에는 앞날개 날개 끝 부위와 뒷날개 아외연부에 있는 뱀눈 무늬의 발달 정도로 변이가 나타난다. 또, 암수의 앞날개와 뒷날개 아랫면 뱀눈 무늬 주위의 유백색 선과 점들의 발달 정도로도 다양하게 변이가 나타난다.

암수 구별 / 암컷은 수컷에 비해 앞날개 끝부분의 뱀눈 무늬 주변에 회백색 무늬가 발달한다.

×0.7

168. 눈많은그늘나비 *Lopinga achine* (Scopoli, 1763)

분포 / 제주도를 포함한 전국에 널리 분포한다. 국외에는 유라시아 대륙에 분포한다.

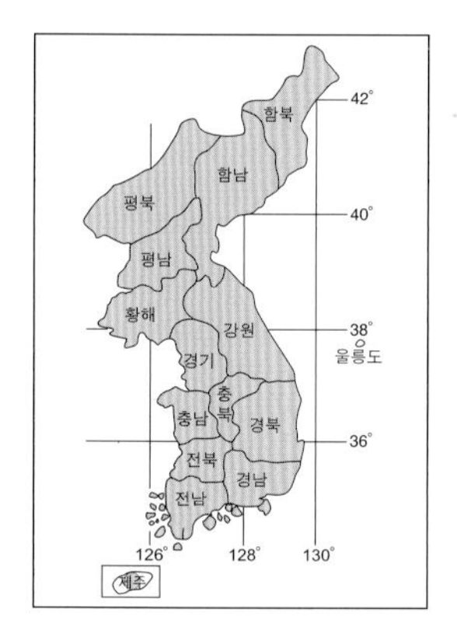

생태 / 산지의 잡목림 숲에 서식한다. 낮게 날아다니다 바위나 나뭇잎에 잘 앉는다. 한라산산(産) 암컷은 구상나무 수액에 잘 모여드는 것으로 알려져 있다. 암컷은 식초의 잎에 한 개씩 산란한다. 애벌레로 월동한다.

식초 / 참억새, 띠(화본과)

출현 시기 / 6~8월 〈연 1회 발생〉

변이 / 제주도 한라산산 ssp. *jejudoensis* Okano et Pak, 1968은 내륙 지역산에 비해 약간 작으며, 앞날개와 뒷날개 윗면 뱀눈 무늬의 주황색 테 색상이 밝다. 또, 뒷날개 아랫면 뱀눈 무늬 위쪽 흰색 띠의 폭이 넓다. 개체 간에도 뒷날개 아랫면의 뱀눈 무늬 위쪽 흰색 띠의 폭 차이(168b→168c)로 변이가 나타난다.

암수 구별 / 암컷은 수컷에 비해 날개의 폭이 넓고 날개 외연이 둥글다.

ssp. *achinoides* Butler, 1877
(내륙 지역산)

168a. ♂
경기 고령산

168b. ♂ ⓞⓗ
경기 고령산

168c. ♂ ⓞⓗ
강원 광덕산

168d. ♀
강원 덕가산

ssp. *jejudoensis* Okano et Pak, 1968
(한라산산)

×0.8

169. 먹그늘나비 *Lethe diana* (Butler, 1866)

분포 / 제주도를 포함한 전국 각지에 널리 분포한다. 국외에는 사할린, 중국과 일본 지역에 분포한다.

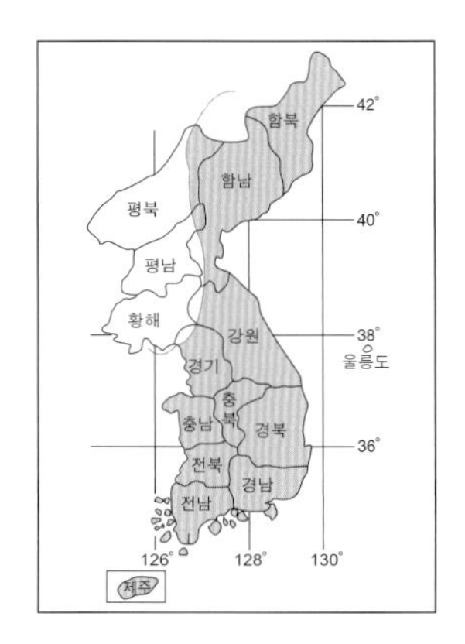

생태 / 산지의 조릿대 숲에 서식한다. 새의 배설물이나 오물 등에 잘 모여들며, 습기 있는 땅바닥에도 잘 앉는다. 밤꽃, 큰까치수영 등의 꽃에서 흡밀하며, 수컷은 점유 행동을 한다. 암컷은 식초의 잎 아랫면에 한 개씩 산란한다. 애벌레로 월동한다.

식초 / 조릿대(화본과)

출현 시기 / 6월 중순~8월 〈연 1~2회 발생〉

변이 / 제주도산(169g, 169h)은 내륙 지역산에 비해 약간 작다. 개체 간에는 앞날개 아랫면 날개 끝 부분의 황백색 띠의 발달 정도로 변이가 나타난다.

암수 구별 / 수컷은 앞날개 아랫면 후연에 검은색의 털뭉치로 된 성표가 있으며, 뒷날개 윗면 제6실에도 성표가 있다. 암컷은 날개 윗면의 흑갈색 색조가 수컷보다 약하다.

×0.8

170. 먹그늘붙이나비(개칭) *Lethe marginalis* (Motschulsky, 1860)

×0.9

분포 / 제주도를 제외한 전국 각지에 분포한다. 국외에는 중국, 아무르와 일본 지역에 분포한다.

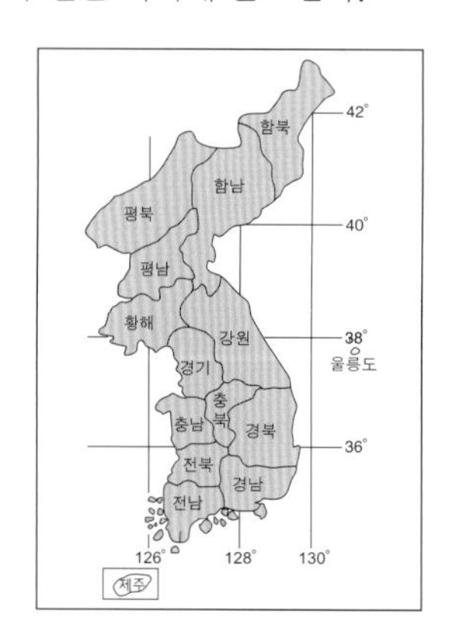

생태 / 산지의 잡목림 숲에 서식한다. 오전에는 나뭇잎에 앉아 쉬고, 오후에 숲 사이를 낮게 날아다닌다. 수컷은 해질 무렵부터 어두워질 때까지 활발한 점유 행동을 한다. 암수 모두 참나무의 수액과 발효한 과일에 잘 모인다. 암컷은 식초의 잎 아랫면에 한 개씩 산란한다. 애벌레로 월동한다.

식초 / 괭이사초(사초과), 새, 참억새(화본과)

출현 시기 / 6월 하순~8월 〈연 1회 발생〉

변이 / 개체 간에는 앞날개 아랫면 흰색 선의 폭 차이로 변이가 나타난다.

암수 구별 / 암컷은 수컷에 비해 앞날개 윗면과 아랫면의 흰색 선이 넓고 선명하다.

171. 왕그늘나비 *Ninguta schrenkii* (Ménétriès, 1858)

×0.8

분포 / 제주도와 남부 지역을 제외한 전국에 국지적으로 분포한다. 국외에는 중국 동·북부, 아무르, 우수리와 일본 지역에 분포한다.

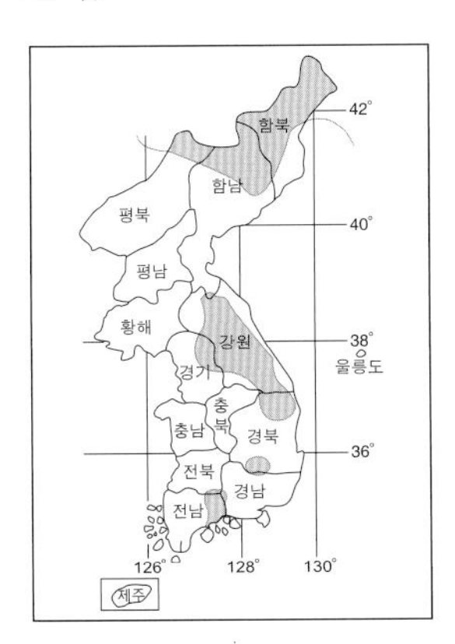

생태 / 저산 지대의 잡목림 숲에 서식한다. 숲 사이를 낮게 날아다니다 그늘진 나무 사이로 날아 들어간다. 새의 배설물이나 나무의 수액에 잘 모여든다. 암컷은 식초의 잎 아랫면에 몇 개씩 산란한다. 애벌레로 월동한다.

식초 / 그늘사초, 괭이사초(사초과)

출현 시기 / 6월 중순~9월 초순 〈연 1회 발생〉

변이 / 개체 간에는 앞날개 윗면 날개 끝의 뱀눈 무늬가 1~2개로 나타나는 변이가 있으며, 날개 윗면과 아랫면의 뱀눈 무늬 주변 회백색 무늬의 발달 정도로 변이가 나타난다.

암수 구별 / 수컷은 뒷날개 윗면 기부 근처에 흰 털뭉치로 된 성표가 있다.

172. 조흰뱀눈나비 *Melanargia epimede* (Staudinger, 1887)

분포 / 남해안 일부 지역을 제외한 제주도와 전국 각지에 널리 분포한다. 국외에는 중국 동 · 북부와 아무르 지역에 분포한다.

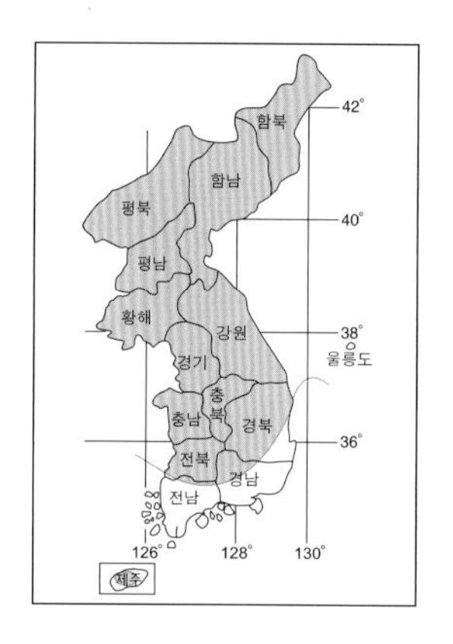

생태 / 저산 지대와 주변의 초지에 서식하나, 제주도 한라산에서는 1100m 이상의 관목림 초지에 서식한다. 풀밭 사이를 날아다니며 큰까치수영, 둥근쥐손이풀, 곰취 등의 꽃에서 흡밀한다. 암컷은 식초 주변의 풀잎에 여러 개씩 산란한다. 애벌레로 월동한다.

식초 / 참억새, 띠(화본과)

출현 시기 / 6월 중순~8월 〈연 1회 발생〉

변이 / 서해안 도서 지방산(172c, 172d)은 날개 윗면이 심하게 흑화되었다. 제주도 한라산산 ssp. *hanlaensis* Okano et Pak, 1968은 내륙 지역산에 비해 작으며, 윗면은 약간 흑화되고 아랫면은 흑갈색이거나 황갈색으로, 내륙 지역산의 흰색과 현저한 차이점을 나타낸다.

암수 구별 / 암컷의 날개 아랫면은 황색감이 있는 흰색이고, 수컷은 흰색이다.

조흰뱀눈나비의 지역 변이

	원명 아종		ssp. *hanlaensis* Okano et Pak, 1968
	내륙 지역산	서해 도서 지역산	(제주도산 아종)
날개 윗면 색상	앞날개와 뒷날개의 아외연부까지 검은색이다.	앞날개는 중앙부까지, 뒷날개는 중앙부의 1/2이 흑화된다.	앞날개와 뒷날개의 아외연부까지 검은색이다.
암컷 날개 아랫면 색상	흰색이다.	황색감이 있는 흰색이다.	황갈색이거나 흑갈색이다.

【변이 해설】 변이 곡선

어느 나비의 동일 지역 내의 크기 변이는 요한센(Johannsen, 1857~1927, 덴마크)의 개체 변이 이론과 부합된다. 즉, 중간 크기의 개체가 가장 많고, 중간 크기와 큰 쪽이나 작은 쪽으로 차이가 클수록 개체 수가 적어지는 정곡선을 나타낸다. 단, 유충기의 먹이 부족 등에 의한 왜소 개체는 예외적인 경우로 본다. 국내에서는 석주명 선생에 의해 나비 크기에 대한 변이 곡선이 발표된 바 있다.

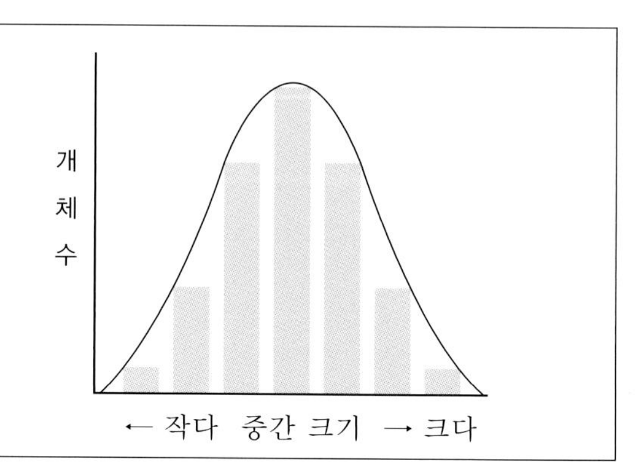

조흰뱀눈나비의 변이
원명 아종 (내륙 지역산)

172a.♂
강원 해산

172b.♀
강원 해산

(서해 도서 지역산)

172c.♂
경기 이작도

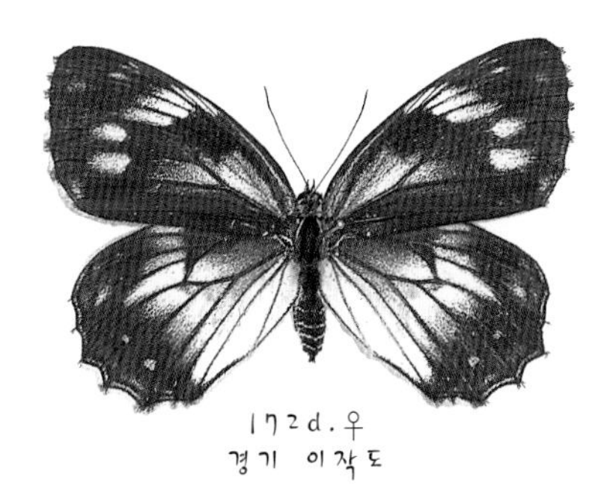
172d.♀
경기 이작도

ssp. *hanlaensis* Okano et Pak, 1968 (제주도산)

172e.♂
제주 한라산

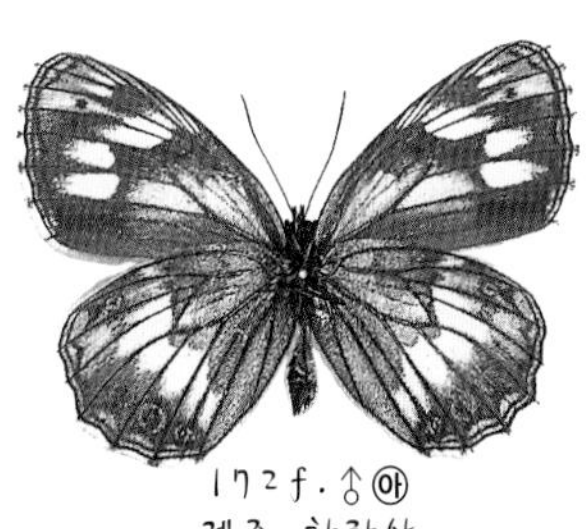
172f.♂㉵
제주 한라산

172g.♀
제주 한라산

172h.♀㉵
제주 한라산

×0.8

173. 흰뱀눈나비 *Melanargia halimede* (Ménétriès, 1859)

분포 / 제주도와 전라 남도, 경상도의 일부 지역에 국지적으로 분포한다. 국외에는 중국 동 · 북부, 아무르와 우수리 지역에 분포한다.

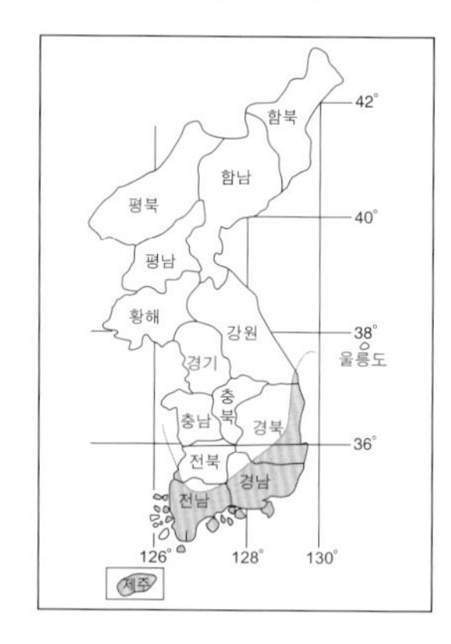

생태 / 저산 지대와 주변의 초지에 서식한다. 채광이 좋은 풀밭을 날아다니며 엉겅퀴, 큰까치수영 등의 꽃에서 흡밀한다. 암컷은 식초의 잎에 한 개씩 산란한다. 애벌레로 월동한다.

식초 / 쇠풀, 참억새(화본과)

출현 시기 / 6월 중순~8월 초순 <연 1회 발생>

변이 / 경상남도 고성 지역산(173a, 173b)들은 날개 위 아랫면에 황색감이 강하게 나타나 타지역산과 구별된다. 다른 지역의 개체 중에도 약하게 황색감이 나타나는 개체(173d)가 있다. 암컷 아랫면은 흰색(173g)에서 짙은 황색을 나타내는 개체(173h)까지 변이가 다양하게 나타난다.

암수 구별 / 암컷은 수컷에 비해 날개의 폭이 넓고, 날개 아랫면의 색상에 황색감이 든다.

×0.9

*Erebia*속 2종의 동정

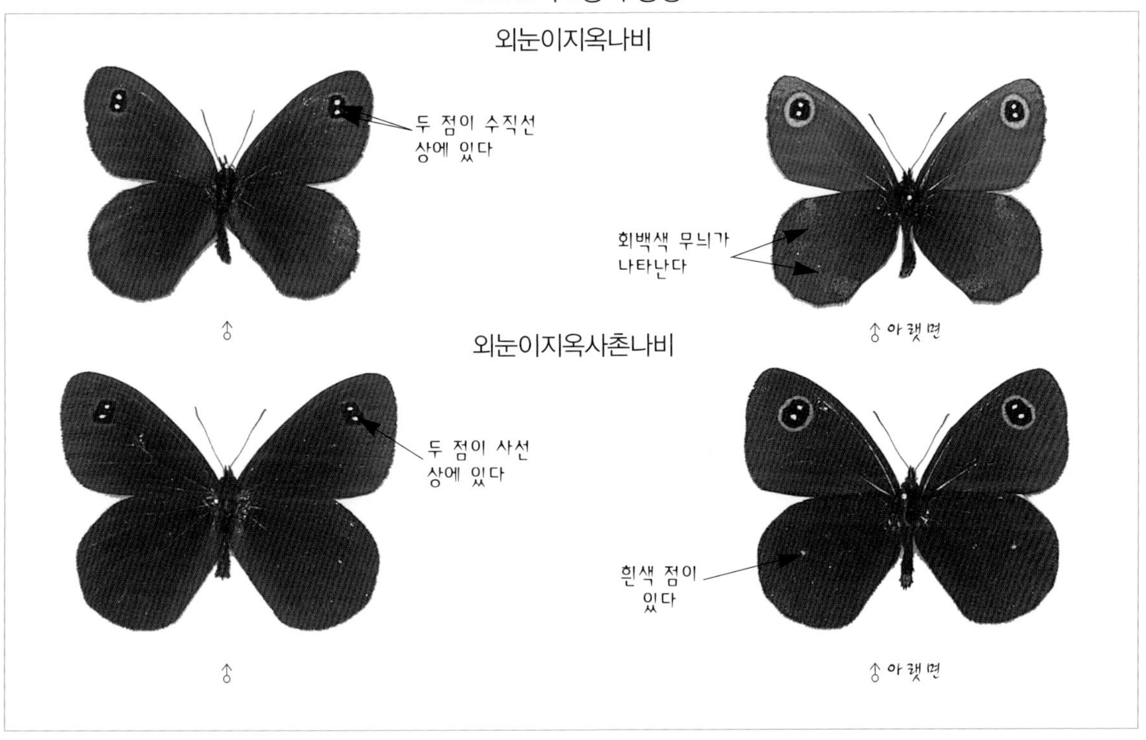

*Melanargia*속 2종의 동정

팔랑나비과(Hesperiidae)

더듬이는 갈고리 모양이고, 몸체는 굵은 소형 나비들이다. 대부분 방화성(訪花性)을 나타내며, 수컷들은 습기 있는 땅바닥이나 오물에 잘 앉는다. 전세계에 6아과 약 3000종이 분포한다. 남한에는 수리팔랑나비아과(Coeliadinae)가 3종, 흰점팔랑나비아과(Pyrginae)가 6종, 팔랑나비아과(Hesperiinae)가 17종으로, 총 26종이 분포한다.

두메층층이꽃에서 흡밀하는 푸른큰수리팔랑나비(♀)

쥐똥나무꽃에서 흡밀하는 독수리팔랑나비(♂)

털머위꽃에서 꿀을 빠는 제주꼬마팔랑나비(♀)

알

구형이나 밑면은 편평하다. 여러 줄의 줄무늬가 세로로 나타난다. 대부분이 유백색이나 붉은색인 종류도 있다. 암컷은 식초의 잎에 한 개씩 산란한다.

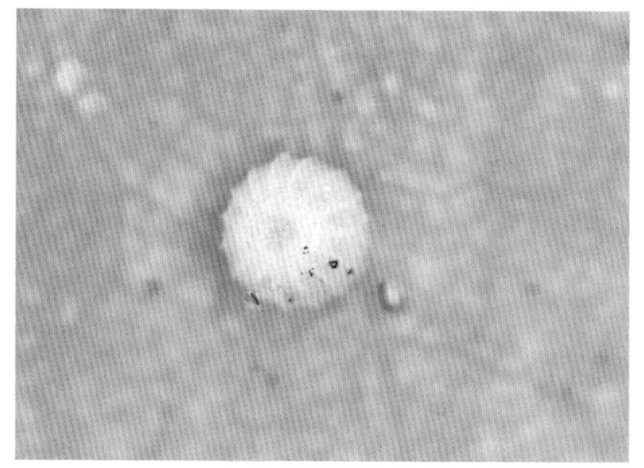
왕팔랑나비

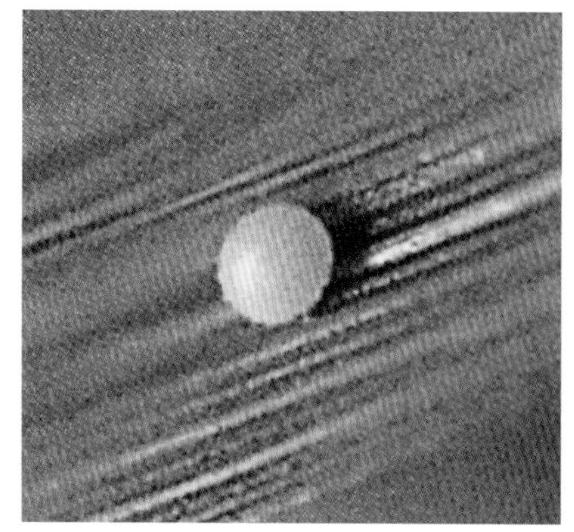
줄점팔랑나비

애벌레

대개 돌기가 없는 원통형으로 밋밋하게 보인다. 많은 종류가 잎을 잘라 토해 낸 실로 붙여 집을 만들어 그 속에서 생활하며 성장한다.

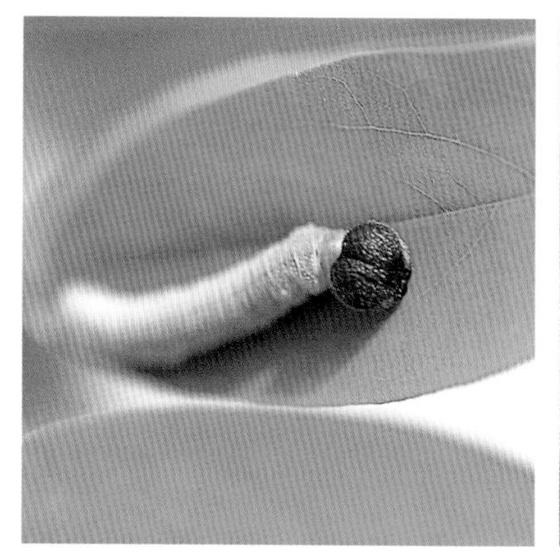
왕팔랑나비

푸른큰수리팔랑나비

멧팔랑나비

번데기

길쭉하고 가는 원통형으로, 머리에 뾰족한 돌기가 있는 종류가 있다. 색채는 갈색이거나 녹색이며, 흰 가루로 덮여 있는 종류도 있다.

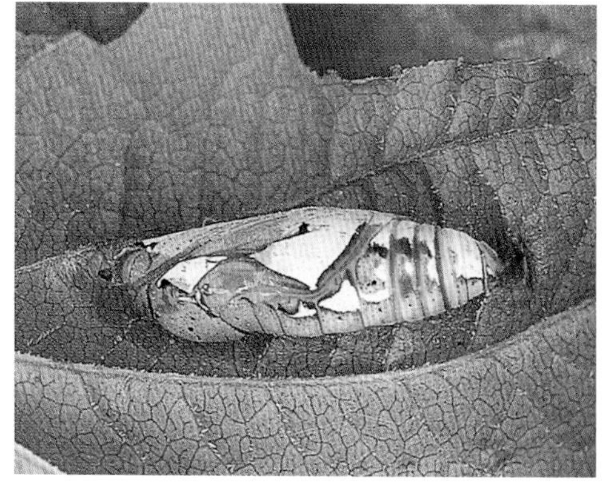
왕자팔랑나비

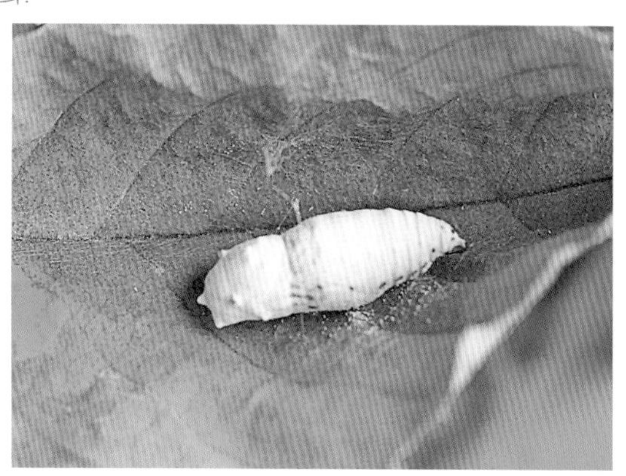
푸른큰수리팔랑나비

174. 독수리팔랑나비 *Burara aquilina* (Speyer, 1879)

174a.♂
강원 오대산

174c.♀
강원 오대산

174b.♂(아)
강원 오대산

174d.♀(아)
강원 오대산

×1.0

분포 / 강원도 동 · 북부 지역에 국지적으로 분포한다. 국외에는 중국, 아무르, 우수리와 일본 등에 분포한다.

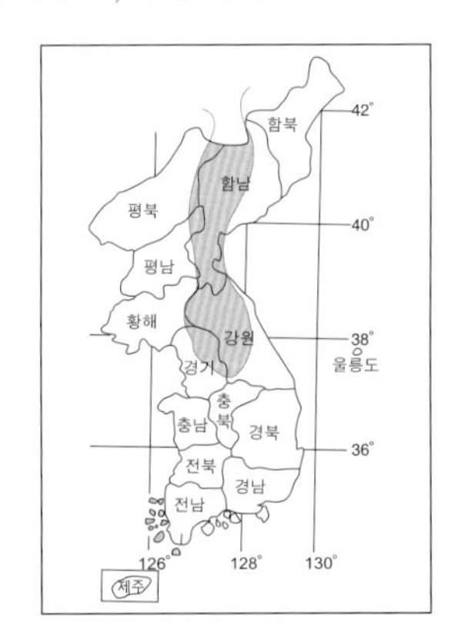

생태 / 산지의 낙엽 활엽수림에 서식하며, 채광이 좋은 숲에서 활동한다. 수컷은 그늘진 땅바닥에 잘 앉으며, 바위에 앉아 빨대로 새의 배설물을 녹여 빨아먹는다. 또, 짐승의 배설물에 수십 마리가 떼지어 앉아 양분을 취하기도 한다. 암수 모두 민첩하게 날아다니며 엉겅퀴, 개망초, 쉬땅나무 등의 꽃에서 흡밀한다. 암컷은 식수의 어린 잎 아랫면에 한 개씩 산란한다. 애벌레로 월동한다.

식수 / 멍구나무, 개두릅나무(오갈피나무과) 〔추정〕

출현 시기 / 6월 하순~8월 초순 〈연 1회 발생〉

변이 / 개체간에도 거의 변이가 나타나지 않는다.

암수 구별 / 암컷은 앞날개 윗면에 회백색 무늬가 있으나 수컷에는 없다.

175. 큰수리팔랑나비 *Burara striata* (Hewitson, 1869)

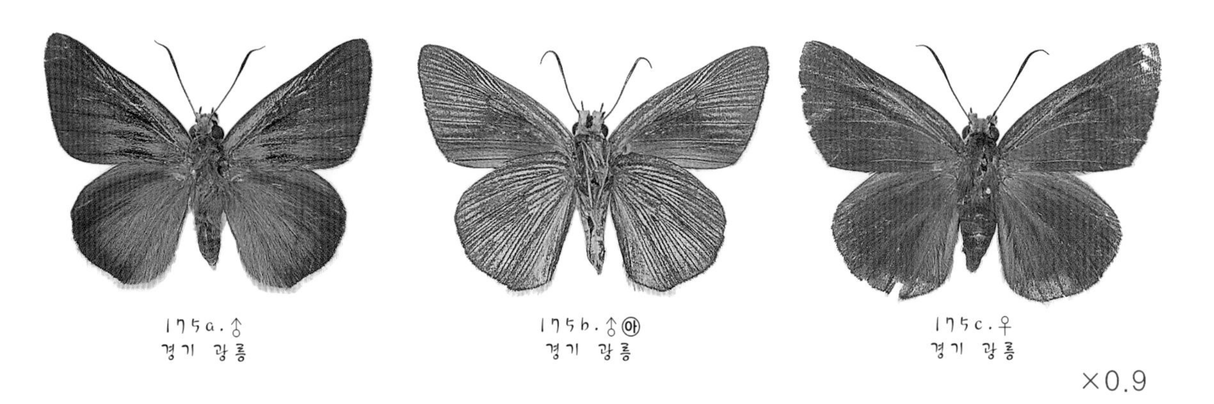

×0.9

분포 / 경기도의 일부 지역에 분포한다. 국외에는 중국 동 · 북부 지역에 분포한다.
〈분포 특기〉 경기도 광릉에만 분포하는 국지종인데, 근래에 개체 수가 감소하여 현재는 멸종 위기종이다.

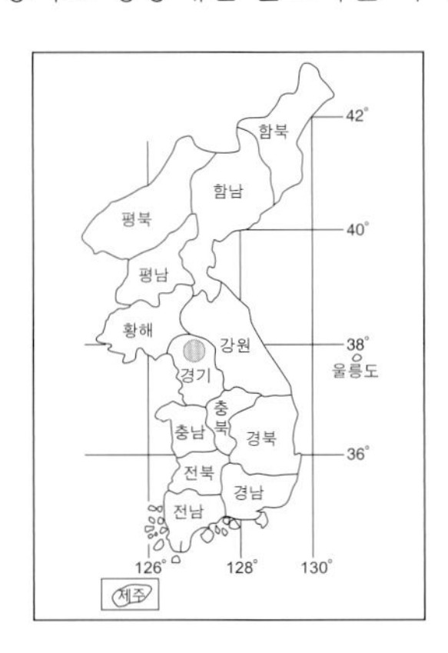

생태 / 산지의 잡목림 숲에 서식한다. 한낮에는 거의 활동을 하지 않고, 해뜨기 전과 해진 후 어두워 질 때까지 활동하는 특이한 습성이 있다. 암수 모두 참나무 수액에 모여들며, 수컷은 짐승의 배설물에도 모여든다. 이 나비의 생활사는 아직 밝혀지지 않았다.

출현 시기 / 7월 중순~8월 〈연 1회 발생〉

변이 / 특별한 변이는 없다.

암수 구별 / 수컷의 날개 윗면은 황갈색이나 암컷은 흑갈색이다.

【변이 해설】 이상형

변이의 연속성에서 심하게 이탈된 이상형(異常型, aberrant) 개체가 드물게 나타난다. 날개 무늬나 선의 이상적 축소나 확대, 변형, 집중된 개체가 있다.(단, 흑화형과 백화형은 별도로 설명함) 이상형에 나타난 형질은 발생 과정에서 일어난 내적 및 외적 요인에 의한 것으로, 유전적으로 고정되지 않아 당대로 한정된다.
참고 문헌: 한국인시류동호인회지(1990, Vol. 3)

들신선나비　구름표범나비

176. 푸른큰수리팔랑나비 *Choaspes benjaminii* (Guérin-Méneville, 1843)

분포 / 제주도, 전라 남도, 경상 남도, 태안 반도와 경기도의 일부 해안 지역에 분포한다. 국외에는 인도, 네팔, 미얀마, 인도차이나, 중국 서부, 타이완과 일본에 분포한다.

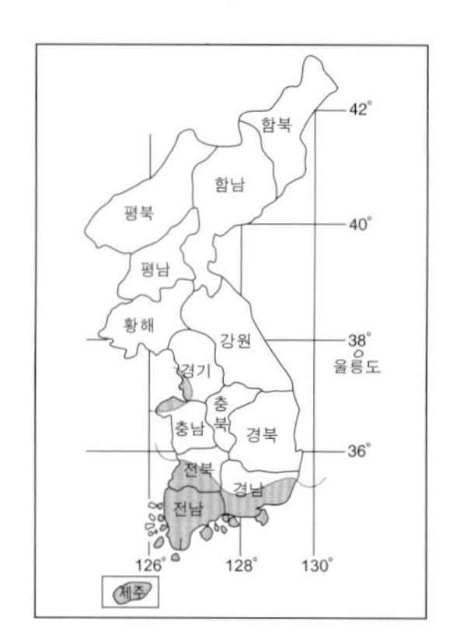

생태 / 남서부 지역의 활엽수림에 서식한다. 해뜰 무렵과 해질 무렵에 주로 활동하는데, 일정한 지역을 낮게 날아다니며 선회하는 습성이 있다. 암수 모두 엉겅퀴, 나무딸기, 장다리 등의 꽃에서 빠르게 날개짓을 하며 흡밀한다. 수컷은 그늘진 곳의 땅바닥이나 새의 배설물에 잘 모여든다. 암컷은 식수의 잎 아랫면에 한 개씩 산란한다. 애벌레는 잎을 말아 원통형의 집을 만들어 그 속에서 성장한다. 번데기로 월동한다.

식초 / 나도밤나무, 합다리나무(나도밤나무과)

출현 시기 / 5월 중순~6월 중순(춘형), 7월 하순~8월(하형) 〈연 2회 발생〉

변이 / 춘형에 비해 하형은 약간 크며, 날개 윗면의 청록색 색상이 강하게 나타나서 검은색감을 느끼게 한다.

암수 구별 / 암컷은 뒷날개 전연부와 외연부에 검은색 테의 윤곽이 뚜렷하나, 수컷은 청록색 인분이 뒷날개 전체에 퍼져 있어, 검은색 테의 윤곽이 불분명하다.

177. 대왕팔랑나비 *Satarupa nymphalis* (Speyer, 1879)

분포 / 35° 선 이북 지역에 국지적으로 분포한다. 국외에는 중국, 아무르와 우수리 지역에 분포한다.

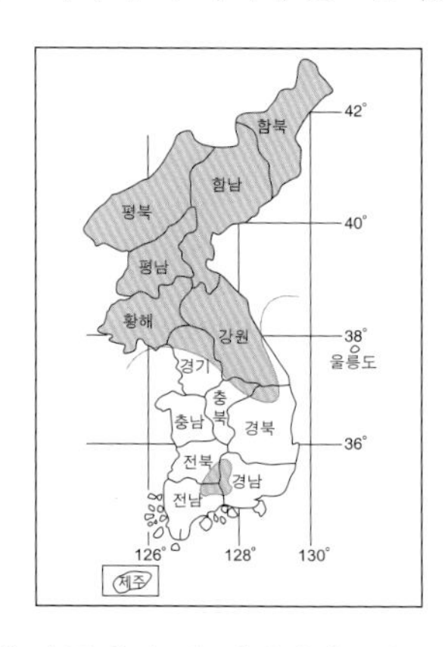

생태 / 산지의 잡목림 숲에 서식한다. 빠르게 날아다니며 쥐땅나무, 큰까치수영, 개망초 등의 꽃에서 날개를 펴고 흡밀한다. 수컷은 습기 있는 땅바닥에 앉아 물을 빨아먹으며, 산 능선의 나뭇잎에 앉아 점유 행동을 한다. 암컷은 식수의 잎 윗면에 몇 개씩 산란한다. 부화하여 나온 애벌레는 식수의 잎을 잘라 토해 낸 실로 붙여 삼각형 모양의 집을 만들어 그 속에서 성장한 후 월동한다.

식수 / 황벽나무(운향과)

출현 시기 / 6월 하순~8월 〈연 1회 발생〉

변이 / 개체 간에는 뒷날개의 흰색 띠의 폭 차이로 변이가 나타난다.

암수 구별 / 암컷은 수컷보다 날개의 폭이 넓고, 뒷날개의 흰색 띠의 폭이 현저히 넓다.

178. 왕자팔랑나비 *Daimio tethys* (Ménétriès, 1857)

분포 / 도서 지방을 포함한 전국 각지에 널리 분포한다. 국외에는 미얀마 북부, 중국, 타이완, 아무르와 일본 등지에 분포한다.

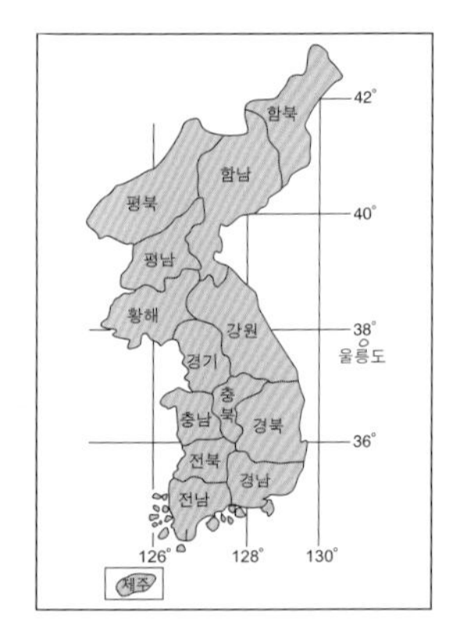

생태 / 저산 지대와 전답 주변의 초지에 서식한다. 민첩하게 날아다니며 엉겅퀴, 나무딸기, 개망초 등의 꽃에서 흡밀하며, 수컷은 점유 행동을 한다. 암컷은 식초의 잎 윗면에 한 개씩 산란한다. 부화하여 나온 애벌레는 식초의 잎을 잘라 2~3장씩 붙여 집을 만들어 그 속에서 성장한 후 월동한다.

식초 / 마, 단풍마(마과)

출현 시기 / 5월 중순~8월 〈연 2회 발생〉

변이 / 제주도산 ssp. *moorei* (Mabille, 1876) (178g~178j)는 뒷날개의 흰색 띠의 폭이 내륙산보다 현저히 넓으며, 흰색 띠에 검은색 점이 나타난다. 개체 간에는 뒷날개 윗면의 흰색 띠의 발달 정도에 따라 변이가 나타난다.

암수 구별 / 암컷은 수컷에 비해 날개 외연이 둥근 모양이나, 복부 끝을 비교해 보는 것이 정확하다.

원명 아종(내륙산)

ssp. *moorei* (Mabille, 1876) (제주도산)

×1.0

179. 왕팔랑나비 *Lobocla bifasciata* (Bremer & Grey, 1853)

분포 / 도서 지방을 포함한 전국 각지에 서식한다. 국외에는 타이완, 중국과 아무르 등지에 분포한다.

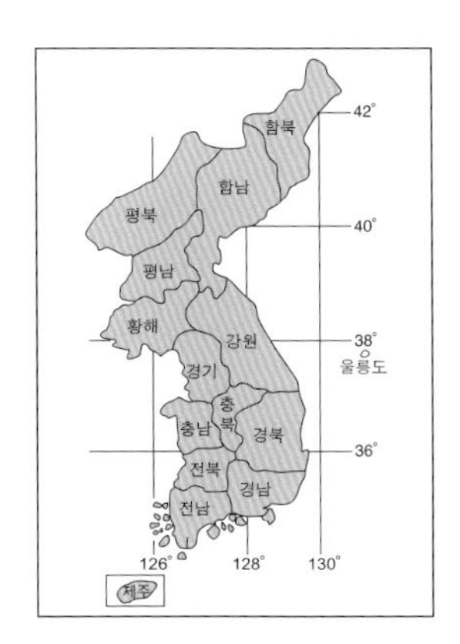

생태 / 산지의 잡목림 숲에 서식한다. 민첩하게 짧은 거리를 날아 옮겨 다니며 꿀풀, 엉겅퀴, 나무딸기, 개망초 등의 꽃에서 흡밀한다. 수컷은 해질 무렵에 활발한 점유 행동을 하느라고 분주하게 산길을 날아다닌다. 암컷은 식수의 잎 아랫면에 한 개씩 산란한다. 애벌레로 월동한다.

식초 / 아까시나무, 풀싸리, 칡(콩과)

출현 시기 / 5월 하순~7월 초순 〈연 1회 발생〉

변이 / 특별한 변이는 없다.

암수 구별 / 수컷은 앞날개 아랫면 전연부가 황갈색이나 암컷은 흑갈색이다.

180. 멧팔랑나비 *Erynnis montanus* (Bremer, 1861)

분포 / 도서 지방을 포함한 전국 각지에 널리 분포한다. 국외에는 중국, 아무르와 일본 등지에 분포한다.

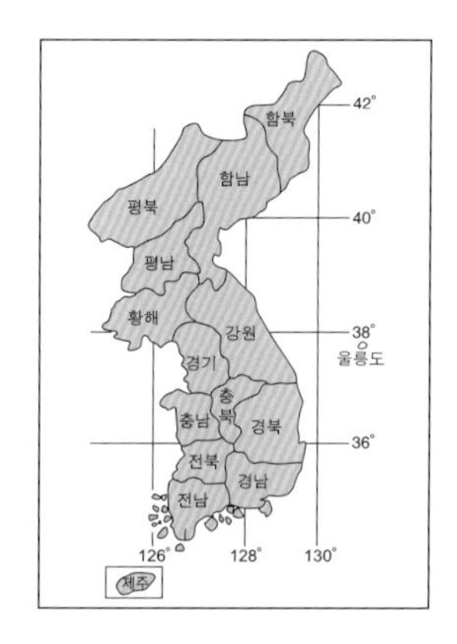

생태 / 산지의 계곡 주변 잡목림 숲에 서식한다. 엉겅퀴, 고추나무, 줄딸기 등의 꽃에서 흡밀하며, 수컷은 산길의 땅바닥에 잘 앉는다. 암컷은 식수의 어린 잎에 한 개씩 산란한다. 부화하여 나온 애벌레는 식수의 잎을 잘라 삼각형 모양의 집을 만들어 그 속에서 성장한 후 월동한다.

식수 / 졸참나무, 떡갈나무(너도밤나무과)

출현 시기 / 4~5월 〈연 1회 발생〉

변이 / 서해안 도서 지역산과 남부 지역산(180g, 180h)은 동 · 북부 지역산보다 크기가 현저히 작다. 강원도 쌍룡 등 동 · 북부 지역산의 암컷은 앞날개 윗면의 황백색 부분이 발달하며, 날개의 폭도 현저히 넓다. 개체 간에는 앞날개 아랫면의 황갈색 무늬의 발달 정도로 변이가 나타난다.

암수 구별 / 암컷은 수컷에 비해 앞날개 윗면의 회백색 무늬와 아랫면의 황갈색 무늬가 발달한다.

×1.0

181. 꼬마흰점팔랑나비 *Pyrgus malvae* (Linnaeus, 1758)

분포 / 제주도와 일부 남부 지역을 제외한 전국 각지에 분포한다. 국외에는 유라시아 대륙에 분포한다.

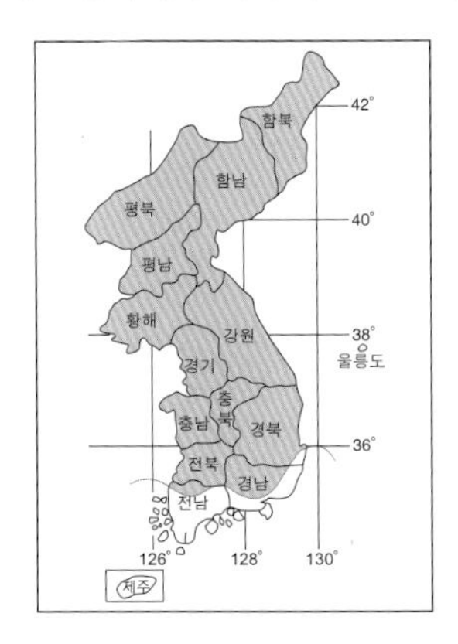

생태 / 산지의 경사면과 능선의 채광이 좋은 초지에 서식한다. 양지바른 풀밭에서 빠르게 날아다니며 개망초, 솜방망이, 민들레 등의 꽃에서 흡밀한다. 수컷은 땅바닥이나 돌에 앉아 날개를 펴고 햇볕을 쬐는 습성이 있다. 이 나비의 생활사는 아직 밝혀지지 않았다.

식초 / 딱지꽃(장미과)

출현 시기 / 4~5월 〈연 1회 발생〉

변이 / 암수 중에는 날개 아랫면의 색상이 적갈색인 개체(181b, 181e)와 흑갈색인 개체(181c, 181f)가 있다. 개체 간에는 뒷날개 윗면 중앙부에 있는 흰색 점의 모양 차이에 따라 변이가 나타난다.

암수 구별 / 수컷은 앞날개 전연부의 접혀 있는 곳에 황갈색을 띤다.

182. 흰점팔랑나비 *Pyrgus maculatus* (Bremer & Grey, 1853)

분포 / 제주도를 포함한 전국 각지에 널리 분포한다. 국외에는 미얀마, 중국, 몽고, 아무르, 우수리와 일본 등에 분포한다.

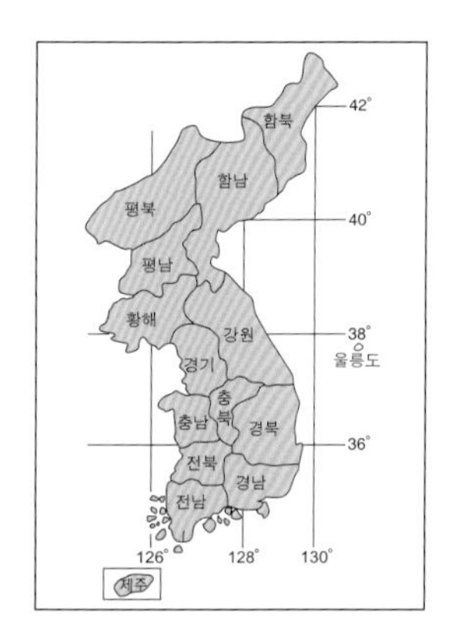

생태 / 저산 지대와 주변의 채광이 좋은 초지에 서식한다. 숲 사이를 민첩하게 날아다니며 민들레, 양지꽃, 솜방망이 등의 꽃에서 흡밀한다. 수컷은 양지바른 땅바닥이나 나뭇잎에 앉아 날개를 펴고 햇볕을 쬔다. 암컷은 식초의 어린 잎에 한 개씩 산란한다. 번데기로 월동한다.

식초 / 양지꽃(장미과)

출현 시기 / 4월 중순~5월(춘형), 7월 중순~8월(하형) 〈연 2회 발생〉

변이 / 하형 암수의 내륙 지역산(182a~182h)은 날개 아랫면의 색상이 황색감을 띠는 흑갈색이나, 제주도산(182i~182l)은 흑갈색으로 확연히 구별된다. 하형은 춘형에 비해 크며, 앞날개 윗면의 흰색 점이 작다.

암수 구별 / 암컷은 수컷에 비해 날개 외연이 둥근 모양이나, 복부 끝을 비교해 보는 것이 정확하다.

×1.0

183. 은줄팔랑나비 *Leptalina unicolor* (Bremer & Grey, 1853)

분포 / 제주도와 중부 일부 지역을 제외한 남한 각지에 국지적으로 분포한다. 국외에는 시베리아 서부, 중국 북부, 아무르와 일본 등지에 분포한다.
〈분포 특기〉 근래에 개체 수가 감소하는 종이다.

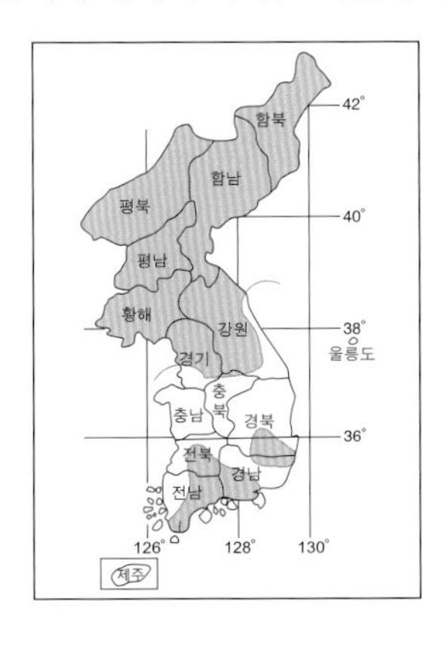

생태 / 저산 지대의 양지바른 산기슭이나 경사면, 제방 둑 등의 초지에 서식한다. 양지바른 풀밭에서 멈칫멈칫 날아다니며 토끼풀, 개망초 등의 흰색 꽃에서 흡밀한다. 암컷은 식초의 잎에 한 개씩 산란한다. 애벌레로 월동한다.

식초 / 참억새, 기름새(화본과)

출현 시기 / 5~6월(춘형), 7월 중순~8월(하형) 〈연 2회 발생〉

변이 / 춘형은 뒷날개 아랫면의 은백색 선이 뚜렷하나 하형은 미약하다.

암수 구별 / 암컷의 날개는 수컷에 비해 날개의 폭이 넓고 복부가 현저히 굵다.

184. 줄꼬마팔랑나비 *Thymelicus leoninus* (Butler, 1878)

184a. ♂
강원 오대산

184c. ♀
강원 오대산

184b. ♂ (아)
강원 광덕산

184d. ♀ (아)
강원 광덕산

×1.1

분포 / 지리산 이북 지역에 국지적으로 분포한다. 국외에는 중국, 아무르와 일본 지역에 분포한다.

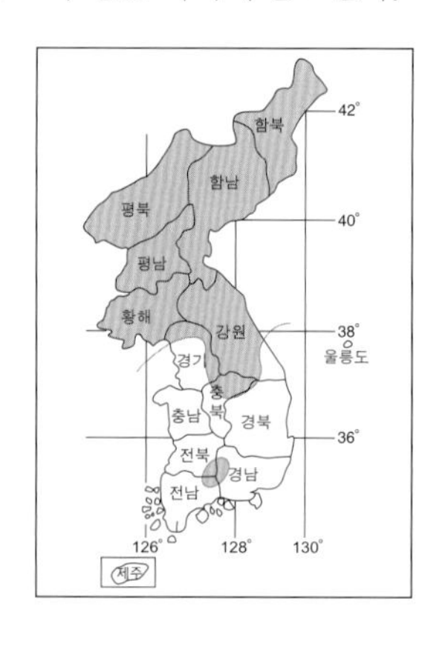

생태 / 산지의 관목림 숲에 서식한다. 숲 사이를 민첩하게 날아다니며 큰까치수영, 개망초, 갈퀴나물 등의 꽃에서 흡밀한다. 수컷은 습기 있는 땅바닥에 앉아 물을 빨아 먹는다. 암컷은 식초의 잎에 한 개씩 산란한다. 애벌레로 월동한다.

식초 / 기름새, 큰기름새(화본과)

출현 시기 / 6월 하순~8월 〈연 1회 발생〉

변이 / 특별한 변이는 없다.

암수 구별 / 수컷은 앞날개 중실에 가는 검은색 선으로 된 성표가 있다.

【변이 해설】 기형

기형(畸型)은 번데기 시기의 주변 물체와의 접촉이나 눌림, 우화(羽化) 때의 건조 등 외적 원인에 의해 나타나는 것으로 생각된다. 또, 유전자나 염색체의 이상에 의한 돌연 변이가 원인일 수도 있다. 그로 인해 날개의 모양이 변형된 개체나 날개의 일부가 결손되거나 접힌 개체가 드물게 나타난다. 이러한 기형 개체는 생식에 참여하지 못하거나 유전적으로 열성 형질이어서 당대로 소멸된다.

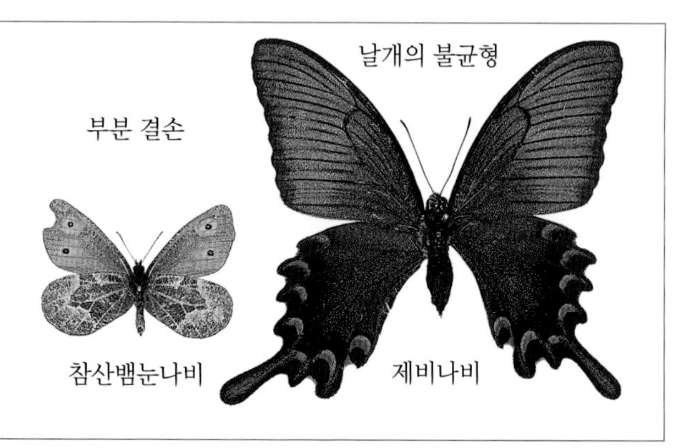

185. 수풀꼬마팔랑나비 *Thymelicus sylvaticus* (Bremer, 1861)

×1.1

분포 / 제주도를 제외한 전국 각지에 널리 분포한다. 국외에는 중국, 티베트, 아무르와 일본 등지에 분포한다.

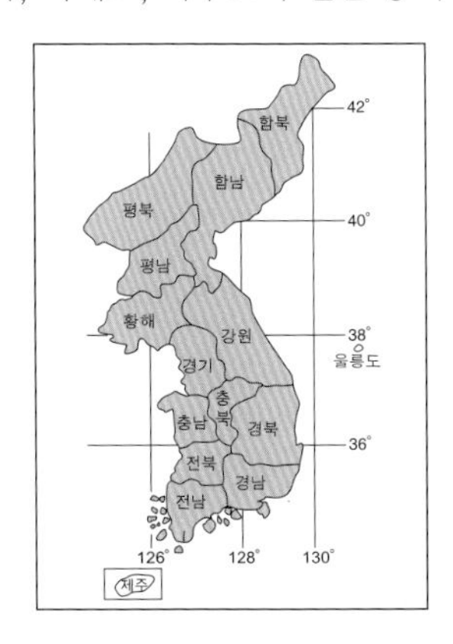

생태 / 산지의 잡목림 숲 주변이나 계곡 주변의 채광이 좋은 초지에 서식한다. 빠르게 날아다니며 싸리, 큰까치수영, 엉겅퀴, 꿀풀 등의 꽃에서 흡밀한다. 수컷은 습기 있는 땅바닥에 잘 내려앉으며, 점유 행동을 한다. 암컷은 식초의 잎에 여러 개씩 산란한다. 애벌레로 월동한다.

식초 / 기름새, 큰기름새(화본과)

출현 시기 / 6월 하순~8월 〈연 1회 발생〉

변이 / 특별한 변이는 없다.

암수 구별 / 암컷은 수컷에 비해 날개의 폭이 넓으나, 복부 끝의 모양을 비교해 보는 것이 정확하다.

*Thymelicus*속 2종의 동정

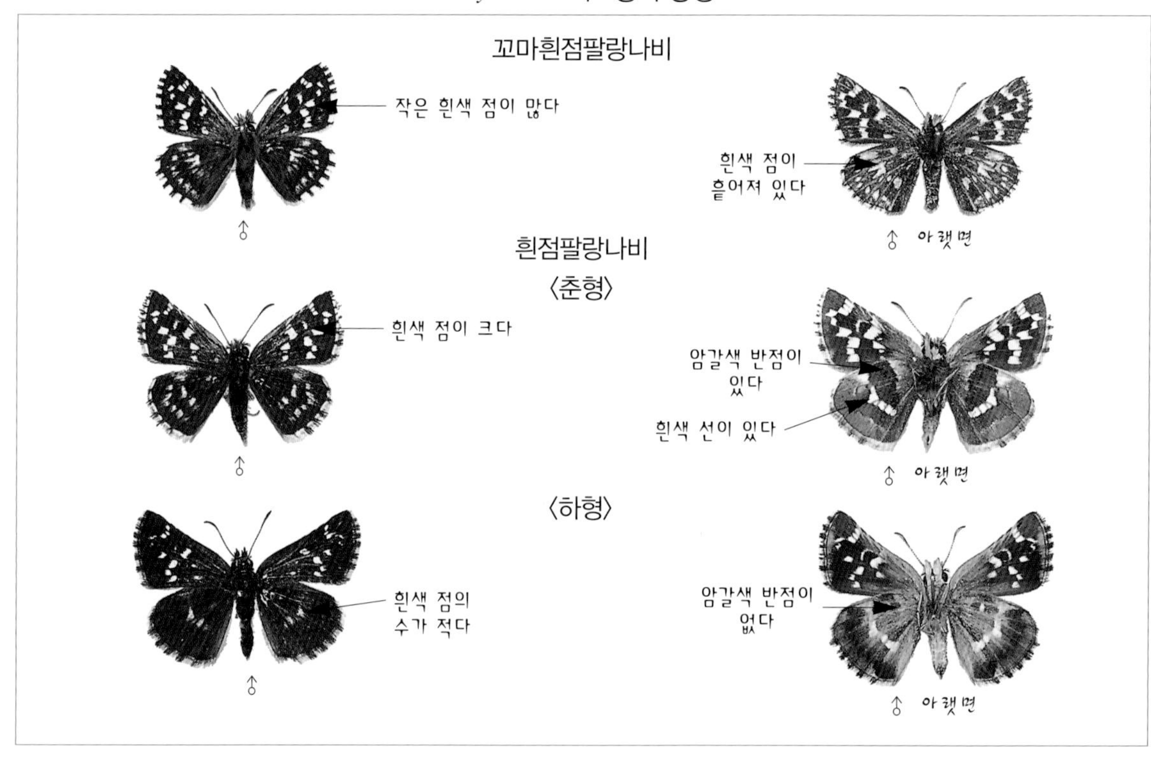

*Pyrgus*속 2종의 동정

186. 꽃팔랑나비 *Hesperia florinda* (Butler, 1878)

분포 / 경기도, 강원도와 제주도의 한라산에 국지적으로 분포한다. 국외에는 유라시아와 아메리카 서 · 북부 지역에 분포한다.

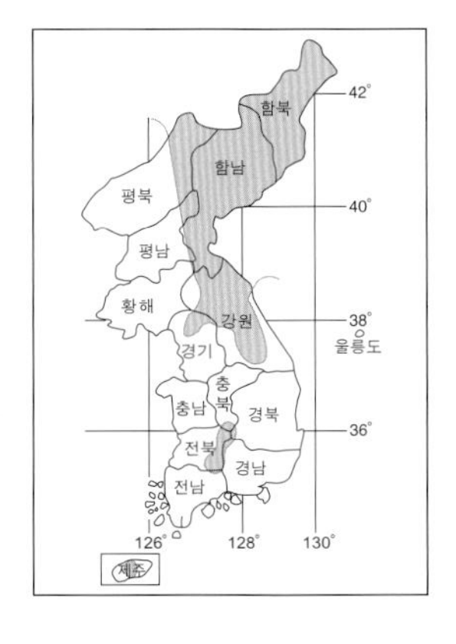

생태 / 산지의 능선과 정상 주변의 초지에 서식한다. 가까운 거리를 빠르게 날아다니며 체꽃, 큰까치수영, 엉겅퀴, 갈퀴나물 등의 꽃에서 흡밀한다. 수컷은 습기 있는 땅바닥과 새의 배설물에 잘 모여든다. 암컷은 식초의 줄기에 여러 개씩 산란한다. 알로 월동한다.

식초 / 잔디, 띠, 바랭이(화본과)

출현 시기 / 7월 하순~8월 〈연 1회 발생〉

변이 / 강원도 쌍룡 등의 내륙 지역산(186a~186d)은 날개 아랫면이 밝은 황갈색이나 제주도 한라산산(186e~186h)은 흑갈색이다. 또, 내륙 지역산 수컷의 뒷날개 윗면의 황갈색 무늬가 미약하게 나타나나 한라산산(186e)은 선명하게 나타난다. 개체 간에는 날개 윗면에 나타나는 밝은 황색 점들의 크기 차이에 따라 변이가 나타난다.

암수 구별 / 수컷은 앞날개의 중실에 굵은 검은색 선에 은색 인분이 섞여 있는 성표가 있다.

187. 황알락팔랑나비 *Potanthus flavus* (Murray, 1875)

×1.0

분포 / 제주도를 포함한 전국 각지에 널리 분포한다. 국외에는 중국, 아무르, 연해주와 일본의 여러 지역에 분포한다.

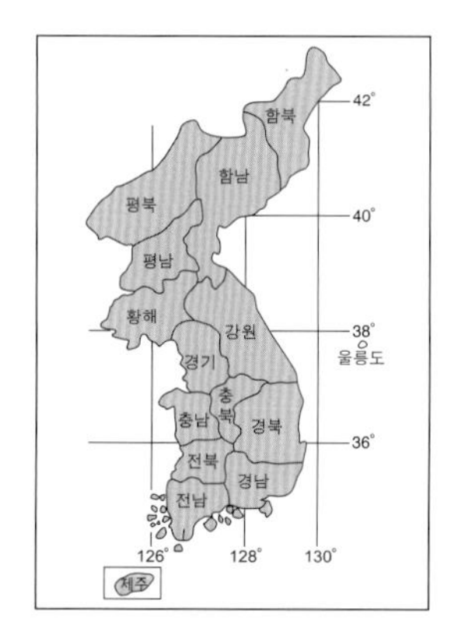

생태 / 저산 지대와 산길 주변의 초지에 서식한다. 빠르게 날아다니며 개망초, 꿀풀, 갈퀴나물 등의 꽃에서 흡밀한다. 수컷은 습기 있는 땅바닥이나 오물에 잘 모여든다. 암컷은 식초의 꽃에 여러 개씩 산란한다. 애벌레로 월동한다.

식초 / 기름새, 큰기름새(화본과)

출현 시기 / 6월 중순~7월 〈연 1회 발생〉, 경기도 대부도, 제주도와 남해안 지역: 6월 초순(1화), 8월 중순(2화) 〈연 2회 발생〉

변이 / 지역 간의 변이로 제주도산(187e~187h)은 내륙 지역산에 비해 뒷날개의 황갈색 띠가 기부 쪽에서 짧게 끝나는 개체가 많다. 발생 시차에 따른 변이는 2화(187f~187h)는 1화에 비해 소형이다. 개체 간에는 날개 윗면과 아랫면의 황백색 띠를 이루는 점들의 모양과 크기 차이로 변이가 나타난다.

암수 구별 / 암컷은 수컷에 비해 날개 외연이 둥근 모양이나, 복부 끝을 비교해 보는 것이 정확하다.

188. 참알락팔랑나비 *Carterocephalus diekmanni* (Graeser, 1888)

×1.0

분포 / 중부 이북 지역에 널리 분포한다. 국외에는 중국 동·북부, 아무르와 우수리 지역에 분포한다.

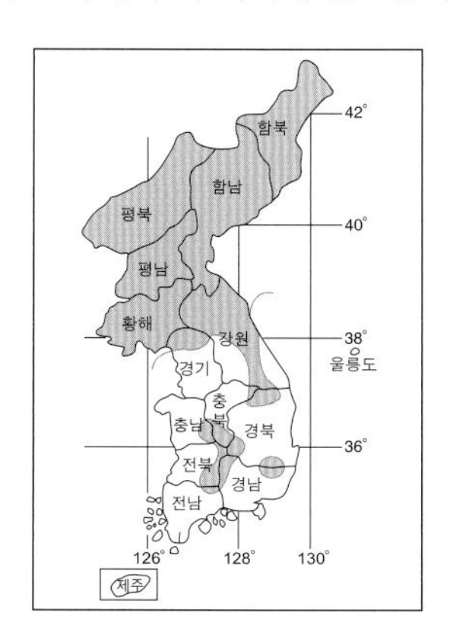

생태 / 산지의 채광이 좋은 초지에 서식한다. 수컷은 습기 있는 땅바닥이나 새의 배설물이 있는 돌 위에 잘 앉으며, 낮은 나뭇가지에 앉아 점유 행동을 한다. 채광이 좋을 때 민첩하게 날아다니며 개망초, 냉이, 엉겅퀴, 꿀풀 등의 꽃에서 흡밀한다. 이 나비의 생활사는 아직 밝혀지지 않았다.

식초 / 기름새(화본과)

출현 시기 / 5~6월 〈연 1회 발생〉

변이 / 개체 간에는 날개 윗면에 나타나는 은백색 점의 크기와 모양 차이에 따라 약간의 변이가 나타난다.

암수 구별 / 암컷의 날개는 수컷에 비해 날개 외연이 둥근 모양이나, 복부 끝을 비교해 보는 것이 정확하다.

189. 수풀알락팔랑나비 *Carterocephalus silvicolus* (Meigen, 1829)

×1.0

분포 / 지리산 이북 지역에 국지적으로 분포한다. 국외에는 유럽 서부와 극동 아시아 지역에 분포한다.

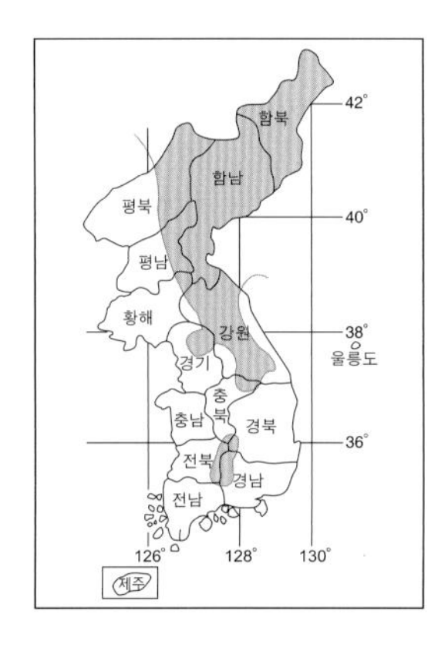

생태 / 산지의 약간 높은 곳의 초지에 서식한다. 민첩하게 날아다니며 붉은병꽃나무, 고추나무, 토끼풀, 민들레 등의 꽃에서 흡밀한다. 수컷은 습기 있는 땅바닥이나 새의 배설물에 잘 앉는다. 암컷은 식초의 잎 아랫면에 한 개씩 산란한다. 애벌레는 식초의 잎을 둥글게 말아서 집을 만들어 그 속에서 성장한 후 월동한다.

식초 / 기름새, 큰기름새(화본과)

출현 시기 / 5~6월 초순 〈연 1회 발생〉

변이 / 개체 간에는 앞날개에 나타나는 검은색 점의 크기와 뒷날개에 나타나는 황색 점의 모양 차이로 약간의 변이가 나타난다.

암수 구별 / 수컷의 날개 윗면은 밝은 황갈색이나 암컷은 흑갈색으로 어둡게 보인다.

190. 파리팔랑나비 *Aeromachus inachus* (Ménétriès, 1859)

분포 / 제주도를 제외한 전국 각지에 국지적으로 분포한다. 국외에는 중국, 우수리, 아무르와 일본 등지에 분포한다.

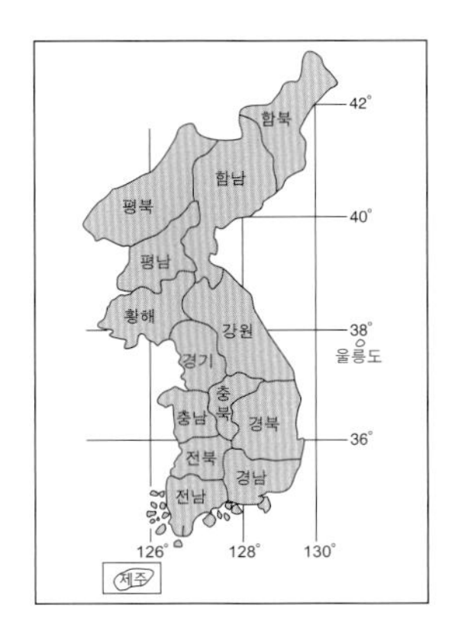

생태 / 저산 지대와 주변의 초지에 서식한다. 짧은 거리를 빠르게 날아다니며 개망초, 엉겅퀴, 갈퀴나물 등의 꽃에서 흡밀한다. 수컷은 습기 있는 땅바닥과 새의 배설물이 있는 바위에 잘 앉으며, 점유 행동을 한다. 암컷은 식초의 잎에 한 개씩 산란한다. 애벌레는 식초의 잎을 통 모양으로 말아서 집을 만들어 그 속에서 성장한 후 월동한다.

식초 / 기름새, 큰기름새(화본과)

출현 시기 / 6월 초순~7월, 8~9월 〈연 2회 발생〉

변이 / 발생 시차에 따른 변이나 개체 간의 변이가 거의 없다.

암수 구별 / 암컷은 수컷에 비해 날개 외연이 둥그나, 복부 끝의 모양을 비교해 보는 것이 정확하다.

191. 돈무늬팔랑나비 *Heteropterus morpheus* (Pallas, 1771)

분포 / 제주도를 제외한 전국 각지에 널리 분포한다. 국외에는 유라시아 대륙에 분포한다.

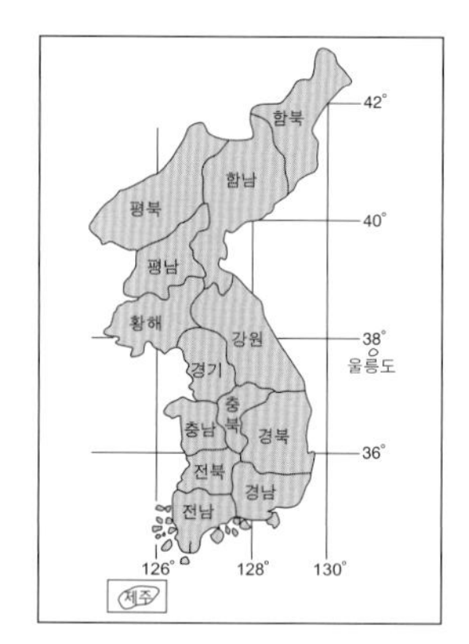

생태 / 산기슭과 전답 주변의 초지에 서식한다. 멈칫멈칫 날아서 개망초, 조뱅이, 토끼풀 등의 꽃에서 흡밀한다. 암컷은 식초의 잎 아랫면에 한 개씩 산란한다. 애벌레로 월동한다.

식초 / 기름새, 큰기름새(화본과)

출현 시기 / 5~8월 〈연 2회 발생〉

변이 / 발생 시차에 따른 변이는 거의 없다. 수컷 중에는 앞날개 윗면 날개 끝 아래의 주황색 무늬가 없는 개체(191a)가 있다. 또 뒷날개 아랫면이 흑갈색인 개체(191c)와 황갈색인 개체가 있다. 암컷 개체간에는 황갈색 색상 차이(191i→191j)로 변이가 나타난다.

암수 구별 / 수컷의 복부 끝에는 잔털이 뭉쳐 있으나 암컷에는 없다.

191a.♂
경기 주금산

191b.♂
경기 주금산

191c.♂㉻
경기 주금산

191d.♂㉻
경기 주금산

191e.♀㉻
경기 주금산

191f.♀㉻
경기 주금산

191g.♂㉻
강원 대관령

191h.♂㉻
강원 대관령

191i.♀㉻
강원 대관령

191j.♀㉻
강원 대관령

×1.0

192. 지리산팔랑나비 *Isoteinon lamprospilus* C & R. Felder, 1862

분포 / 일부 해안 지역을 제외한 남한 각지에 국지적으로 분포한다. 국외에는 베트남 북부, 중국, 타이완과 일본 등지에 분포한다.

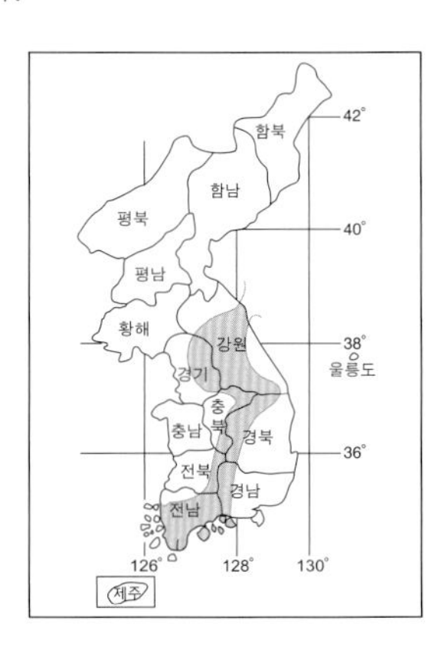

생태 / 산지와 주변의 채광이 좋은 초지에 서식한다. 풀밭 사이를 날아다니며 엉겅퀴, 꿀풀, 큰까치수영, 조이풀 등의 꽃에서 흡밀한다. 수컷은 습기 있는 땅바닥에 잘 앉으며, 나무 끝에 앉아 점유 행동을 한다. 암컷은 식초의 잎에 한 개씩 산란한다. 부화하여 나온 애벌레는 식초의 잎을 말아 가늘고 긴 통 모양의 집을 만들어 그 속에서 자란 후 월동한다.

식초 / 참억새, 큰기름새(화본과) 〔추정〕

출현 시기 / 7~8월 〈연 1회 발생〉

변이 / 특별한 변이는 없다.

암수 구별 / 암컷은 수컷보다 날개의 폭이 넓고 날개 외연이 둥그나, 복부 끝을 비교해 보는 것이 정확하다.

193. 검은테떠들썩팔랑나비 *Ochlodes ochraceus* (Bremer, 1861)

분포 / 제주도를 포함한 전국 각지에 널리 분포한다. 국외에는 중국 동 · 북부, 아무르, 연해주와 일본 등지에 분포한다.

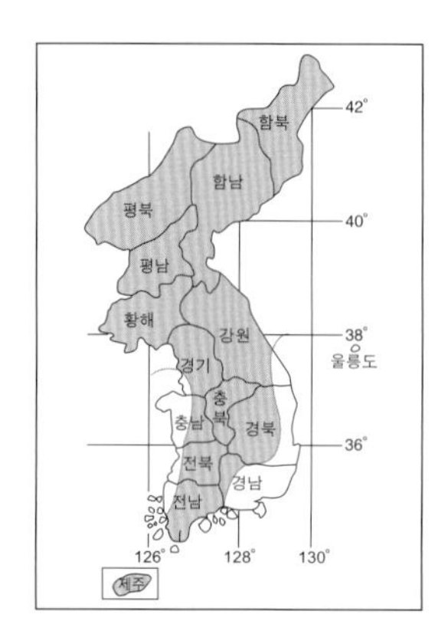

생태 / 산지의 숲 주변 초지에 서식한다. 짧은 거리를 민첩하게 날아 옮겨 다니며 꿀풀, 큰까치수영, 엉겅퀴, 개망초 등의 꽃에서 흡밀한다. 수컷은 습기 있는 땅바닥에 앉아 물을 빨아먹는다. 암컷은 식초의 잎 아랫면에 한 개씩 산란한다. 애벌레로 월동한다.

식초 / 참억새, 큰기름새(화본과)

출현 시기 / 6월 중순~7월 〈연 1회 발생〉

변이 / 강원도 해산 등 동 · 북부 지역산(193a~193d)은 중 · 남부 지역산(193e~193h)에 비해 암수 날개 윗면의 검은색 부위가 넓게 발달한다. 또, 암컷 뒷날개의 황갈색 무늬는 작고 미약하며, 날개 아랫면의 색상은 흑갈색으로 어둡게 보인다. 개체 간에는 앞날개와 뒷날개에 나타나는 황갈색 무늬의 발달 정도로 변이가 나타난다.

암수 구별 / 수컷은 앞날개 중실에 굵은 검은색 선으로 된 성표가 있다.

194. 수풀떠들썩팔랑나비 *Ochlodes venatus* (Bremer & Grey, 1853)

분포 / 제주도를 포함한 전국 각지에 널리 분포한다. 국외에는 유라시아와 중앙 아시아 대륙에 분포한다.

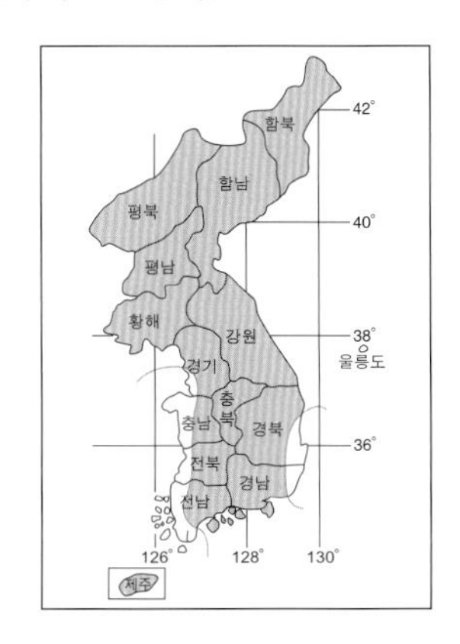

생태 / 산지의 숲과 주변의 초지에 서식한다. 민첩하게 날아다니며 꿀풀, 갈퀴나물, 큰까치수영 등의 꽃에서 흡밀한다. 수컷은 습기 있는 땅바닥과 새의 배설물에 잘 앉는다. 암컷은 식초의 잎 아랫면에 한 개씩 산란한다. 애벌레로 월동한다.

식초 / 왕바랭이(화본과), 그늘사초(사초과)

출현 시기 / 6월 중순~8월 초순 〈연 1회 발생〉

변이 / 강원도 동·북부 지역산(194a)은 앞·뒤날개 내연부에 검은색 인분이 퍼져 있어 다른 지역산에 비해 어둡게 보인다. 암컷 간에는 앞·뒤날개에 나타나는 황갈색 무늬의 발달 정도(194e→194f→194g)로 변이가 나타난다.

암수 구별 / 수컷은 앞날개 중실에 굵은 검은색 선으로 된 성표가 있다.

×1.0

195. 유리창떠들썩팔랑나비 *Ochlodes subhyalina* (Bremer & Grey, 1853)

분포 / 제주도를 포함한 전국 각지에 널리 분포한다. 국외에는 미얀마 북부, 중국, 타이완과 아무르 지역에 분포한다.

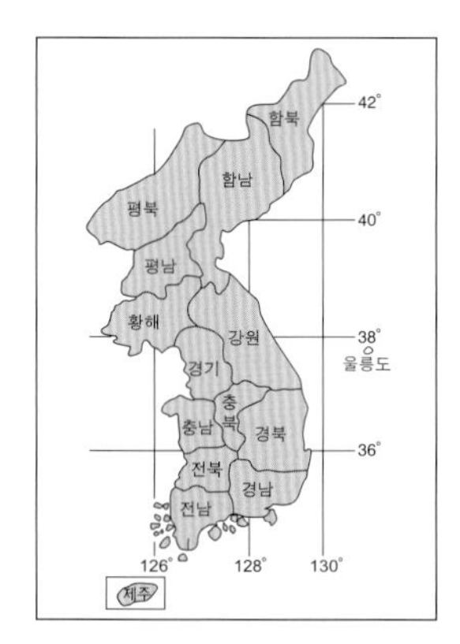

생태 / 산지와 전답 주변의 초지에 서식한다. 민첩하게 날아다니며 개망초, 갈퀴나물, 엉겅퀴 등의 꽃에서 흡밀한다. 수컷은 습기 있는 땅바닥과 짐승의 배설물에 잘 앉으며, 해질 무렵에는 점유 행동을 하느라고 여러 마리가 뒤엉켜 날아다닌다. 아직까지 이 나비의 생활사는 밝혀지지 않았다.

식초 / 기름새(화본과)

출현 시기 / 6월 중순~8월 초순 〈연 1회 발생〉

변이 / 해산, 계방산 등 강원도 동·북부 지역산의 수컷 앞날개 중실은 흑갈색이나 중·남부 지역산과 제주도산은 황갈색이다. 제주도 한라산산(195i, 195j)은 소형이고 색상은 흑갈색이며, 앞날개의 막질로 된 무늬는 둥근 모양으로 타 지역산과 구별된다.

암수 구별 / 수컷은 앞날개 중실에 굵은 검은색 선으로 된 성표가 있다.

×1.0

*Hesperia*속 1종과 *Ochlodes*속 4종의 동정

196. 제주꼬마팔랑나비 *Pelopidas mathias* (Fabricius, 1798)

×1.0

분포 / 제주도와 남해안 지역에 분포한다. 국외에는 북아프리카, 인도, 뉴기니, 중국, 타이완과 일본 등지에 분포한다.

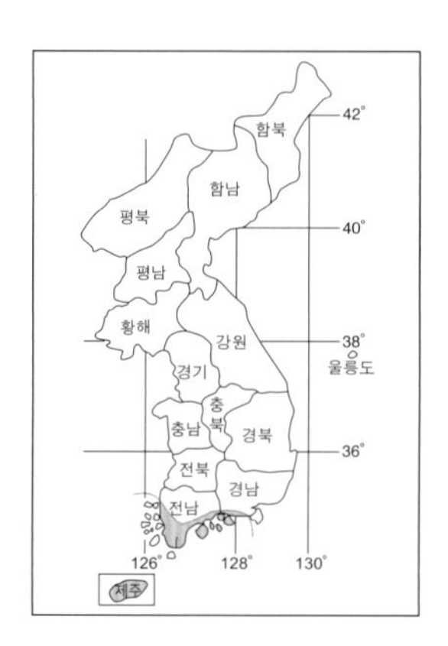

생태 / 저산 지대와 주변의 초지에 서식한다. 빠르게 날아다니며 엉겅퀴, 개망초 등의 꽃에서 흡밀한다. 수컷은 땅바닥이나 새의 배설물이 있는 돌 위에 잘 앉으며, 활발하게 점유 행동을 한다. 암컷은 식초의 잎에 한 개씩 산란한다. 애벌레로 월동한다.

식초 / 참억새, 잔디, 바랭이(화본과) 〔추정〕

출현 시기 / 5~8월 〈연 2회 발생〉

변이 / 발생 시차에 따른 변이나 개체 간의 변이가 거의 없다.

암수 구별 / 수컷은 앞날개 윗면에 가는 회백색 선으로 된 성표가 있다.

197. 산줄점팔랑나비 *Pelopidas jansonis* (Butler, 1878)

분포 / 제주도를 제외한 남한 각지에 널리 분포한다. 국외는 중국 동 · 북부, 아무르와 일본 지역에 분포한다.

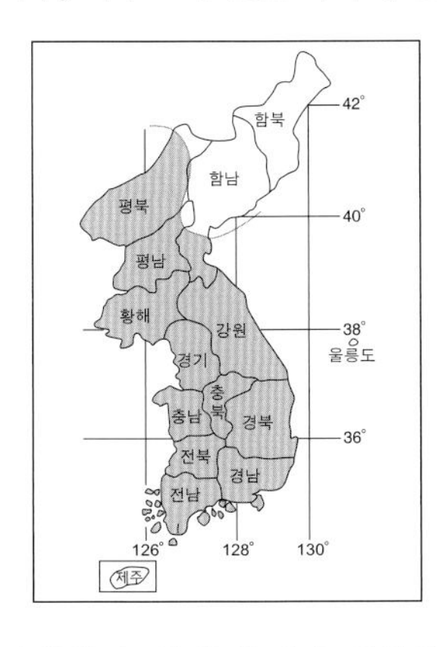

생태 / 저산 지대의 숲 주변 초지에 서식한다. 빠르게 날아다니며 엉겅퀴, 산철쭉 등의 꽃에서 흡밀한다. 수컷은 습기 있는 땅바닥에 잘 내려앉으며, 활발하게 점유 행동을 한다. 암컷은 식초의 잎과 줄기에 한 개씩 산란한다. 부화하여 나온 애벌레는 식초의 잎을 말아서 집을 만들어 그 속에서 성장한다. 번데기로 월동한다.

식초 / 참억새, 기름새(화본과)

출현 시기 / 4월 하순~8월 〈연 2회 발생〉

변이 / 중 · 남부 지역산(197d, 197h)은 강원도 동 · 북부 지역산에 비해 뒷날개의 은점 무늬가 크게 나타난다. 발생 시차에 따른 변이는 거의 없다. 개체 간에는 날개 윗면과 아랫면의 은점 무늬 크기 차이로 변이가 나타난다.

암수 구별 / 암컷은 수컷에 비해 날개의 폭이 넓고, 뒷날개 아랫면의 은점 무늬가 크다.

198. 줄점팔랑나비 *Parnara guttata* (Bremer & Grey, 1853)

분포 / 제주도를 포함한 전국 각지에 널리 분포한다. 국외에는 중국, 아무르, 우수리, 인도와 일본 지역에 분포한다.

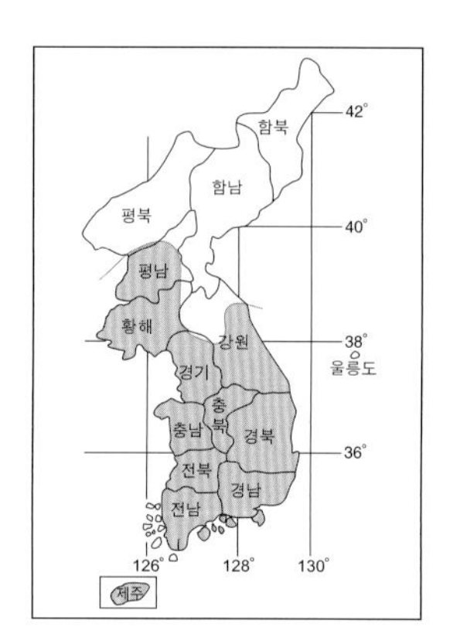

생태 / 저산 지대와 전답, 하천 둑 등의 초지에 서식한다. 빠르게 날아다니며 엉겅퀴, 여뀌, 국화, 메밀 등의 꽃에서 흡밀한다. 가을에 개체 수가 많아져 흔하게 관찰된다. 암컷은 식초의 잎에 여러 개씩 산란한다. 부화하여 나온 애벌레는 잎을 몇 장씩 모아서 말아 집을 만들어 그 속에서 성장한 후 월동한다.

식초 / 벼, 참억새(화본과)

출현 시기 / 5월 하순~11월 〈연 2~3회 발생〉

변이 / 발생 시차에 따른 변이나 개체 간의 변이가 거의 없다.

암수 구별 / 암컷은 수컷에 비해 날개의 폭이 현저히 넓고 날개의 은색 무늬가 크다.

199. 산팔랑나비 ***Polytremis zina*** **(Evans, 1932)**

×1.0

분포 / 제주도를 제외한 전국에 분포한다. 국외에는 중국, 아무르, 연해주와 일본의 여러 지역에 분포한다.

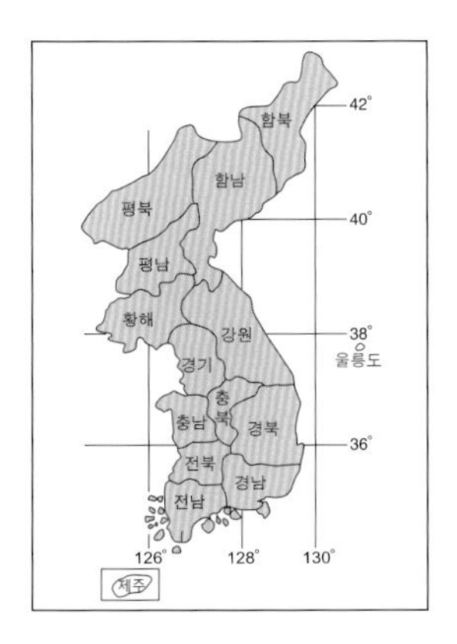

생태 / 산지의 능선과 정상 주변의 숲에 서식한다. 가까운 거리를 민첩하게 날아다니며 큰까치수영, 엉겅퀴, 풀싸리 등의 꽃에서 흡밀한다. 수컷들은 해질 무렵에 활발한 점유 행동을 한다. 암컷은 식초의 잎에 한 개씩 산란한다. 애벌레로 월동한다.

식초 / 참억새, 강아지풀(화본과)

출현 시기 / 7~8월 〈연 1회 발생〉

변이 / 특별한 변이는 없다.

암수 구별 / 암컷은 수컷에 비해 날개 외연이 둥근 모양이나, 복부 끝의 모양을 비교해 보는 것이 정확하다.

*Pelopidas*속 3종과 줄점팔랑나비, 산팔랑나비의 동정

보 유 편

개마별박이세줄나비

보1 200. 무늬박이제비나비 *Papipio helenus* Linnaeus, 1758

×0.7

분포 / 경상남도 욕지도와 거제도의 지심도 등 남해안 섬 지역에 국지적으로 분포한다. 국외에는 일본, 중국, 타이완 등 동남아시아 지역에 널리 분포한다.

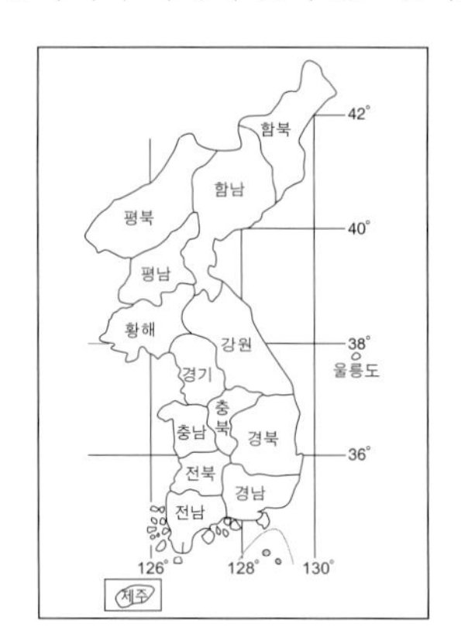

생태 / 저산지대의 잡목림 숲에 서식한다. 활기차게 숲 속을 날아다니며 엉겅퀴, 자귀나무, 누리장나무 등의 꽃을 찾아 꿀을 빤다. 수컷은 접도를 따라 산 정상에 날아올라 선회하는 습성이 있다. 암컷은 식수의 잎 아랫면에 한 개씩 알을 낳는다. 번데기로 겨울을 난다.

식초 / 산초나무, 탱자나무(운향과)

출현 시기 / 4월 중순~5월 중순(춘형) 7~8월(하형) 〈연 2회 발생〉

변이 / 특별한 변이는 나타나지 않는다.

암수 구별 / 수컷의 배 끝은 갈라지나, 암컷의 배 끝은 굵고 뭉뚝하다.

보2 201. 우리녹색부전나비 *Favonius koreanus* **Kim, 2006**

보2a.♂
경기 정개산

보2b.♂ (아)
경기 정개산

보2c.♀
경기 정개산

×1.0

분포 / 강원도, 경기도, 충청남·북도의 일부 지역에 국지적으로 분포한다. 우리나라 고유종이다.

생태 / 산지의 참나무가 많은 잡목림 숲에 서식한다. 수컷은 오후 3시경부터 늦게 까지 점유행동을 하는데, 두 마리가 뒤엉켜 빙빙 돌며 땅바닥에 접근할 정도 까지 내려왔다 흩어지는 특이한 습성이 있다. 암컷은 식수의 굵은 가지에 한 개씩 알을 낳는다. 알로 월동한다.

식초 / 굴참나무(너도밤나무과)

출현 시기 / 6월 중순~8월(연 1회 발생)

변이 / 특별한 변이는 나타나지 않는다.

암수 구별 / 수컷은 청록색이나 암컷은 흑갈색이다.

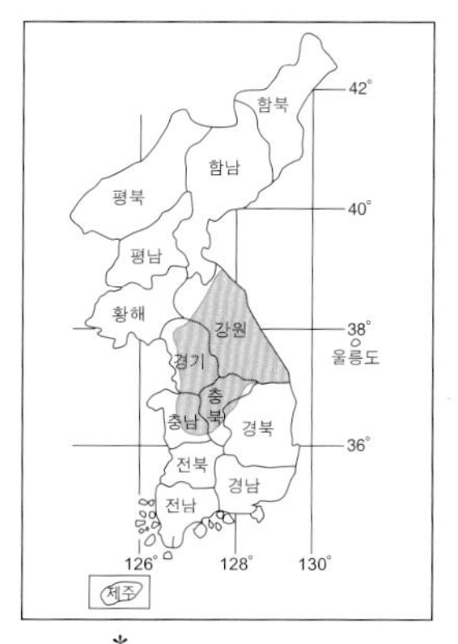

* 북한 지역은 조사 안 됨.

우리녹색부전나비와 검정녹색부전나비의 동정

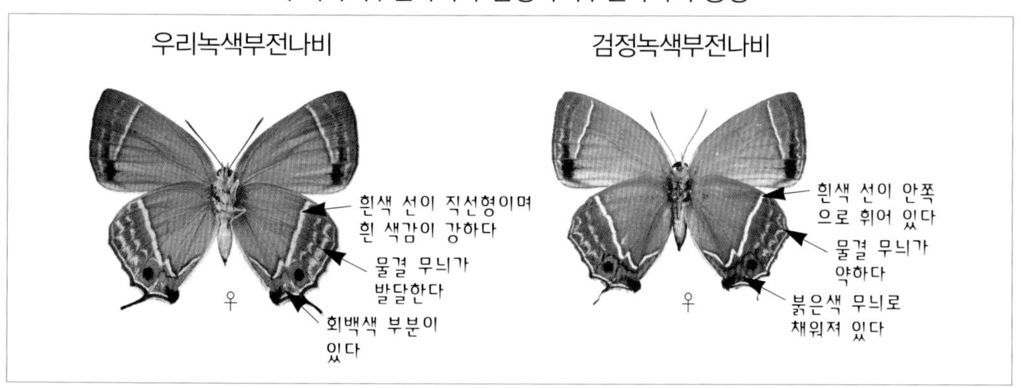

보3 202. 개마별박이세줄나비 *Neptis andetria* Fruhstofer, 1913

분포 / 경기도와 강원도 지역에 국지적으로 분포한다. 국외에는 중국 동북부와 중부, 남부와 아무르 지역에 분포한다.

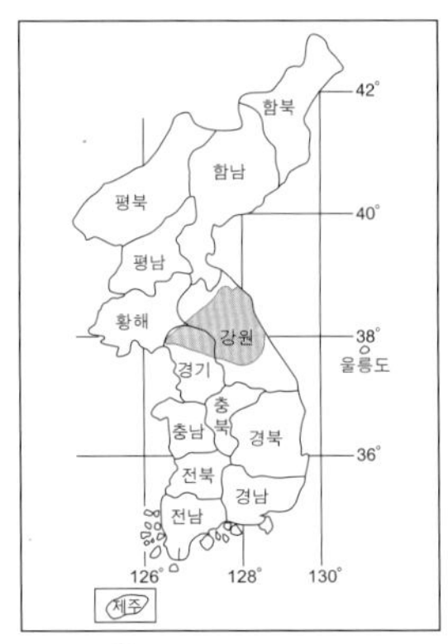

* 북한 지역은 조사 안 됨.

생태 / 산지의 높은 지역 잡목림 숲에 서식한다. 같은 지역에서도 초지 쪽에는 별박이세줄나비가 서식하고 삼림 쪽으로 갈수록 이 종이 서식한다. 쉬땅나무, 산초나무 등의 꽃에서 꿀을 빤다. 애벌레는 식수의 잎을 접어 집을 만들고 그 속에서 월동한다.

식수 / 조팝나무(장미과)

출현 시기 / 5월 하순~9월 〈연 2~3회 발생〉

변이 / 개체간의 크기 차이 외에는 특별한 변이는 나타나지 않는다.

암수 구별 / 암컷은 수컷에 비해 날개폭이 넓고 날개 외연이 둥글다.

> **개마별박이세줄나비와 별박이세줄나비의 구별점**
> 개마별박이세줄나비는 앞날개 전연부에 짧고 가는 흰색 선이 있어, 별박이세줄나비와 쉽게 구별된다. 또 뒷날개의 흰색 띠의 폭이 좁고 앞날개 아랫면의 기부와 중앙부가 짙은 다갈색이다.

보4 203. 산수풀떠들썩팔랑나비 *Ochlodes similis* (Leech, 1778)

분포 / 경기도와 강원도 지역에 국지적으로 분포한다. 국외에는 중국 동북부와 아무르, 우수리에 분포한다.

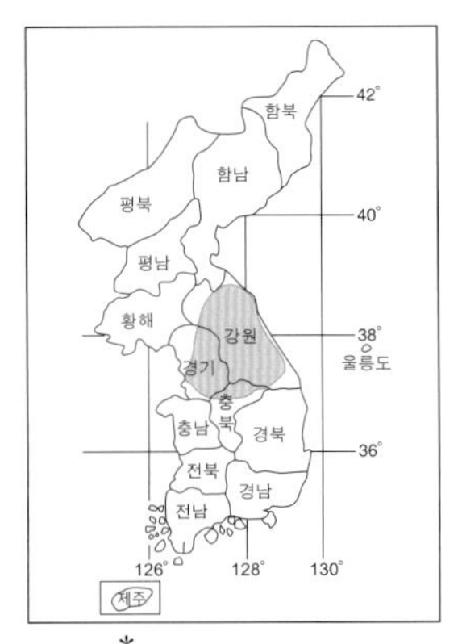

* 북한 지역은 조사 안 됨.

×1.0

생태 / 산지의 약간 높은 지대에서 부터 산다. 빠르게 날아다니며 큰까치수영, 엉겅퀴 등의 꽃을 찾아다니며 꿀을 빤다. 수컷은 물기 있는 땅바닥에 잘 내려앉는다. 애벌레로 겨울을 난다.

식초 / 왕바랭이(화본과)

출현 시기 / 6월 중순~8월 〈연 1회 발생〉

변이 / 강원 동북부 지역의 개체 중에는 뒷날개에 작은 황갈색 무늬가 발달하여 밝게 보이는 개체(보4a)가 있는데, 이런 개체는 아랫면(보4b)도 밝게 보인다. 암컷 간에는 날개 윗면의 색감 차이와 앞날개 윗면의 황갈색 무늬의 크기 차이로 변이가 나타난다.

암수 구별 / 수컷은 황갈색으로 밝게 보이나, 암컷은 흑갈색으로 어둡게 보이고 날개폭이 넓다.

보5 204. 흰줄점팔랑나비 *Pelopidas sinensis* (Mabille, 1877)

보5a.♂
강원 영월

보5c.♀
강원 영월

보5b.♂ⓐ
강원 영월

보5d.♀ⓐ
강원 영월

×1.0

분포 / 강원도의 여러 지역과 경기도의 일부 지역에 분포한다. 국외에는 인도차이나 반도와 중국 남서부, 타이완 등에 분포한다.

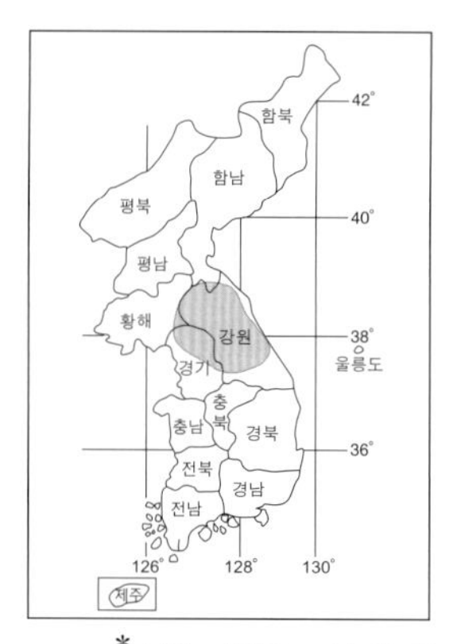

* 북한 지역은 조사 안 됨.

생태 / 저산지대의 풀밭에 살며 채광이 좋은 트인 장소에서 활동 하는데 민가 주변의 초지에서도 관찰된다. 나리 등 여러 꽃을 찾아다니며 꿀을 빤다. 수컷은 활기차게 점유행동을 하며 물기 있는 땅바닥에 잘 내려앉는다. 애벌레로 월동한다.

식초 / 참억새, 큰기름새, 조릿대(화본과)

출현 시기 / 5월 중순~8월 〈연 2회 발생〉

변이 / 특별한 변이는 나타나지 않는다.

암수 구별 / 수컷은 앞날개에 가는 흰색 선의 성표가 있다.

미접(迷蝶)

1. 새연주노랑나비
2. 연노랑흰나비
3. 검은테노랑나비
4. 뾰족부전나비
5. 남색물결부전나비
6. 소철꼬리부전나비
7. 중국은줄표범나비
8. 남방남색공작나비
9. 남방공작나비
10. 암붉은오색나비
11. 남방오색나비
12. 돌담무늬나비
13. 먹나비
14. 큰먹나비
15. 별선두리왕나비
16. 끝검은왕나비
17. 대만왕나비
18. 멤논제비나비

끝검은왕나비

1. 새연주노랑나비 *Colias fieldii* Ménétriès, 1855

♂
전남 함평

♀
전남 함평

국외에는 중국, 러시아 극동 지역까지 분포한다. 우리나라에서는 한국나비학회의 박경태 회원이 강원도 해산에서 처음 채집(2001)하여 보고 하였다. 그 후 중남부 지역에서 한 때 여러 개체가 관찰된바 있다.

2. 연노랑흰나비 *Catopsilia pomona* (Fabricius, 1775)

♂
제주 애월

♀
제주 애월

일본 남서 제도와 오스트레일리아 등에 분포한다. 경상남도 거제에서 첫 채집(1992)된 후 남부 지방과 제주도에서 가끔 관찰되고 있다.

3. 검은테노랑나비 *Eurema brigitta* (Stoll, 1780)

♀
전남 진도

미안마, 라오스, 베트남, 중국 남부와 타이완에 분포한다. 한국나비학회의 주재성 회원이 전라남도 진도의 첨찰산에서 처음 채집하여 보고하였다. 그 후 추가 채집 기록은 없다.

4. 뾰족부전나비 *Curetis acuta* Moore, 1877

♂
경남 울산

일본 남부와 인도, 인도차이나 반도, 중국 남부와 타이완 등에 분포한다. 경상남도 울산과 거제도에서 간간히 채집되고 있다.

5. 남색물결부전나비 *Jamides bochus* (Stoll, 1782)

동양구와 오스트레일리아구에 널리 분포한다. 필자가 제주도 애월에서 처음 채집하여 발표(2007)하였다. 그 후 제주도와 남부지방에서 간간히 관찰되고 있다.

6. 소철꼬리부전나비 *Chilades pandava* (Forsfield, 1829)

인도, 미얀마, 타이완. 중국 남부 등에 분포한다. 한국나비학회의 주흥재 고문이 제주도 서귀포에서 처음 채집하여 보고(2006)하였다. 그 후 지속적으로 서식하고 있으며, 소철에 피해를 주고 있다.

7. 중국은줄표범나비 *Childrena childreni* (Gray, 1831)

인도 북부, 네팔, 미얀마 북부, 중국 등지에 분포한다. 우리 나라에서는 제주도 서귀포시에서 한 번 채집되었다. 이 나비는 태풍이나 기류에 의해 이동되어 국내에 일회성(一回性)으로 기착한 우산접(偶産蝶)으로 생각된다.

8. 남방남색공작나비 *Junonia orithya* (Linnaeus, 1758)

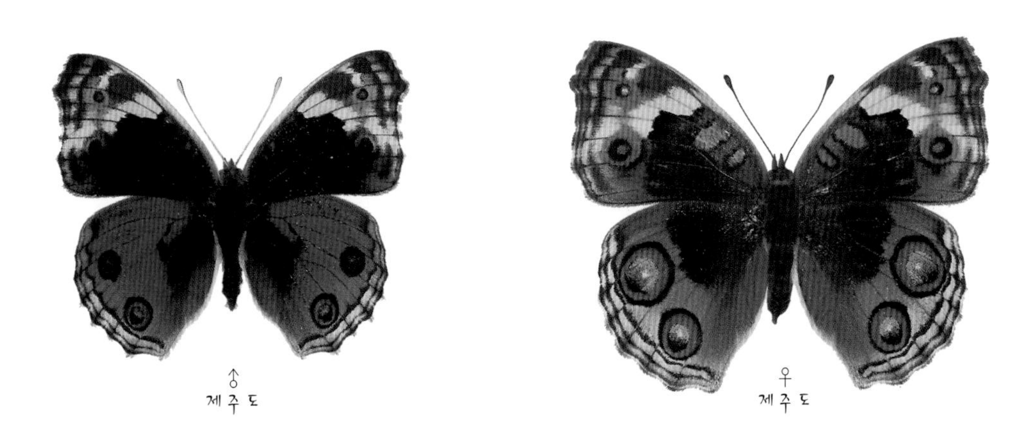

동양구, 오스트레일리아 북부, 아프리카에 널리 분포한다. 우리 나라에서는 남해안과 서해안의 일부 도서 지방과 제주도에서 8~9월에 채집된다. 채광이 좋은 초지에 서식하며, 여러 꽃에서 흡밀한다. 수컷은 점유 행동을 하며, 습기 있는 땅바닥에 잘 앉는다.

9. 남방공작나비 *Junonia almana* (Linnaeus, 1758)

동양구의 아열대와 열대에 분포한다. 우리 나라에서는 제주도에서 한 번 채집된 기록이 있다. 우산접(偶産蝶)으로 추정된다.

10. 암붉은오색나비 *Hypolimnas misippus* (Linnaeus, 1764)

동양구, 오스트레일리아구, 에디오피아구, 남아메리카 일부, 서인도 제도에 분포한다. 우리 나라에서는 남해안과 서해안의 일부 도서 지방과 제주도에서 드물게 채집되고 있다.

11. 남방오색나비 *Hypolimnas bolina* (Linnaeus, 1758)

동양구와 오스트레일리아구에 널리 분포한다. 우리 나라에서는 남해안과 서해안의 일부 도서 지역과 제주도에서 8월 이후에 가끔씩 채집된다.

12. 돌담무늬나비 *Gyrestis thyodanas* Boisduval, 1836

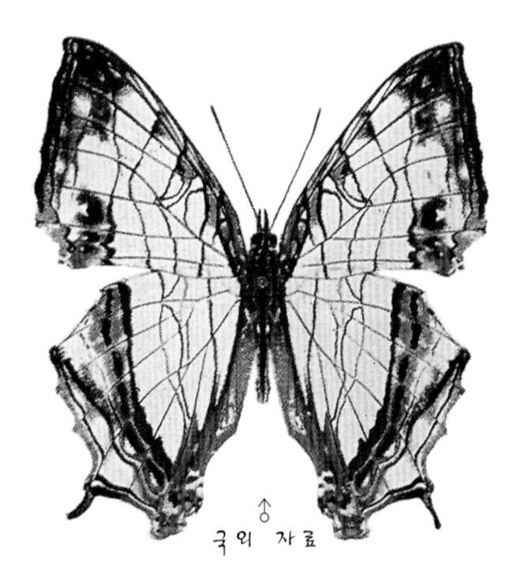

히말라야 서부에서 중국 남부, 인도지나, 타이완과 일본 남부 지역에 널리 분포한다. 우리 나라에서는 제주도 비자림의 숲에서 암컷 한 마리를 처음 채집하여 『제주의 나비』(2002)에 수록하였다. 이 나비는 꽃과 발효한 과일, 습기 있는 땅바닥에 잘 모이며, 성충으로 월동하는 것으로 알려져 있다. 우산접으로 추정된다.

13. 먹나비 *Melanitis leda* (Linnaeus, 1758)

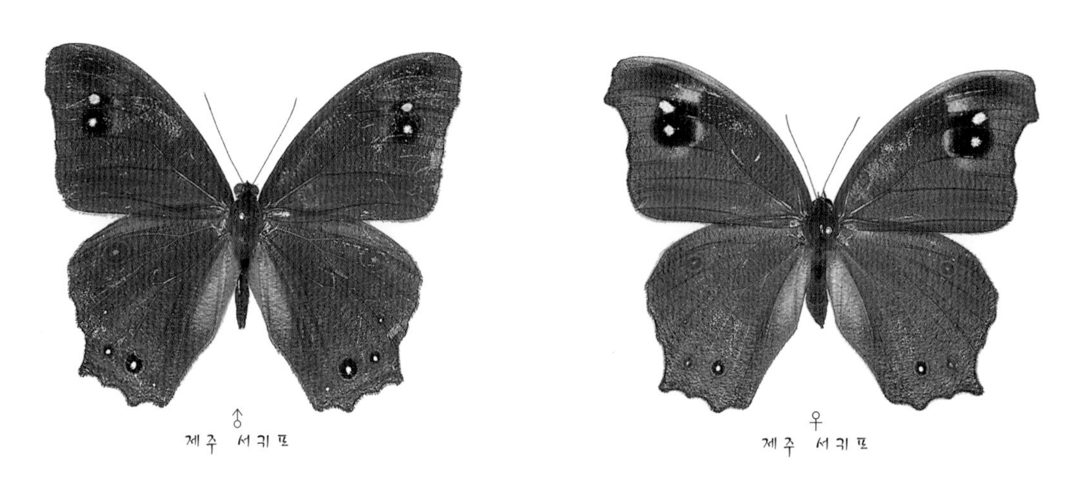

동양구, 오스트레일리아구에 광범위하게 분포한다. 우리 나라의 미접 중에서 비교적 채집 기록이 많은 나비로, 여름에서 가을까지 남부 지역과 간혹 중부 지역에서도 채집된다. 토착종의 가능성이 있어 더 많은 조사가 요망된다.

14. 큰먹나비 *Melanitis phedima* (Cramet, 1780)

동양구에 널리 분포한다. 우리 나라에서는 1996년에 부산에서 채집된 기록이 있다. 근래에 제주도에서 추가 채집이 이루어지고 있다.

15. 별선두리왕나비 *Salatura genutia* (Cramer, 1779)

♂ 경남 거제도

일본의 남서 제도와 동양 열대 지역, 오스트레일리아구, 유럽 남 · 동부, 중동, 아프리카 등지에 널리 분포한다. 우리 나라에서는 제주도와 남해안 도서 지방에서 드물게 채집되고 있다.

16. 끝검은왕나비 *Anosia chrysippus* (Linnaeus, 1758)

♂ 경남 매물도

일본의 남서 제도 및 동양구, 오스트레일리아구, 유럽 동 · 남부, 아프리카에 널리 분포한다. 우리 나라에서는 제주도, 경남 칠포, 충남 서산에서 채집된 기록이 있다. 해안가의 도깨비바늘 등의 꽃에서 흡밀한다.

17. 대만왕나비 ***Parantica melanus*** **(Cramer, 1775)**

동양구에 널리 분포한다. 우리 나라에서는 제주도에서 처음 채집하여 『제주의 나비』(2002)에 수록하였다. 이 나비는 왕나비보다 크기가 작으며, 뒷날개 윗면의 황갈색 색상이 짙다. 또, 수컷의 성표도 왕나비보다 넓게 나타난다. 우산접으로 추정된다.

18. 멤논제비나비 ***Papilio memnon*** **Linnaeus, 1758**

인도에서 중국 남서부, 타이완, 인도네시아 등에 분포한다. 한국나비학회의 박동하 회원이 전라남도 완도에서 처음 채집(2006)하여 보고 하였다. 그 후 추가 채집 기록은 없다.

부 록

산꼬마부전나비

한국의 보호 대상 나비

(1) 보호 대상 나비의 선정과 보호 정책

우리 나라는 환경부, 자연보호협회, 나비 동호인들에 의해 나비의 생태가 조사되고 보호 대책이 모색되고 있다.

근래의 급속한 산업화와 도시화의 영향으로 나비의 서식지가 파괴되고 서식 환경이 변화되고 있는 것이 사실이다. 그래서 나비의 개체 수가 급격히 감소하고 있고, 몇 종의 나비는 멸종 위기종이 되었다. 이러한 우려할 만한 일이 지난 10여 년 동안에 집중적으로 일어났다는 사실이 더욱 심각하다. 이에 환경부는, 1989년 5월에 환경 보전법 제9조 2항에 의거 11종의 나비(붉은점모시나비, 상제나비, 신부나비, 유리창나비, 어리세줄나비, 깊은산부전나비, 쌍꼬리부전나비, 물결부전나비, 큰홍띠점박이푸른부전나비, 산굴뚝나비, 대왕팔랑나비)를 채집 금지종으로 공포하여, 법으로 이들 나비의 채집을 금지하였다. 이 때, 환경부에 의해 채집 금지종으로 지정된 11종의 나비 중에는 보호 필요성이 적은 나비가 몇 종 포함되었고, 보호가 절실한 몇 종은 빠져 있었다. 이에 필자는 '보호 대상 한국산 주요 나비의 고찰' (1990)이라는 논문을 통해, 환경처의 채집 금지 대상 나비의 선정에 오류가 있음을 지적한 바 있다. 그 후 재조정을 거쳐 1994년에 15종(목록 참조)의 나비를 새로 채집 금지종으로 지정하였으나, 여전히 선정 과정에서 해당 전문가들의 자문을 거치지 않음으로써 많은 오류를 범한 것이 사실이다. 야외에서의 나비 채집 경험이 있는 사람이라면 유리창나비, 왕오색나비, 청띠제비나비를 희귀종이나 감소 추세종으로 보지는 않을 것이다. 그러나 법으로 정한 나비는 채집을 삼가고, 다음에 재조정의 기회가 있을 때 합리적으로 보호되어야 할 나비가 선정되도록 촉구해야 할 것이다. 세계적으로도 1992년 6월의 '리우 선언' (환경 개발에 대한 리우 선언) 이후 생물 다양성 협약의 채택과 더불어 야생 동식물의 국제 거래에 대한 협약(CITES)이 차츰 강화되고 있다.

필자는 그간의 야외에서의 채집 활동을 통해 조사한 자료와 한국나비학회 회원들의 소장 표본을 참고하여, 보호 필요성이 있는 한국 나비의 희귀종, 감소종, 멸종 위기종의 목록을 다음과 같이 작성하였다.

이 목록에 포함된 나비 중 보호 필요성이 있는 나비(*표)는 현재의 생태적 변동 상황을 종별로 설명하였다.(단, 환경부(1994), 申(1990), 金 · 洪(1990)에 의해 발표된 종류는 선정의 타당성과 관계없이 목록에 포함하였음.)

환경부 지정 '반출 금지 종 나비'

◇ 1급 : 상제나비, 산굴뚝나비

◇ 2급 : 붉은점모시나비, 쌍꼬리부전나비, 깊은산부전나비, 왕은점표범나비

◇ 3급 : 꼬리명주나비, 남방남색부전나비, 남방남색꼬리부전나비, 남방녹색부전나비, 작은녹색부전나비, 우리녹색부전나비, 검정녹색부전나비, 북방까마귀부전나비, 극남부전나비, 회령푸른부전나비, 큰주홍부전나비, 큰홍띠점박이푸른부전나비, 산꼬마부전나비, 산부전나비, 큰점박이푸른부전나비, 고운박이푸른부전나비, 북방점박이푸른부전나비, 봄어리표범나비, 여름어리표범나비, 담색어리표범나비, 금빛어리표범나비, 작은은점선표범나비, 산꼬마표범나비, 은점표범나비, 큰표범나비, 제일줄나비, 어리세줄나비, 홍줄나비, 수노랑나비, 밤오색나비, 오색나비, 왕오색나비, 유리창나비, 홍점알락나비, 대왕나비, 시골처녀나비, 봄처녀나비, 큰수리팔랑나비, 은줄팔랑나비

* 생물다양성을 보전하기 위해 지정된 위 목록의 나비를 환경부 장관의 허가 없이 국외로 반출하다 적발되면 야생동 · 식물보호법 제69조의 규정에 의해 2년 이하의 징역형이나 1,000만원 이하의 벌금형을 받게 된다.

(2) 한국 나비의 희귀종, 감소종, 멸종 위기종 목록

종 명	*申 (1990)	**金·洪 (1990)	환경처 (1994)	환경부 (2000)	원색한국나비도감(2002)
* 붉은점모시나비 *Parnassius bremeri* Bremer			멸종 위기종	보호종	감소종
청띠제비나비 *Graphium sarpedon* (Linnaeus)			감소 추세종		보통종
* 상제나비 *Aporia crataegi* (Linnaeus)	희귀종		희귀종	멸종 위기종	멸종 위기종
바둑돌부전나비 *Taraka hamada* (H. Druce)	희귀종				보통종
* 깊은산부전나비 *Protantigius superans* (Oberthür)	희귀종	채집 금지 요망종	희귀종	보호종	보통종(국지종)
북방까마귀부전나비 *Fixenia spini* (Schiffermüller)	희귀종	채집 금지 요망종			보통종(국지종)
쌍꼬리부전나비 *Spindasis takanonis* (Matsumura)	희귀종		희귀종	보호종	보통종
큰주홍부전나비 *Lycaena dispar* (Haworth)	희귀종	채집 금지 요망종			감소종
물결부전나비 *Lampides boeticus* (Linnaeus)			희귀종		보통종
큰홍띠점박이푸른부전나비 *Shijimiaeoides divinus* (Fixsen)	희귀종		감소 추세종		희귀종
* 산부전나비 *Lycaenides subsolanus* (Eversmann)		채집 금지 요망종			멸종 위기종
* 고운점박이푸른부전나비 *Maculinea teleius* (Bergsträsser)					멸종 위기종
* 북방점박이푸른부전나비 *Maculinea kurentzovi* Sibatani					멸종 위기종
왕나비 *Parantica sita* (Kollar)			희귀종		보통종
암어리표범나비 *Melitaea scotosia* Butler	희귀종				보통종
산은줄표범나비 *Childrena zenobia* (Leech)	희귀종				보통종
왕은점표범나비 *Fabriciana nerippe* (C. et R. Felder)			멸종 위기종	보호종	보통종
제삼줄나비 *Limenitis homeyeri* (Tancé)	희귀종				보통종
* 홍줄나비 *Limenitis pratti* (Leech)	희귀종				희귀종
중국황세줄나비 *Neptis tshetverikovi* Kurentzov	희귀종	채집 금지 요망종			보통종(국지종)
어리세줄나비 *Aldania raddei* (Bremer)			희귀종		보통종
갈구리신선나비 *Nymphalis vau-album* (D. et S.)	희귀종				희귀종
신선나비 *Nymphalis antiopa* (Linnaeus)	희귀종		희귀종		희귀종
공작나비 *Inachis io geisha* (Stichel)					희귀종
유리창나비 *Dilipa fenestra* (Leech)			희귀종		보통종
쐐기풀나비 *Aglais urticae* (Linnaeus)	희귀종				희귀종
왕오색나비 *Sasakia charonda* (Hewitson)			희귀종		보통종
* 함경산뱀눈나비 *Oeneis urda* (Eversmann)		채집 금지 요망종			보통종(국지종)
* 가락지나비 *Aphantopus hyperantus* (Linnaeus)	희귀종	채집 금지 요망종			보통종(국지종)
* 산굴뚝나비 *Eumenis autonoe* (Esper)	희귀종	채집 금지 요망종	멸종 위기종	멸종 위기종	보통종(국지종)
* 큰수리팔랑나비 *Bibasis striata* (Hewitson)	희귀종	채집 금지 요망종			멸종 위기종
독수리팔랑나비 *Bibasis aquilina* (Speyer)	희귀종				보통종
대왕팔랑나비 *Satarupa nymphalis* (Speyer)			희귀종		보통종

*申裕恒 / **金容植 · 洪承杓

(3) 보호 대상 나비의 선정 이유와 생태적 상황

*** 붉은점모시나비** *Parnassius bremeri* (Felder, 1864)

이 나비는 1990년 이전에는 경기도의 천마산, 명지산, 강원도의 강촌 등지와 충청 북도, 경상 남 · 북도의 여러 곳에 국지적으로 분포하였다. 이 중 충청 북도 옥천의 금강 유원지 강변에는 서식 밀도가 높아 흔하게 볼 수 있었던 나비였다. 그런데 이 곳의 도로 폭을 넓히는 공사 과정에서 이 나비의 식초인 기린초가 없어지면서 이 나비도 사라지고 말았다.

이렇듯 차츰 서식지가 파괴되고 감소되어, 현재는 경상 남도의 일부 지역과 강원도 삼척 지역에만 서식하고 있는 '감소종' 이다.

*** 상제나비** *Apora crataegi* (Linnaeus, 1758)

이 나비의 과거 채집 기록지는 경기도의 명지산, 강원도의 양구, 경상 북도의 은혜사 등이다. 그러나 1980년대 이후의 채집 기록은 강원도 쌍룡 지역에 집중되어 있다. 쌍룡의 창현리에는 서식 밀도가 높아, 마을의 밭 주변과 산기슭에서 쉽게 관찰되던 나비였다. 그러나 1980년대 중반부터 알 수 없는 원인으로 개체 수가 급격히 감소하여, 1990년대 중반부터는 한 개체도 발견되지 않고 있어 '멸종 위기종' 으로 생각된다.

*** 깊은산부전나비** *Protantigius superans* (Oberthür, 1913)

이 나비는 그간에 강원도 오대산, 계방산, 가리왕산, 소백산 등에서 드물게 채집되었다. 그러나 근간에 알려진 강원도 해산에서는 상당한 서식 밀도를 보이고 있다. 그 곳은 도로 공사로 생긴 산 중턱의 개활지인데, 그 주변의 숲에서는 석양 무렵에 점유 행동을 하는 개체들을 쉽게 볼 수 있다. 그런데도 보호 대상 나비에 포함시킨 것은, 국내외에서 선호도가 높은 나비이기 때문에, 수집가들의 무분별한 채집에 의해 서식 밀도에 영향을 줄 위험성이 있다고 생각하기 때문이다.

*** 산부전나비** *Plebejus subsolanus* (Eversmann, 1851)

이 나비의 채집 기록지는 강원도의 설악산과 태백산, 그리고 제주도의 한라산이다. 그러나 태백산 외의 표본은 확인할 수 없고, 다만 제주도 한라산산(産)의 수컷 한 개체를 『한국 접지(蝶誌)』에서 확인할 수 있을 뿐이다. 그러나 필자 등은 제주도의 한라산을 여러 차례 조사해 보았지만 한 개체도 관찰하지 못하였다.

근래의 채집 기록은 주로 강원도의 태백산에 집중되어 있는데, 1990년대 중반부터 개체 수가 급감하여 현재는 한 개체도 관찰할 수 없어 '멸종 위기종' 으로 생각한다.

* 고운점박이푸른부전나비 *Maculinea teleius* (Bergsträsser, 1779)

이 나비의 채집 기록지는 경기도와 강원도의 여러 지역과 경상 북도의 팔공산 등지였다. 1900년대까지만 해도 경기도 현리 등 여러 곳의 밭과 인접한 야산의 묘소 주변 등에서 흔하게 관찰할 수 있었다. 그러나 1995년경부터 개체 수가 급격히 감소하여 현재에는 강원도의 일부 지역에만 국지적으로 서식하고 있다.

* 북방점박이푸른부전나비 *Maculinea kurentzovi* Sibatani, Saigusa et Hirowatari, 1994

이 나비의 채집 기록지는 강원도의 오대산과 영월, 쌍룡 지역에 국한되어 있었다. 필자(1994) 등에 의해 신기록된 이 나비는 쌍룡의 야산 숲에서 빠르게 날아다니는 개체를 가끔 목격할 수 있었다. 그러나 알 수 없는 원인으로 개체 수가 감소하여, 1997년 이후로는 채집 기록이 전혀 없어 '멸종 위기종'으로 생각한다.

* 홍줄나비 *Seokia pratti* Leech, 1890

이 나비의 채집 기록지는 강원도의 설악산과 오대산이다. 그러나 최근의 기록은 오대산에 집중되고 있다. 이 나비는 암수 모두 채광이 좋은 산길의 그늘진 곳에 오랫동안 앉아 쉬는 습성이 있다. 이러한 생태적 습성 때문에, 국내외 수집가들에게 선호도가 높은 이 나비가 쉽게 채집될 위험성이 높다. 이로 인한 무분별한 채집에 의해 서식 밀도에 영향을 줄 수 있다고 생각하기 때문에 보호할 필요성이 있다고 생각한다.

* 큰수리팔랑나비 *Burara striata* (Hewitson, 1867)

이 나비의 채집 기록지는 서울의 수유리와 경기도 광릉이다. 현재는 광릉 수목원이 유일한 서식지로, 그곳의 참나무 숲에서 드물게 관찰되었던 희귀종이며 국지종이었다. 수목원 구역이기 때문에 비교적 보호가 잘 되고 있으나, 알 수 없는 원인으로 개체 수가 감소하여 근래에는 한 개체도 관찰할 수 없어 '멸종 위기종'으로 생각한다.

* 초원성 소형 표범나비류와 국지종(局地種)

초지성인 봄어리표범나비(*Melitaea britomartis* Assmann)와 여름어리표범나비(*Mellicta ambigua* (Ménétriès)) 등 소형 표범나비류가 급속히 감소하고 있어 보호할 필요성이 있다. 그리고 강원도 영월 지역에 서식하는 북방까마귀부전나비(*Satyrium latior* (Fixsen)), 제주도 함덕에 서식하는 남방남색부전나비(*Arhopala japonica* (Murray)), 한라산에 서식하는 산꼬마부전나비(*Plebejus argus* (Linnaeus)), 가락지나비(*Aphantopus hyperantus* Linnaeus), 산굴뚝나비(*Hipparchia autonae* (Esper))는 국지종으로 보호할 필요성이 있다.

한반도의 나비 분류표

Superfamily Papilionoidea 호랑나비상과

Family Papilionidae 호랑나비과

Subfamily Parnassiinae 모시나비아과

Luehdorfia puziloi (Erschoff, 1872) 애호랑나비

Parnassius stubbendorfii Ménétriès, 1849 모시나비

Parnassius bremeri (Felder, 1864) 붉은점모시나비

㉭ *Parnassius nomion* Fischer de Waldheim, 1823 왕붉은점모시나비

㉭ *Parnassius eversmanni* Ménétriès, 1849 황모시나비

Sericinus montela Gray, 1852 꼬리명주나비

Subfamily Papilioninae 호랑나비아과

Byasa alcinous (Klug, 1836) 사향제비나비

Papilio xuthus Linnaeus, 1767 호랑나비

Papilio machaon Linnaeus, 1758 산호랑나비

Papilio macilentus Janson, 1877 긴꼬리제비나비

Papilio protenor Cramer, 1775 남방제비나비

Papilio bianor Cramer, 1777 제비나비

Papilio maackii Ménétriès, 1859 산제비나비

Papipio helenus Linnaeus, 1758 무늬박이제비나비

㉯ *Papipio memnon* Linnaeus, 1758 멤논제비나비

Graphium sarpedon (Linnaeus, 1758) 청띠제비나비

Family Pieridae 흰나비과

Subfamily Dismorphinae 기생나비아과

Leptidea amurensis (Ménétriès, 1859) 기생나비

Leptidea morsei (Fenton, 1881) 북방기생나비

Subfamily Coliadinae 노랑나비아과

㉯ *Eurema brigitta* (Stool, 1780) 검은테노랑나비

Eurema hecabe (Linnaeus, 1758) 남방노랑나비

Eurema laeta (Boisduval, 1836) 극남노랑나비

Gonepteryx maxima Butler, 1885 멧노랑나비

※ ㉭은 북한에만 분포하는 국지종이고, ㉯는 외국에서 날아와서 일시 서식하는 미접(迷蝶)임.

Gonepteryx aspasia (Ménétriès, 1855) 각시멧노랑나비

Colias erate (Esper, 1805) 노랑나비

㊋ *Colias tyche* Böber, 1812 북방노랑나비

㊋ *Colias palaeno* (Linnaeus, 1761) 높은산노랑나비

㊋ *Colias heos* (Herbst, 1792) 연주노랑나비

㊀ *Colias fieldii* Ménétriès, 1855 새연주노랑나비

Subfamily Pierinae 흰나비아과

Anthocharis scolymus Butler, 1866 갈구리나비

Aporia crataegi (Linnaeus, 1758) 상제나비

㊋ *Aporia hippia* (Bremer, 1861) 눈나비

Pieris rapae (Linnaeus, 1758) 배추흰나비

Pieris canidia (Linnaeus, 1768) 대만흰나비

Pieris melete (Ménétriès, 1857) 큰줄흰나비

Pieris dulcinea Butler, 1882 줄흰나비

㊀ *Catopsilia pomona* Fabricius, 1775 연노랑흰나비

Pontia daplidice (Linnaeus, 1828) 풀흰나비

㊋ *Pontia chloridice* (Höbner, 1818) 북방풀흰나비

Family Lycaenidae 부전나비과

Subfamily Miletinae 바둑돌부전나비아과

Taraka hamada (H. Druce, 1875) 바둑돌부전나비

Subfamily Theclinae 녹색부전나비아과

Arhopala bazalus (Hewitson, 1862) 남방남색꼬리부전나비

Arhopala japonica (Murray, 1875) 남방남색부전나비

Artopoetes pryeri (Murray, 1873) 선녀부전나비

Coreana rapaelis (Oberthür, 1881) 붉은띠귤빛부전나비

Ussuriana michaelis (Oberthür, 1881) 금강산귤빛부전나비

Shirozua jonasi (Janson, 1877) 민무늬귤빛부전나비

Thecla betulae (Linnaeus, 1758) 암고운부전나비

㊋ *Thecla betulina* Staudinger, 1887 개마암고운부전나비

Japonica lutea (Hewitson, 1865) 귤빛부전나비

Japonica saepestriata (Hewitson, 1865) 시가도귤빛부전나비

Wagimo signatus (Butler, 1881) 참나무부전나비

Araragi enthea (Janson, 1877) 긴꼬리부전나비

Antigius attilia (Bremer, 1886) 물빛긴꼬리부전나비

Antigius butleri (Fenton, 1881) 담색긴꼬리부전나비

Protantigius superans (Oberthür, 1913) 깊은산부전나비
Neozephyrus japonicus (Murray, 1875) 작은녹색부전나비
Chrysozephyrus ataxus (Westwood, 1851) 남방녹색부전나비
Chrysozephyrus brillantinus (Staudinger, 1887) 북방녹색부전나비
Chrysozephyrus smaragdinus (Bremer, 1861) 암붉은점녹색부전나비
Favonius saphirinus (Staudinger, 1887) 은날개녹색부전나비
Favonius orientalis (Murray, 1875) 큰녹색부전나비
Favonius korshunovi (Dubatolov & Sergeev, 1982) 깊은산녹색부전나비
Favonius yuasai Shirôzu, 1948 검정녹색부전나비
Favonius ultramarinus (Fixsen, 1887) 금강산녹색부전나비
Favonius cognatus (Staudinger, 1892) 넓은띠녹색부전나비
Favonius taxilus (Bremer, 1861) 산녹색부전나비
Favonius koreanus Kim, 2006 우리녹색부전나비
Callophrys frivaldszkyi (Kindermann, 1982) 북방쇳빛부전나비
Callophrys ferreus (Butler, 1981) 쇳빛부전나비
Rapala caerulea (Bremer & Grey, 1851) 범부전나비
Rapala arata (Bremer, 1861) 울릉범부전나비
Satyrium herzi (Fixsen, 1887) 민꼬리까마귀부전나비
Satyrium w-album (Knoch, 1782) 까마귀부전나비
Satyrium eximia (Fixsen, 1887) 참까마귀부전나비
Satyrium prunoides (Staudinger, 1887) 꼬마까마귀부전나비
Satyrium pruni (Linnaeus, 1768) 벚나무까마귀부전나비
Satyrium latior (Fixsen, 1887) 북방까마귀부전나비
Spindasis tatanonis (Matsumura, 1906) 쌍꼬리부전나비

Subfamily Lycaeninae 주홍부전나비아과

Lycaena phlaeas (Linnaeus, 1761) 작은주홍부전나비
Lycaena dispar (Haworth, 1803) 큰주홍부전나비
㊖ *Lycaena helle* (Schiffermüller, 1775) 남주홍부전나비
㊖ *Lycaena virgaureae* (Linnaeus, 1758) 검은테주홍부전나비
㊖ *Lycaena hipothoe* (Linnaeus, 1761) 암먹주홍부전나비

Subfamily Polyommatinae 부전나비아과

㊀ *Curetis acuta* Moore, 1877 뾰족부전나비
Niphanda fusca (Bremer & Grey, 1853) 담흑부전나비
Lampides boeticus (Linnaeus, 1767) 물결부전나비
㊀ *Jamides bochus* (Stoll, 1782) 남색물결부전나비
Zizina otis (Fabricius, 1787) 극남부전나비

㊕ *Cupido minimus* (Fuessly, 1775) 꼬마부전나비

Zizeeria maha (Kollar, 1848) 남방부전나비

Celastrina sugitanii (Matsumura, 1919) 산푸른부전나비

Celastrina argiolus (Linnaeus, 1758) 푸른부전나비

Celastrina oreas (Leech, 1893) 회령푸른부전나비

㊕ *Celastrina filipjevi* (Riley, 1934) 주을푸른부전나비

㊞ *Udara dilectus* (Moore, 1879) 한라푸른부전나비

㊞ *Udara albocaerulea* (Moore, 1879) 남방푸른부전나비

Cupido argiades (Pallas, 1771) 암먹부전나비

Tongeia fischeri (Eversmann, 1843) 먹부전나비

Scolitantides orion (Pallas, 1771) 작은홍띠점박이푸른부전나비

Shijimiaeoides divina (Fixsen, 1887) 큰홍띠점박이푸른부전나비

㊕ *Glaucopsyche lycormas* (Butler, 1866) 귀신부전나비

Plebejus argus (Linnaeus, 1758) 산꼬마부전나비

Plebejus subsolanus (Eversmann, 1851) 산부전나비

㊕ *Albulina optilete* (Knoch, 1781) 높은산부전나비

㊕ *Polyommatus tsvetaevi* Kurentzov, 1970 사랑부전나비

㊕ *Polyommatus amandus* (Schneider, 1792) 함경부전나비

㊕ *Polyommatus icarus* (Rottemburg, 1775) 연푸른부전나비

㊕ *Polyommatus semiargus* (Rottemburg, 1775) 후치령부전나비

Plebejus argyrognomon (Bergsträsser, 1779) 부전나비

㊕ *Aricia artaxerxes* (Fabricius, 1793) 백두산부전나비

㊕ *Aricia chinensis* (Murray, 1874) 중국부전나비

㊕ *Aricia eumedon* (Esper, 1780) 대덕산부전나비

㊞ *Chilades pandava* (Horsfield, 1829) 소철꼬리부전나비

Maculinea kurentzovi Sibatani, Saigusa & Hirowatari, 1994 북방점박이푸른부전나비

Maculinea teleius (Bergsträsser, 1779) 고운점박이푸른부전나비

Maculinea arionides (Staudinger, 1887) 큰점박이푸른부전나비

㊕ *Maculinea cyanecula* (Eversmann, 1848) 중점박이푸른부전나비

㊕ *Maculinea alcon* (Denis & Schiffermüller, 1776) 잔점박이푸른부전나비

Family Nymphalidae 네발나비과

Subfamily Lybytheinae 뿔나비아과

Libythea lepita Moore, 1858 뿔나비

Subfamily Danainae 왕나비아과

Parantica sita (Kollar, 1844) 왕나비

㉠ *Parantica melaneus* (Cramer, 1775) 대만왕나비

㉠ *Danaus genutia* (Cramer, 1779) 별선두리왕나비

㉠ *Danaus chrysippus* (Linnaeus, 1758) 끝검은왕나비

Subfamily Nymphalinae 네발나비아과

Melitaea britomartis Assmann, 1847 봄어리표범나비

Mellicta ambigua (Ménétriès, 1859) 여름어리표범나비

Melitaea protomedia Ménétriès, 1859 담색어리표범나비

Melitaea scotosia Butler, 1878 암어리표범나비

㉡ *Melitaea plotina* (Bremer, 1861) 경원어리표범나비

㉡ *Melitaea didymoides* Eversmann, 1847 산어리표범나비

㉡ *Melitaea sutschana* Staudinger, 1892 짙은산어리표범나비

㉡ *Melitaea arcesia* Bremer, 1861 북방어리표범나비

㉡ *Melitaea diamina* (Lang, 1789) 은점어리표범나비

Euphydryas davidi (Oberthür, 1861) 금빛어리표범나비

㉡ *Euphydryas ichnea* (Boisduval, 1833) 함경어리표범나비

Clossiana perryi (Butler, 1882) 작은은점선표범나비

Clossiana oscarus (Eversmann, 1844) 큰은점선표범나비

㉡ *Clossiana selene* (Denis & Schiffermüller, 1775) 산은점선표범나비

㉡ *Clossiana selenis* (Eversmann, 1837) 꼬마표범나비

㉡ *Clossiana angarensis* (Erschoff, 1870) 백두산표범나비

㉡ *Clossiana titania* (Esper, 1790) 높은산표범나비

㉡ *Clossiana euphrosyne* (Linnaeus, 1758) 은점선표범나비

㉠ *Childrena childreni* (Gray, 1831) 중국은줄표범나비

Boloria thore (Hübner, 1804) 산꼬마표범나비

Brenthis ino (Rottemburg, 1775) 작은표범나비

Brenthis daphne Bergsträsser, 1780 큰표범나비

Argyronome laodice (Pallas, 1771) 흰줄표범나비

Argyronome ruslana Motschulsky, 1886 큰흰줄표범나비

Argynnis anadiomene (C. & R. Felder, 1862) 구름표범나비

Damora sagana (Doubleday, 1847) 암검은표범나비

Argynnis paphia (Linnaeus, 1758) 은줄표범나비

Childrena zenobia (Leech, 1890) 산은줄표범나비

Argynnis niobe (Linnaeus, 1758) 은점표범나비

Argynnis vorax (Butler, 1871) 긴은점표범나비

Argynnis nerippe (C. & R. Felder, 1862) 왕은점표범나비

Speyeria aglaja (Linnaeus, 1758) 풀표범나비

Argyreus hyperbius (Linnaeus, 1763) 암끝검은표범나비

Limenitis helmanni Lederer, 1853 제일줄나비

Limenitis doerriesi Staudinger, 1892 제이줄나비

Limenitis homeyeri Tancré, 1881 제삼줄나비

Limenitis camilla (Linnaeus, 1764) 줄나비

Limenitis moltrechti Kardakoff, 1928 참줄나비

Limenitis amphyssa Ménétriès, 1859 참줄사촌나비

Limenitis sydyi Lederer, 1853 굵은줄나비

Limenitis populi (Linnaeus, 1758) 왕줄나비

Seokia pratti (Leech, 1890) 홍줄나비

Neptis sappho (Pallas, 1771) 애기세줄나비

Neptis pryeri Butler, 1871 별박이세줄나비

Neptis andetria Fruhstofer, 1913 개마별박이세줄나비

Neptis speyeri Staudinger, 1887 높은산세줄나비

Neptis philyra Ménétriès, 1859 세줄나비

Neptis philyroides Staudinger, 1887 참세줄나비

Neptis alwina (Bremer & Gray, 1853) 왕세줄나비

Aldania deliquata (Stichel, 1908) 중국황세줄나비

Aldania thisbe Ménétriès, 1859 황세줄나비

Aldania themis (Leech, 1890) 산황세줄나비

Neptis rivularis (Scopoli, 1763) 두줄나비

Aldania raddei (Bremer, 1861) 어리세줄나비

Araschnia burejana Bremer, 1861 거꾸로여덟팔나비

Araschnia levana (Linnaeus, 1758) 북방거꾸로여덟팔나비

(미) *Junonia orithya* (Linnaeus, 1758) 남방남색공작나비

(미) *Junonia almana* (Linnaeus, 1758) 남방공작나비

(미) *Hypolimnas bolina* (Linnaeus, 1758) 남방오색나비

(미) *Hypolimnas misippus* (Linnaeus, 1764) 암붉은오색나비

(미) *Cyrestis thyodamas* Boisduval, 1836 돌담무늬나비

Polygonia c-album (Linnaeus, 1758) 산네발나비

Polygonia c-aureum (Linnaeus, 1758) 네발나비

Nymphalis l-album (Esper, 1785) 갈구리신선나비

Nymphalis xanthomelas (Denis & Schiffermüller, 1775) 들신선나비

Nymphalis antiopa (Linnaeus, 1758) 신선나비

Kaniska canace (Linnaeus, 1763) 청띠신선나비

Aglais io (Linnaeus, 1758) 공작나비

Aglais urticae (Linnaeus, 1758) 쐐기풀나비

Vanessa cardui (Linnaeus, 1758) 작은멋쟁이나비

Vanessa indica (Herbst, 1794) 큰멋쟁이나비

Dilipa fenestra (Leech, 1891) 유리창나비

Dichorragia nesimachus (Doyère, 1840) 먹그림나비

Apatura ilia (Denis & Schiffermüller, 1775) 오색나비

Apatura metis Freyer, 1829 황오색나비

Apatura iris (Linnaeus, 1758) 번개오색나비

Mimathyma nycteis (Ménétriès, 1859) 밤오색나비

Mimathyma schrenckii (Ménétriès, 1859) 은판나비

Sasakia charonda (Hewitson, 1862) 왕오색나비

Hestina japonica (C. Felder & R. Felder, 1862) 흑백알락나비

Hestina assimilis (Linnaeus, 1758) 홍점알락나비

Dravira ulupi (Doherty, 1889) 수노랑나비

Sephisa princeps (Fixsen, 1887) 대왕나비

Subfamily Satyrinae **뱀눈나비아과**

Ypthima argus Butler, 1866 애물결나비

Ypthima multistriata Butler, 1883 물결나비

Ypthima motshulskyi (Bremer & Grey, 1853) 석물결나비

Mycalesis gotama Moore, 1857 부처나비

Mycalesis francisca (Stoll, 1780) 부처사촌나비

Aphantopus hyperantus Linnaeus, 1758 가락지나비

Oeneis urda (Eversmann, 1847) 함경산뱀눈나비

Oeneis mongolica Oberthür, 1876 참산뱀눈나비

(북) *Oeneis jutta* (Hübner, 1806) 높은산뱀눈나비

(북) *Oeneis magna* Graeser, 1888 큰산뱀눈나비

Coenonympha amaryllis (Stoll, 1782) 시골처녀나비

Coenonympha oedippus (Fabricius, 1787) 봄처녀나비

Coenonympha hero Linnaeus, 1761 도시처녀나비

(북) *Coenonympha glycerion* (Borkhausen, 1788) 북방처녀나비

(북) *Triphysa albovenosa* Erschoff, 1885 줄그늘나비

Erebia cyclopius (Eversmann, 1844) 외눈이지옥나비

Erebia wanga Bremer, 1864 외눈이지옥사촌나비

(북) *Erebia ligea* Linnaeus, 1758 높은산지옥나비

(북) *Erebia neriene* (Böber, 1809) 산지옥나비

(북) *Erebia rossii* Curtis, 1835 관모산지옥나비

(북) *Erebia embla* (Thunberg, 1791) 노랑지옥나비

㊤ *Erebia edda* Ménétriès, 1854 분홍지옥나비

㊤ *Erebia radians* Staudinger, 1886 민무늬지옥나비

㊤ *Erebia theano* (Tauscher, 1809) 차일봉지옥나비

㊤ *Erebia kozhantshikovi* Sheljuzhko, 1925 재순이지옥나비

Hipparchia autonoe (Esper, 1783) 산굴뚝나비

Minois dryas (Scopoli, 1763) 굴뚝나비

㊉ *Melanitis leda* (Linnaeus, 1758) 먹나비

㊉ *Melanitis phedima* (Cramer, 1780) 큰먹나비

Kirinia epaminondas (Staudinger, 1887) 황알락그늘나비

Kirinia epimenides (Ménétriès, 1859) 알락그늘나비

Lopinga deidamia (Eversmann, 1851) 뱀눈그늘나비

Lopinga achine (Scopoli, 1763) 눈많은그늘나비

Lethe diana (Butler, 1866) 먹그늘나비

Lethe marginalis (Motschulsky, 1860) 먹그늘붙이나비

Ninguta schrenkii (Ménétriès, 1858) 왕그늘나비

Melanargia epimede (Staudinger, 1887) 조흰뱀눈나비

Melanargia halimede (Ménétriès, 1859) 흰뱀눈나비

Superfamily Hesperioidea **팔랑나비상과**

Family Hesperiidae **팔랑나비과**

Subfamily Coeliadinae **수리팔랑나비아과**

Burara aquilina (Speyer, 1879) 큰수리팔랑나비

Burara striata (Hewitson, 1869) 독수리팔랑나비

Choaspes benjaminii (Guérin-Ménéville, 1843) 푸른큰수리팔랑나비

Subfamily Pyrginae **흰점팔랑나비아과**

Satarupa nymphalis (Speyer, 1879) 대왕팔랑나비

Daimio tethys (Ménétriès, 1857) 왕자팔랑나비

Lobocla bifasciata (Bremer & Grey, 1853) 왕팔랑나비

Erynnis montanus (Bremer, 1861) 멧팔랑나비

㊤ *Erynnis popoviana* Nordmann, 1851 꼬마멧팔랑나비

Pyrgus malvae (Linnaeus, 1758) 꼬마흰점팔랑나비

Pyrgus maculatus (Bremer & Grey, 1853) 흰점팔랑나비

㊤ *Pyrgus alveus* (Hübner, 1802) 혜산진흰점팔랑나비

㊤ *Pyrgus speyeri* (Staudinger, 1887) 북방흰점팔랑나비

㊤ *Muschampia gigas* (Bremer, 1864) 왕흰점팔랑나비

㊤ *Spialia orbifer* (Hübner, 1823) 함경흰점팔랑나비

Subfamily Hesperiinae 팔랑나비아과

Leptalina unicolor (Bremer & Grey, 1853) 은줄팔랑나비

Thymelicus leoninus (Butler, 1878) 줄꼬마팔랑나비

Thymelicus sylvaticus (Bremer, 1861) 수풀꼬마팔랑나비

㊍ *Thymelicus lineola* (Ochsenheimer, 1808) 두만강꼬마팔랑나비

Hesperia florinda (Butler, 1878) 꽃팔랑나비

Potanthus flavus (Murray, 1875) 황알락팔랑나비

Carterocephalus diekmanni (Graeser, 1888) 참알락팔랑나비

Carterocephalus silvicolus (Meigen, 1829) 수풀알락팔랑나비

㊍ *Carterocephalus palaemon* (Pallas, 1771) 북방알락팔랑나비

㊍ *Carterocephalus argyrostigma* Eversmann, 1851 은점박이알락팔랑나비

Aeromachus inachus (Ménétriès, 1859) 파리팔랑나비

Heteropterus morpheus (Pallas, 1771) 돈무늬팔랑나비

Isoteinon lamprospilus C & R. Felder, 1862 지리산팔랑나비

Ochlodes ochraceus (Bremer, 1861) 검은테떠들썩팔랑나비

Ochlodes venatus (Bremer & Grey, 1853) 수풀떠들썩팔랑나비

Ochlodes similis (Leech, 1778) 산수풀떠들썩팔랑나비

Ochlodes subhyalina (Bremer & Grey, 1853) 유리창떠들썩팔랑나비

Pelopidas mathias (Fabricius, 1798) 제주꼬마팔랑나비

Pelopidas jansonis (Butler, 1878) 산줄점팔랑나비

Parnara guttata (Bremer & Grey, 1853) 줄점팔랑나비

Pelopidas sinensis (Mabille, 1877) 흰줄점팔랑나비

㊍ *Polytremis pellucida* (Murray, 1875) 직작줄점팔랑나비

Polytremis zina (Evans, 1932) 산팔랑나비

한반도 나비 총괄표

Family 과명	남한 분포종 수	북한 국지종 수	미접종 수	합계
Papilionidae 호랑나비과	13	2	1	16
Pierdae 흰나비과	14	5	3	22
Lycaenidae 부전나비과	57	17	5	79
Nymphalidae 네발나비과	92	23	11	126
Hesperidae 팔랑나비과	28	9	·	37
합계	204	56	20	280

* 미접종 수 합계는 111쪽에 기록된 한라푸른부전나비와 남방푸른부전나비가 포함되었음.

학명 찾아보기

한국명 찾아보기

참고 문헌

Leech, J. H., 1894. Butterflies from China, Japan and Corea. 4 parts. 681pp., 43pls, London.

森爲三 · 土居寬暢 · 趙福成, 1934. 原色朝鮮の蝶類. 朝鮮印刷株式會社. 京城.

石宙明, 1934. 白頭山 地方産 蝶類 採集記. Zephyrus, 5: 259-281.

Seok, D.M., 1939. *A synonymic list of butterflies of Korea*. 391pp.

Hinton, H. E., 1946. On the homology and nomenclature of the setae of lepidopterous larvae, with some notes on the phylogeny of the Lepidoptera. *Trans. ent. Soc. Lond.* 97: 1-37.

石宙明, 1947. 조선 나비 이름의 유래기. 조선생물학회.

趙福成, 1959. 한국동물도감 제1편 나비류. 문교부. 서울.

Heslop, I.R.P., G.E. Hyde, R.E. Stockley, 1964. Notes & Views of the Purple Emperor. England.

Hemming, F., 1967. The generic name of the butterflies and their type-species. *Bull. Brs. Nat. Hist.*(Ent.) Su-ppl. 9: 509.

Kurentzov, A. I., 1970. *The butterflies of the Far East U.S.S.R.* 164pp., 14 pls, Leningrad.

金昌煥 · 金鎭一, 1972. 小金剛 및 五臺山의 昆蟲相. 한국자연보존협회, pp.130~153. 서울.

石宙明, 1972. 韓國産蝶類의 硏究. 寶晋齋.

Eliot, J. N., 1973. The higher classification of the Lycaenidae (Lepidoptera):trantative arrangement. *Bull. Br. Mus. Nat. Hist.* (Ent.) 28: 371-505, 9 pls.

石宙明, 1973. 韓國蝶類分布圖鑑. 寶晋齋.

李承模, 1973. 雪岳山産蝶類目錄, 青虎林昆蟲硏究所 資料集(四), pp. 4~10.

Smart, P., 1975. The illustrated encyclopedia of the butterflies world, England.

金昌煥, 1977. 韓國昆蟲分布圖鑑(나비편). 고려대학교 출판부. 서울.

Lee, S. M. and Takakura, 1981. On a New Subspecies of the Purple Emperor, *Apatura iris*(Lepidoptera: Nymphalidae) from the Republic of Korea; Tyo to Ga, 31(3 & 4): 133-141.

韓國自然保存協會, 1981. 韓國의 稀貴 및 危機動植物, pp. 130~153.

福田晴夫 外, 1982-1984. 原色日本蝶類生態圖鑑 1-4. 保育社. 大阪.

李承模, 1982. 韓國蝶誌. Insecta Koreana 編輯委員會. 서울.

Eliot, J. N. and A. Kawazoe, 1983. Blue butterflies of the *Lycaenopsis group*. *Bull. Brs. Nat. Hist.*, 309pp.

韓國鱗翅類同好人會編, 1986. 京畿道 蝶類目錄, 20pp. 서울.

朴奎澤 · 朴雄, 1987. 민통선 북방 지역의 昆蟲相 조사(휴전선 일대의 자연 연구), pp. 77~115. 강원대학교 출판부.

김상호 · 김상혁, 1988. 제주도의 나비. 제주도 학생과학관. 195pp.

韓國鱗翅類同好人會編, 1989. 江原道 나비에 관하여. 韓國鱗翅類同好人會誌, 2(1): 5-44. 서울.

猪又敏男, 1990. 原色蝶類檢索圖鑑. 北隆館. 東京.

金容植 · 洪承杓, 1990. 保護對象 韓國産 主要 나비에 對한 考察. (환경청 지정 채집 금지種의 選定 妥當性과 追加되어야 할 種의 保護地域 設定에 對한 勸言). 韓國鱗翅類同好人會誌, 3: 9-16.

서울.
金炫彩, 1990. 慶南固城郡蓮花山 一帶의 蝶相 (補訂), 3: 13-28. 韓國鱗翅類同好人會誌. 3: 13-28.
申裕恒, 1990. 韓國의 稀貴 및 危機動植物 實態 調査 研究 昆蟲自然保存調査報告書, 10: pp. 145 ~169.
金源澤 · 吳弘植, 1991. 濟州道 隣近 有人島의 昆蟲相 研究. 濟州道有人島學術調査報告書, pp. 133 ~175.
申裕恒, 1991, 한국나비도감. 아카데미서적. 서울.
朴容吉, 1992. 韓國未紀錄 중국은줄표범나비(新稱)에 대하여. 韓國鱗翅類同好人會誌, 5: 36-37. 서울.
李承模, 1992. 韓國產 오색나비속에 관한 解說. 韓國鱗翅類同好人會誌, 5: 1-5. 서울.
Scoble, M.J., 1992. *The Lepidoptera form, function and diversity*. 404pp. National History Museum Publications, Oxford Univ. Press. London.
金聖秀 · 金容植, 1993. 부전나비科 韓國未記錄 2 種과 1 旣知種. 韓國鱗翅類同好人會誌, 6: 1-3. 서울.
金聖秀 · 金容植, 1994. 南韓未記錄 북방점박이푸른부전나비(新稱)의 記錄. 한국나비학회지, 7: 1-3.
周堯 主編, 1994. 中國蝶類誌 上-下. 河南科學技術出版社. 北京.
白文基 · 李南淏 · 全成敏 · 閔完基, 1994. 京仁島嶼의 蝶相에 관한 研究. 한국나비학회지, 7: 53-61. 서울.
孫相珪, 1994. 江原道 原州, 恥岳山의 나비目 昆蟲相에 관하여(1). 한국나비학회지, 7: 42-52.
朴敬泰, 1996. 韓國未紀錄種 한라푸른부전나비(新稱)에 대하여. 한국나비학회지, 9: 42-43.
朱興在 · 金聖秀 · 孫正達, 1997. 한국의 나비. 교학사. 서울.
Okano, M., 1998. The butterflies of Chejudo (Quelpart Island). *Fuji Daigaku Kiyo* 31 (2): 1-10.
Okano, M., 1998. The subfamily Argynninae (Lepidoptera: Nymphalidae) of Chejudo (Quelpart Island). *Fuji Daigaku Kiyo* 31 (1): 1-5.
Jung, S.H. and W.T. Kim, 1998. Discovery of *Narathura japonica* (Murray, 1875) (Lepidoptera, Lycaenidae) in Korea. *Cheju, J. Life Sci.*, Inst. Life Sci. Cheju Natl. Univ. 1: 73-75. (In Korean).
정선우 등, 1999. 韓半島 南部 一帶의 蝶相(1). 한국나비학회지, 12: 17-28.
鄭憲天, 1999. 韓國產 부전나비科 *Narathura* 屬에 관하여. 한국나비학회지, 11: 33-35.
주흥재, 1999. 濟州道產 나비의 未記錄種과 追加種. 한국나비학회지, 12: 39-43.
洪相基 · 金聖秀 · 白文基, 1999. 京畿道 大阜島의 나비目 昆蟲相. 한국나비학회지, 11: 7-18.
Shimagami, K., 2000. Geographical variations of *Dichorragia nesimachus* (Doyére) in the regions around Korean Peninsula. *Gekkan Mushi* 352: 12-27.
朱興在, 2000. 濟州島에서 채집한 迷蝶. *Lucanus* 1: 11-12.
주흥재 · 김성수, 2002. 제주의 나비. 도서출판 정행사. 185 pp.
白水 隆, 2006. 日本產蝶類標準圖鑑. 학습연구사
김성수, 2009. 필드가이드 나비. 필드가이드사
백문기, 신유항, 2010. 한반도의 나비. 자연과 생태. 서울

김용식(金容植)

1944.	충남 서천에서 출생
1971.	성균관대학교 문리과대학 생물학과 졸업(63학번)
1981~1995.	한국 인시류 동호인회(현 한국나비학회) 부회장
1996~2003.	한국 나비학회 회장
1973~2006.	남강고등학교 부장 교사

현재	나비박물관 프시케월드(제주) 관장
	한국나비학회 고문
	파주나비나라 학술고문

저서:	나비야 친구하자 (2008. 광문각. 어린이 과학도서) 나비 찾아 떠난 여행 (2009. 현암사. 수필집)

전 화 : (064) 799-7272
H.P. : 017-705-7885
E-mail : nabi4711@hanmail.net

[개정증보판]
원색 한국나비도감
Illustrated Book of Korean
Butterflies in Color

초판 발행 / 2002년 6월 15일
3판 발행 / 2010년 10월 20일

지은이 / 김용식
펴낸이 / 양철우
펴낸곳 / ㈜교학사

저자와의
협의에 의해
검인 생략함

기획 / 유홍희
편집 / 황정순
교정 / 차진승 · 하유미 · 강옥자
장정 / 본사 디자인센터
제작 / 이재환
원색 분해 · 인쇄 / 본사 공무부

등록 / 1962. 6. 26.(18-7)
주소 / 서울 마포구 공덕동 105-67
전화 / 편집부 312-6685, 영업부 707-5155
팩스 / 편집부 365-1310, 영업부 707-5160
대체 / 012245-31-0501320
홈페이지 / http://www.kyohak.co.kr

값 70,000원

Illustrated Book of Korean Butterflies
in Color
by Kim Yong-Sik

Published by Kyo-Hak Publishing Co., Ltd. 2002
105-67, Gongdeok-dong, Mapo-gu, Seoul, Korea
Printed in Korea

ISBN 978-89-09-07547-3 96490